高等学校大学计算机课程系列教材

大学计算机

○ 主 编 岳 莉 李柯景
○ 编 者 李念峰 刘 钱 边 晶
徐志伟 李克玲 庄天舒 鲁光男

中国教育出版传媒集团
高等教育出版社·北京

内容提要

“大学计算机”是面向非计算机专业类学生开设的全校性公共必修课程。在信息技术与各个领域深度融合的当下，“大学计算机”课程内容不仅要包括计算机基础知识、操作系统、计算机网络及信息检索和办公软件应用等传统模块，还要求引入人工智能、大数据、物联网、5G、区块链等前沿技术，同时深度挖掘课程思政元素与教学内容、教学目标无缝衔接。本书即在该思想指导下编写而成。

本书可作为高等院校本专科计算机公共基础课的教材，也可作为高职高专、成人教育相关课程的教材。

图书在版编目（CIP）数据

大学计算机／岳莉，李柯景主编；李念峰等编者. -- 北京：高等教育出版社，2022. 8

ISBN 978-7-04-058957-3

Ⅰ. ①大… Ⅱ. ①岳… ②李… ③李… Ⅲ. ①电子计算机-高等学校-教材 Ⅳ. ①TP3

中国版本图书馆 CIP 数据核字(2022)第 120856 号

Daxue Jisuanji

策划编辑 唐德凯　　责任编辑 唐德凯　　特约编辑 薛秋丕　　封面设计 张申申
版式设计 童　丹　　责任绘图 黄云燕　　责任校对 刘俊艳　刘丽娴　　责任印制 赵义民

出版发行 高等教育出版社
社　　址 北京市西城区德外大街 4 号
邮政编码 100120
印　　刷 北京盛通印刷股份有限公司
开　　本 787 mm×1092 mm　1/16
印　　张 17. 75
字　　数 430 千字
购书热线 010-58581118
咨询电话 400-810-0598
网　　址 http://www.hep.edu.cn
http://www.hep.com.cn
网上订购 http://www.hepmall.com.cn
http://www.hepmall.com
http://www.hepmall.cn
版　　次 2022 年 8 月第 1 版
印　　次 2022 年 8 月第 1 次印刷
定　　价 36. 00 元

物 料 号 58957-00

前　言

“大学计算机”是根据教育部高等学校大学计算机课程教学指导委员会发布的《大学计算机基础课程教学基本要求》开设的第一门计算机基础课程。课程的教学目标是：培养计算思维意识和能力，拓宽计算机基础知识面，培养计算机的基本使用技能，提高计算机的应用能力和信息安全意识，通过实践培养创新意识和动手能力，为学习后续计算机基础课程夯实基础，以培养在各专业领域的应用能力。

习近平总书记在十九大报告中提出“推动互联网、大数据、人工智能和实体经济深度融合”以及“善于运用互联网技术和信息化手段开展工作”等要求。本书按照课程“两性一度”标准，对知识点进行明确和细化，分成知识传授、能力建设和智能创新3个层次，支撑课程的“高阶性”。本书的内容具备前沿性和时代性，涉及计算机的原理概念、信息处理、计算文化，其中就包括计算机最新技术的应用，如人工智能、大数据、物联网、5G技术等，使课程的教学内容具备“创新性”。新的内容体系、实施方案、考核方式等方面的更新和再造对教师和学生都有“挑战度”。

教育部印发了《高等学校课程思政建设指导纲要》，要求“落实到课程教学各方面，贯穿于人才培养各环节”。本书遴选课程的知识点，深度挖掘课程思政元素，构建一体化设计的知识体系，避免出现“两张皮”现象。本书将前沿技术和国家政策标准、实际生活应用场景相结合；把“互联网技术和信息化手段”与实际案例相结合，将40多个思政元素以知识点、问题讨论、相关拓展、实用案例等形式无障碍地融入教学内容；将一线教师在实际教学环节中使用的思政元素进行整理，将典型案例转化为教材内容和网络化资源，推动课程思政更加有温度、有触感、有质量。

本书由长春大学计算机科学技术学院9位教师集体编写完成，第1章由徐志伟编写，第2章由李克玲编写，第3章由李念峰编写，第4章由刘钱编写，第5章由鲁光男编写，第6、9章由李柯景编写，第7、10章由岳莉编写，第8章由边晶编写，第11章由庄天舒编写，全书由岳莉和李柯景统稿。

长春大学计算机科学技术学院李念峰教授对本书的编写提供思路，并审阅了全稿；长春大学计算机科学技术学院李纯莲教授对本书的修改提出了宝贵意见和建议；在本书的编写过程中还得到了学校领导和计算机基础教学团队教师的大力支持，在此一并表示感谢。

由于作者水平有限，书中难免有不妥之处，恳请各位专家和读者批评指正。

编　者

2022年2月

○目　录

第1章　计算机基础知识

第2章　操作系统

第3章　互联网与信息检索

第4章 人工智能

第5章 大数据及其应用

第6章 物联网

第7章 5G 技术

第8章 区块链技术及应用

第9章 文字处理软件高效办公

第10章 强大的电子表格

第11章 办公美学PowerPoint

第1章 计算机基础知识

1951年，世界上第一台商品化批量生产的计算机UNIVAC-I投产，计算机从此刻开始由实验室走向社会，由单纯为军事服务发展成为社会公众服务，计算机时代真正开始。随着计算机软、硬件技术的不断发展，计算机及其应用已经渗透到社会生活的各个领域，有力地推动了整个社会信息化的发展。21世纪，掌握以计算机技术为核心的信息技术基础知识和具有计算机应用能力是大学生必备的基本素质。

1.1 计算机概述

1.1.1 什么是计算机

电子计算机是一种能高速进行操作，具有内部存储能力，由程序控制操作过程的电子设备，简称计算机。它所接收和处理的对象是信息，处理的结果也是信息。信息是能够被人类（或仪器）接收的，以声音、图像、文字、颜色、符号等形式表现出来的一切可以传递的知识内容。计算机接收信息之后，不仅能极为迅速、准确地对其进行运算，还能进行推理、分析、判断等，从而帮助人类完成部分脑力劳动，所以人们又称其为“电脑”。

随着信息时代的到来、信息高速公路的兴起，全球信息化进入了一个新的发展时期。人们越来越认识到计算机强大的信息处理能力，计算机已成为信息产业的基础和支柱。人们物质需求不断得到满足的同时，其对信息的需求也日益增强，这就是信息业和计算机业发展的社会基础。

1.1.2 计算机的发展

1. 计算工具发展历程

计算机的诞生是从人类对计算工具的需求开始的。计算是人类与自然做斗争过程中的一项重要活动。我们的祖先在史前时期就已经知道用石子和贝壳进行记数。随着生产力的发展，人类创造了简单的计算工具。在两千多年前中国的春秋战国时代，由中国人发明的算筹是有实物作证的人类最早的计算工具。我国在唐、宋时期开始使用算盘，在当时算盘是一种高级的计算工具。

17 世纪，由于天文学家承受着大量繁重的计算工作，促使人们致力于计算工具的改革。1642 年，法国科学家帕斯卡制造出世界上第一台机械式计算机，它可做 8 位数的加减运算，在用于计算法国的税收时取得了很大成功，这是人类第一次用机器来模拟人脑处理数据信息。1673 年，德国数学家莱布尼茨在前人研究的基础上，制造出一台可以做四则运算和开平方的机械式计算机。那么，世界上第一台电子计算机呢？相当长的一段时间内，1946 年研发的 ENIAC 被认为是世界上第一台电子计算机。但事实并非如此，实际上世界上第一台电子计算机是 1939 年研发的阿塔纳索夫-贝瑞计算机（简称 ABC 计算机）。

【相关拓展】世界上第一台电子计算机是 ABC，而不是 ENIAC

（1）阿塔纳索夫-贝瑞计算机的起源

据阿塔纳索夫讲述，ABC 计算机的几个关键概念是在 1937—1938 年间的一次长时间的夜间行驶中突然构想出来的。

1939 年 3 月，阿塔纳索夫将一个创建概念验证原型的资金申请提交到了农学部门，引起了相关人员的兴趣，于是纽约的非营利研究组织 RCSA 给予其 5 000 美元作为进一步研究的资金支持。

1939—1942年，阿塔纳索夫和克利福德·贝瑞在艾奥瓦州立大学的物理楼地下室里制造了ABC计算机。在9月获得了初始资金之后，1939年10月完成了11个管件的演示原型。12月的演示为制造一台完整的机器带来了资金支持。接下来的两年里，ABC计算机完成了建设和测试。

ABC计算机是由300多个真空管组成的“电子计算机器”，系统的质量超过320 kg，包含了大约1.6 km的电线、280个双三极真空管、31个闸流管，大小相当于一个书桌。

那么，它能用来干什么呢?

答案就是求解线性方程组。它能求解多达由29个方程组成的方程组，这台机器能够利用两个具有29个变量和一个常数项的方程，消掉其中一个变量。这个过程中需要重复地手动操作每个方程，最终得出消掉一个变量的方程组，然后再重复这个过程来消掉另一个变量，依此向下进行。

由于学校地下室改造，ABC计算机原型被拆卸掉，所有的零部件都被丢弃。

1997年，埃姆斯实验室的约翰·古斯塔夫森领导的研究团队花费了35万美元，制造了一台能工作的ABC计算机复制品，现展览于艾奥瓦州立大学达勒姆计算和通信中心一楼大厅。

（2）ENIAC的历史

在第二次世界大战中，美国陆军为了编制弹道特性表，向该项目投入了40万美元资金。1946年，由宾夕法尼亚大学莫尔电工学院与阿伯丁弹道研究所合作研制出世界上第一台通用电子计算机ENIAC（electronic numerical integrator and calculator，电子数字积分计算机，图1-1-1）诞生。该电子计算机共用了18 000只电子管，1 500个继电器，重达30 t，占地约170 m^2，每小时耗电150 kW，每秒能进行5 000次加法运算或400次乘法运算，1946年2月正式交付使用。

图1-1-1 第一台通用电子计算机ENIAC

（3）专利纠纷

埃克特和莫克利发明ENIAC，是第一个电子计算设备专利的获得者。莫克利曾经在1941

年测试过 ABC 计算机，并且莫克利以前的学生艾萨克·奥尔巴赫说，这影响了莫克利之后关于 ENIAC 的工作，虽然莫克利拒绝承认。

1967 年，霍尼韦尔起诉斯佩里·兰特，试图推翻他们对于 ENIAC 的专利，声称 ABC 计算机是在先技术。

1973 年 10 月 19 日，美国明尼苏达地区地方法院宣布裁决，在霍尼韦尔对斯佩里·兰特的诉讼中发现，ENIAC 专利是由约翰·阿塔纳索夫的发明所派生的。

坎贝尔·凯利和艾斯普瑞说：莫克利对阿塔纳索夫的思想吸取到什么程度仍然是未知的，而且证据非常冗杂且相互矛盾。ABC 计算机的技术相当温和，并且没有全部实现。至少我们能推断出，莫克利看到了 ABC 计算机的潜在意义，导致他提出了一个类似的电子解决方案。

1973 年 10 月 19 日，案件在法律上得到了解决，美国地方法院法官厄尔·拉尔森认为 ENIAC 的专利无效，判决说 ENIAC 从阿塔纳索夫-贝瑞计算机上继承了很多基础思想。

法官拉尔森明确表示："埃克特和莫克利并非他们自己首先发明了自动电子数字计算机，而是继承了约翰·文森特·阿塔纳索夫的发明。"

2. 电子计算机的发展阶段

从第一台电子计算机诞生至今，计算机得到了飞速的发展。其中，无数的科学家为其做出了卓越的贡献，现介绍两位杰出的代表人物：英国科学家阿兰·图灵（图 1-1-2）和美籍匈牙利科学家冯·诺依曼（图 1-1-3）。

图 1-1-2　阿兰·图灵

图 1-1-3　冯·诺依曼

图灵是计算机科学的奠基人，他对计算机的主要贡献是建立了图灵机的理论模型，发展了可计算性理论；提出图灵测试，阐述了机器智能的概念。现在人们为了纪念这位伟大的科学家，将计算机界的最高奖定名为"图灵奖"，图灵奖最早设立于 1966 年，是美国计算机协会在计算机技术方面所授予的最高奖项，被喻为计算机界的诺贝尔奖。华人获得图灵奖的第一人是科学家姚期智。

【相关拓展】华人图灵奖第一人姚期智

姚期智于 1946 年 12 月 24 日出生于中国上海，计算机科学专家，2000 年图灵奖获得者，美国国家科学院外籍院士、美国艺术与科学院外籍院士、中国科学院院士、香港科学院创院院士、清华大学交叉信息研究院院长、清华大学高等研究中心教授、香港中文大学博文讲座教授、清华大学-麻省理工学院-香港中文大学理论计算机科学研究中心主任。

姚期智于1967年获得台湾大学物理学士学位，1972年获得哈佛大学物理博士学位；1975年获得伊利诺依大学计算机科学博士学位。之后先后在美国麻省理工学院数学系、斯坦福大学计算机系、加州大学伯克利分校计算机系任助理教授、教授；1998年当选为美国国家科学院院士；2000年获得图灵奖，是唯一获得该奖的华人学者（截至2020年）；2004年起在清华大学任全职教授，同年当选为中国科学院外籍院士；2005年出任香港中文大学博文讲座教授；2011年担任清华大学交叉信息研究院院长；2015年当选为香港科学院创院院士；2016年放弃美国国籍成为中国公民，正式转为中国科学院院士。

姚期智的研究方向包括计算理论及其在密码学和量子计算中的应用，最先提出量子通信复杂性，提出分布式量子计算模式，后来成为分布式量子算法和量子通信协议安全性的基础。

人们根据组成计算机的电子器件的不同，把计算机的发展分为以下几个阶段。

（1）第一代计算机（1946—1958年）

第一代计算机是电子管数字计算机。采用电子管组成基本逻辑电路，电子管如图1-1-4所示，主存储器采用延迟线、磁心，外存储器采用磁鼓、磁带；输入/输出装置落后，主要使用穿孔卡片，速度慢，并且使用不便；没有系统软件，使用机器语言和汇编语言编制程序，主要用于科学计算。

（2）第二代计算机（1958—1964年）

第二代计算机是晶体管数字计算机。采用晶体管组成基本逻辑电路，晶体管如图1-1-5所示，晶体管体积小，而且可靠、省电、发热量少、寿命长。

图1-1-4 电子管

图1-1-5 晶体管

（3）第三代计算机（1964—1971年）

第三代计算机的逻辑器件采用中小规模集成电路。如图1-1-6所示，所谓集成电路是将晶体管、电阻、电容等电子元器件构成的电路微型化，并集成在一块如同指甲大小的硅片上。

（4）第四代计算机（1971年以后）

第四代计算机的逻辑器件和主存储器都采用大规模集成电路（large scale integrated circuit，LSI）。如图1-1-7所示，所谓大规模集成电路是指在单块硅片上集成100个以上的门电路或1 000~20 000个晶体管，其集成度比中、小规模集成电路提高了1~2个数量级。一方面出现了运算速度超过 10 亿次/秒的巨型计算机，另一方面又出现了体积很小、价格低廉、使用灵活方便的微型计算机。此外，计算机网络、多媒体技术的发展正在把人类社会带入一个新的时代。软件的发展也很迅速，对高级语言的编译系统、操作系统、数据库管理系统及应用软件的研究更加深入、日趋完善，软件行业已成为一个重要的现代工业部门。第四代计算机的特点是微型化、耗电极少、可靠性更高、运算速度更快、成本更低。

图 1-1-6　集成电路

图 1-1-7　大规模集成电路

（5）未来的计算机

未来的计算机技术将向超高速、超小型、平行处理、智能化的方向发展。尽管受到物理极限的约束，采用硅芯片的计算机核心部件——中央处理器（central processing unit，CPU）的性能还会持续增强。

同时，计算机将具备更多的智能成分，它将具有多种感知能力、一定的思考与判断能力及一定的自然语言能力。除了提供自然的输入手段（如语音输入、手写输入）外，让人能产生身临其境感觉的各种交互设备已经出现，虚拟现实技术是这一领域发展的集中体现。

传统的磁存储、光盘存储容量继续攀升，新的海量存储技术趋于成熟，新型存储器每立方厘米的存储容量可达 10 TB（以一本书 30 万字计，它可存储约 1 500 万本书）。信息的永久存储也将成为现实，千年存储器正在研制中，这样的存储器可以抗干扰、抗高温、防震、防水、耐腐蚀。

（6）新型计算机

硅芯片技术的高速发展同时也意味着硅技术越来越接近其物理极限，为此，世界各国的研究人员正在加紧研究开发新型计算机，计算机从体系结构的变革到器件与技术革命都要产生一次量的乃至质的飞跃。新型的量子计算机、光子计算机、生物计算机、纳米计算机等将遍布各个领域。

① 量子计算机。量子计算机是基于量子效应基础开发的，它利用一种链状分子聚合物的特性来表示开与关的状态，利用激光脉冲来改变分子的状态，使信息沿着聚合物移动，从而进行运算。量子计算机中数据用量子位存储。由于量子叠加效应，一个量子位可以是 0 或 1，也可以既存储 0 又存储 1。因此一个量子位可以存储 2 个数据，同样数量的存储位，量子计算机的存储量比通常计算机大许多。目前正在开发中的量子计算机有 3 种类型：核磁共振（nuclear magnetic resonance，NMR）量子计算机、硅基半导体量子计算机、离子阱量子计算机。预计

2030年将普及量子计算机。

② 光子计算机。光子计算机即全光数字计算机，以光子代替电子，光互连代替导线互连，光硬件代替计算机中的电子硬件，光运算代替电运算。

与电子计算机相比，光子计算机的“无导线计算机”信息传递平行通道密度极大。一枚直径2.4 cm大小的棱镜，它的通过能力超过全世界现有电话电缆的许多倍。光的并行、高速，天然地决定了光子计算机的并行处理能力很强，具有超高速运算速度。超高速电子计算机只能在低温下工作，而光子计算机在室温下即可开展工作。光子计算机还具有与人脑相似的容错性。系统中某一元件损坏或出错时，并不影响最终的计算结果。

1990年初，美国贝尔实验室制成世界上第一台光子计算机。光子计算机是一种由光信号进行数字运算、逻辑操作、信息存储和处理的新型计算机。光子计算机的基本组成部件是集成光路，要有激光器、透镜和棱镜。由于光子比电子速度快，光子计算机的运行速度可高达1万亿次/秒。它的存储量是现代计算机的几万倍，还可以对语言、图形和手势进行识别与合成。许多国家都投入巨资进行光子计算机的研究。随着现代光学与计算机技术、微电子技术相结合，在不久的将来，光子计算机将成为人类普遍的工具。

③ 生物计算机（分子计算机）。生物计算机的运算过程就是蛋白质分子与周围物理化学介质的相互作用过程。计算机的转换开关由酶来充当，而程序则在酶合成系统本身和蛋白质的结构中极其明显地表示出来。

20世纪70年代，人们发现脱氧核糖核酸（DNA）处于不同状态时可以代表信息的有或无。DNA分子中的遗传密码相当于存储的数据，DNA分子间通过生化反应，从一种基因代码转变为另一种基因代码。反应前的基因代码相当于输入数据，反应后的基因代码相当于输出数据。如果能控制这一反应过程，那么就可以制作成功DNA计算机。

蛋白质分子比硅晶片上电子元器件要小得多，彼此相距甚近，生物计算机完成一项运算，所需的时间仅为10~15 s，比人的思维速度快100万倍。DNA分子计算机具有惊人的存储容量，1 m^3的DNA溶液可存储1万亿亿的二进制数据。DNA计算机消耗的能量非常小，只有电子计算机的10亿分之一。由于生物芯片的原材料是蛋白质分子，所以生物计算机既有自我修复的功能，又可直接与生物活体相连。

④ 纳米计算机。“纳米”（nm）是一个计量单位，$1\ nm=10^{-9}\ m$，大约是氢原子直径的10倍。纳米技术是从20世纪80年代初迅速发展起来的新的前沿科研领域，最终目标是人类按照自己的意志直接操纵单个原子，制造出具有特定功能的产品。

现在纳米技术正从MEMS（micro electro mechanical systems，微电子机械系统）起步，把传感器、电动机和各种处理器都放在一个硅芯片上而构成一个系统。应用纳米技术研制的计算机内存芯片，其体积不过数百个原子大小，相当于人的头发丝直径的千分之一。纳米计算机不仅几乎不需要耗费任何能源，而且其性能要比今天的计算机强大许多倍。

2013年9月26日，斯坦福大学宣布，人类首台基于碳纳米晶体管技术的计算机已成功测试运行。该项实验的成功证明了人类有望在不远的将来，摆脱当前硅晶体技术以生产新型计算机设备。

3. 计算机的发展趋势

21世纪是人类走向信息化社会的时代，那么在21世纪的今天，计算机的发展趋势是什么呢？计算机的发展将更加趋于微型化、巨型化、网络化、智能化和多媒体化。

（1）微型化

由于超大规模集成电路技术的进一步发展，微型机的发展日新月异，每3~5年换代一次；一台完整的计算机已经可以集成在火柴盒大小的硅片上。新一代的微型计算机由于具有体积小、价格低、对环境条件要求少、性能迅速提高等优点，大有取代中、小型计算机之势。

（2）巨型化

在某些领域，运算速度要求达到10亿次/秒，这就必须发展功能特强、运算速度极快的巨型计算机。巨型计算机体现了计算机科学的最高水平，反映了一个国家科学技术的实力。现代巨型计算机的标准是运算速度超过10亿次/秒，比20世纪70年代的巨型机提高一个数量级。为了提高速度而设计的多处理器并行处理的巨型计算机已经商品化，如多处理器按超立方结构连接而成的巨型计算机。

（3）网络化

计算机网络是计算机的又一发展方向。所谓计算机网络，就是把分布在各个地区的许多计算机通过通信线路互相连接起来，以达到资源共享的目的。这是计算机技术和通信技术相结合的产物，它能够有效地提高计算机资源的利用率，同时形成一个规模大、功能强、可靠性高的信息综合处理系统。目前，计算机网络在交通、金融、管理、教育、商业和国防等各行各业中都得到了广泛应用，覆盖全球的Internet（因特网）已进入普通家庭，正在日益深刻地改变着世界的面貌。

（4）智能化

智能化是让计算机模拟人类的智能活动。人工智能是一门探索和模拟人的感觉和思维规律的科学，它研究如何利用机器来执行某些与人的智能有关的复杂功能，如判断、推理、学习、识别、自学习等。智能计算机是指具有人工智能的计算机系统。

（5）多媒体化

多媒体技术是将计算机系统与图形、图像、声音、视频等多种信息媒体综合于一体进行处理的技术。它扩充了计算机系统的数字化声音、图像输入/输出设备和大容量信息存储装置，能以多种形式表达和处理信息，使人们能以耳闻、目睹、口述、手触等多种方式与计算机交流信息，使人与计算机的交互更加方便、友好和自然。多媒体计算机已进入人们生产、生活的各个领域，为计算机技术的发展和应用开创一个新的时代。

1.1.3 计算机的特点

计算机已应用于社会的各个领域，成为现代社会不可缺少的工具。它之所以具备如此强大的生命力，并得以飞速发展，是因为计算机本身具有很多特点，具体体现在以下5个方面。

1. 运算速度快

一般电子计算机每秒进行加减基本运算的次数可达几十万次，目前最高达到270亿次/秒。如果一个人在1 s内能做一次运算，那么一般的电子计算机1 h的工作量，一个人得做100多年。

电子计算机出现以前，在一些科技部门中，虽然人们从理论上已经找到了一些复杂的计算公式，但由于计算工作太复杂，其中不少公式实际上仍无法应用。落后的计算技术拖了这些学科的“后腿”。例如，人们早就知道可以用一组方程来推算天气的变化，但是，采用这种公式预报24 h以内的天气，如果用手工计算，一个人要算几十年，这样，就失去了预报的意义。而用一台小型电子计算机，则只需10 min就能算出一个地区4天以内的天气预报。

2. 计算精确度高

电子计算机在进行数值计算时，其结果的精确度在理论上不受限制。一般的计算机可保留15位有效数字，这是其他计算工具达不到的。

计算机不像人那样工作时间稍长就会疲劳。现代技术进步，特别是大规模、超大规模集成电路的应用，使计算机具有极高的可靠性，可以连续工作几个月甚至十几年而不出差错。

3. 记忆能力惊人

计算机能把运算步骤、原始数据、中间结果和最终结果等牢牢记住。人们把计算机的这种记忆能力的大小称为存储容量。目前的计算机可以存储上万甚至上亿个数据。

4. 具有逻辑判断能力

计算机在处理信息时，还能做逻辑判断。例如，判断两数的大小，并根据判断的结果自动完成不同的处理。计算机可以做出非常复杂的逻辑判断。数学中的“4色问题”是著名的难题，是一位英国人在1852年提出来的。他在长期绘图着色的工作中发现，不论多么复杂的地图，要想使相邻区域的颜色不同，最多只要4种颜色就够了，于是就公开提出这个猜想，并希望能在理论上得到证明。正是在计算机的帮助下，人们证明了“4色问题”。

5. 自动工作的能力

电子计算机具有记忆能力和逻辑判断能力，这是与其他计算工具之间的本质区别。正是因为它具有上述能力，所以，只要将解决某一问题所需要的原始数据和处理步骤预先存储在计算机内，一旦向计算机发出指令，它就能自动按规定步骤完成指定的任务。

1.1.4 计算机的分类

在时间轴上，“分代”代表了计算机纵向的发展，是以制造计算机使用的元器件来划分的。而“分类”可用来说明横向的发展，从计算机的使用范围可以将计算机分为通用计算机和专用计算机；从计算机处理数据的方式可以将计算机分为电子数字计算机、电子模拟计算机和数模混合计算机。目前常用的分类方法是从计算机的规模和处理能力分类，可以分为巨型机、大型机、中型机、小型机、微型机及工作站。

1. 巨型机

巨型机运算速度快、存储容量大，运算速度可达1亿次/秒以上，主存储器容量可达拍字节（PB）级，字长可达64位。

【相关拓展】中国巨型机的发展

1983年12月22日，中国第一台运算速度超过1亿次/秒的计算机——“银河”在长沙研制成功。其设计主持人为两院院士慈云桂教授。慈云桂教授（1917年4月5日~1990年7月21日）也被称为中国巨型机之父。

1992年11月19日，“银河-Ⅱ”10亿次巨型计算机在长沙通过国家鉴定。

1995年5月，国家智能计算机研究开发中心研制出曙光1000。这是中国独立研制的第一套大规模并行机系统，峰值速度达25亿次/秒，实际运算速度超过10亿次浮点运算/秒，内存容量为1 024 MB。

1997 年 6 月 19 日，“银河-Ⅲ”并行巨型计算机在北京通过国家鉴定。该机采用分布式共享存储结构，面向大型科学与工程计算和大规模数据处理，基本字长为 64 位，峰值性能为 130 亿次/秒。

1999 年，由清华大学研制的“探索 108”大型群集计算机系统及高效能网络并行超级计算机 THNPSC-1 问世，其最高浮点计算速度达到 300 亿次/秒。

1999 年，国家并行计算机工程技术中心首台“神威Ⅰ”计算机通过了国家级验收，并在国家气象中心投入运行。

2000 年 1 月 28 日，中国科学院计算所研制的 863 项目“曙光 2000-Ⅱ”超级服务器通过鉴定，其峰值速度达到 1 100 亿次/秒，机群操作系统等技术进入国际领先行列。

2000 年，由 1 024 个 CPU 组成的“银河Ⅳ”超级计算机系统问世，峰值性能达到 1. 064 7 万亿次浮点运算/秒。

2000 年，由上海大学研制的集群式高性能计算机系统——自强 2000-SUHPCS 在上海诞生，其峰值速度为 3 000 亿次浮点运算/秒。

2001 年，曙光 3000 推出。其峰值性能达到 4 032 亿次浮点运算/秒。

2002 年，世界上第一个万亿次机群系统联想深腾 1800 问世。

2003 年，联想深腾 6800 问世。

2004 年，曙光 4000A 成功研制，使中国成为继美国、日本之后第三个能研制 10 万亿次商品化高性能计算机的国家。

2005 年，中国高性能计算机性能 TOP100 排行榜揭晓，曙光位居第一。

2007 年 6 月，中美超级计算巨头曙光和 Cray 巅峰会首，曙光启动百万亿次/秒高性能计算机研发计划，称将在 2008 年奥运会之前投入使用。

在 2016 年 6 月，TOP500 组织发布的最新一期世界超级计算机 500 强榜单中，神威 · 太湖之光超级计算机和天河二号超级计算机位居前两位。

2. 大型机

大型机运算速度一般在 100 万次/秒到几千万次/秒，字长为 32 ~ 64 位。它有比较完善的指令系统，丰富的外部设备（简称外设）和功能齐全的软件系统。

3. 中型机

中型机规模介于大型机和小型机之间。

4. 小型机

小型机规模较小、结构简单、成本较低、操作简便、维护容易，从而得以广泛推广应用。

5. 微型机

采用微处理器、半导体存储器和输入输出接口等芯片组装，具有体积更小、价格更低、通用性更强、灵活性更好、可靠性更高、使用更加方便等优点。

6. 工作站

工作站实际上就是一台高档微机，运算速度快，主存储器容量大，易于联网，特别适用于 CAD/CAM 和办公自动化。

1.1.5 计算机应用领域

计算机的高速发展，使信息产业以史无前例的速度持续增长。在世界第一产业大国——美国，信息产业已跃居为最大的产业。归根结底，这是由社会对计算机应用的需求决定的，随着计算机文化的推广，用户不断为计算机开辟新的应用领域；反过来，应用的扩展又持续地推动信息产业的新增长，应用与生产相互促进，形成了良性循环。

以下将首先说明计算机在科学计算、数据处理和实时控制 3 个方面的传统应用，然后简要叙述它在近 20 年来取得较大进展的新的应用领域（如办公自动化、生产自动化、数据库应用、网络应用和人工智能等），以便读者对计算机在现代社会中的作用有比较全面的印象。

1. 科学计算

科学计算是计算机最早的应用领域，第一批问世的计算机最初取名 Calculator，以后又改称 Computer，就是因为它们当时全都被用作快速计算的工具，同人工计算相比，计算机不仅速度快，而且精度高。有些要求限时完成的计算，使用计算机可以赢得宝贵的时间。例如，包含着大量运算的天气预报，如果用人工进行计算，预报一天需要计算几个星期，这就使预报失去了时效。若改用每秒百万条指令的计算机，取得 10 天的预报数据只需要计算数分钟，这就使中、长期天气预报成为可能。

2. 数据处理

早在 20 世纪 50 年代，人们就开始把登记账目等单调的事务工作交给计算机处理。20 世纪 60 年代初期，大银行、大企业和政府机关纷纷用计算机来处理账册、管理仓库或统计报表，从数据的收集、存储、整理到检索统计，应用的范围日益扩大，很快就超过了科学计算，成为最大的计算机应用领域。直到今天，数据处理在所有计算机应用中仍稳居第一位，耗用的机时约占全部计算机应用的 2/3。

3. 实时控制

由于计算机不仅支持高速运算，且具有逻辑判断能力，所以从 20 世纪 60 年代起，就在冶金、机械、电力、石油化工等产业中用计算机进行实时控制。其工作过程是，首先用传感器在现场采集受控制对象的数据，求出它们与设定数据的偏差；接着由计算机按控制模型进行计算；然后产生相应的控制信号，驱动伺服装置对受控对象进行控制或调整。它实际上是自动控制原理在生产过程中的应用，所以有时也称为“过程控制”。

4. 办公自动化

办公自动化简称 OA，是 20 世纪 70 年代中期首先从发达国家发展起来的一门综合性技术。其目的在于建立一个以先进的计算机和通信技术为基础的高效人—机信息处理系统，使办公人员能充分利用各种形式的信息资源，全面提高管理、决策和事务处理的效率。

5. 生产自动化

生产自动化包括计算机辅助设计（computer aided design，CAD）、计算机辅助制造（computer aided manufacturing，CAM）和计算机集成制造系统（computer integrated manufacturing system，CIMS）等内容，它们是计算机在现代生产领域特别是制造业中的应用，不仅能提高自动化水平，而且使传统的生产技术发生了革命性的变化，提高了生产效率，缩短了生产周期。

6. 数据库应用

数据库的应用在计算机现代应用中占有十分重要的地位。以上介绍的办公自动化和生产自动化，都离不开数据库的支持。事实上，今天在任何一个发达国家，大到国民经济信息系统和跨国的科技情报网，小到个人的亲友通信和银行储蓄账户，无一不要与数据库打交道。了解数据库，已成为学习计算机应用的一项基本内容。

7. 网络应用

计算机网络是计算机技术和通信技术相结合的产物，是当今计算机科学和工程中迅速发展的新兴技术之一，也是计算机应用中一个空前活跃的领域。其主要功能是实现通信、资源共享，并提高计算机系统的可靠性，广泛应用于办公自动化、企业管理与生产过程控制、金融与电子商务、军事、科研、教育信息服务、医疗卫生等领域。特别是随着 Internet 技术的迅速发展，计算机网络正在改变着人们的工作方式与生活方式。

8. 人工智能

人工智能简称 AI，有时也译作“智能模拟”，就是用计算机来模拟人脑的智能行为，包括感知、学习、推理、对策、决策、预测、直觉和联想等。通过计算机技术模拟人脑智能，可替代人类解决生产、生活中的具体问题，从而提高人类改造自然的能力。其应用主要表现在机器人、专家系统、模式识别、智能检索、自然语言处理、机器翻译、定理证明等方面。

【思考与练习】

1. 通过网络了解一下北斗卫星导航系统，谈一谈计算机技术在其中的应用有哪些。

2. 通过阅读拓展内容“世界上第一台电子计算机是 ABC，而不是 ENIAC”，谈一谈对你对于本课程知识或其他学科知识的学习有什么启发。

1.2 计算机系统概述

计算机系统是由硬件系统和软件系统两部分组成的。硬件系统是计算机进行工作的物质基础；软件系统是指在硬件系统上运行的各种程序及有关资料，用以管理和维护好计算机，方便用户，使计算机系统更好地发挥作用。图 1-2-1 描绘了计算机系统中的硬件系统和软件系统的构成。

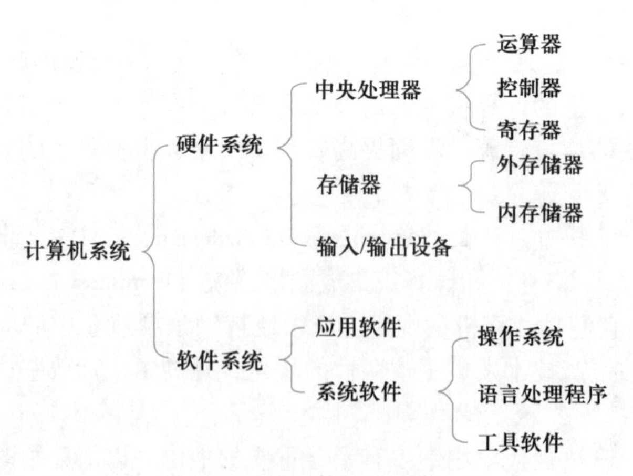

图 1-2-1 计算机系统的组成

1.2.1　计算机硬件系统

计算机硬件系统是指构成计算机的物理实体和物理装置的总和。不管计算机为何种机型，也不论它的外形、配置有多大的差别，计算机的硬件系统都是由五大部分组成的，分别为运算器、控制器、存储器、输入设备和输出设备，即冯·诺依曼体系结构。

计算机的五大部分通过系统总线完成指令所传达的任务。系统总线由地址总线、数据总线和控制总线组成。计算机在接收指令后，由控制器指挥，将数据从输入设备传送到存储器存储起来；再由控制器将需要参加运算的数据传送到运算器，由运算器进行处理，处理后的结果由输出设备输出，其工作流程如图1-2-2所示。

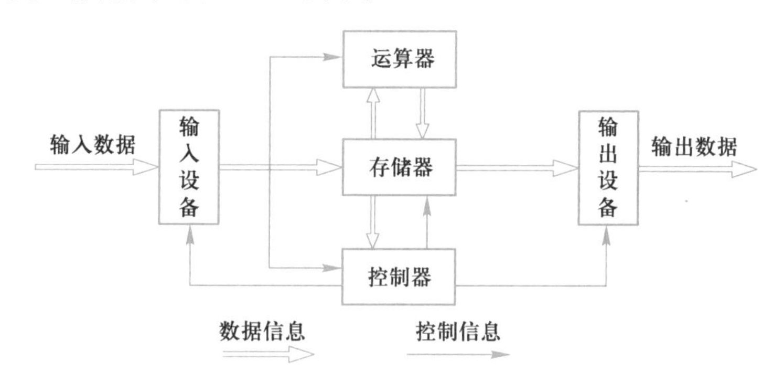

图1-2-2　计算机的硬件系统的工作流程

下面简单介绍构成计算机硬件系统的五大部件。

1. 运算器

运算器又称为算术逻辑部件（arithmetic logic unit，ALU），它的主要功能是完成各种算术运算、逻辑运算和逻辑判断。运算器主要由一个加法器、几个寄存器和一些控制线路组成。加法器的作用是接收寄存器传来的数据并进行运算，并将运算结果传送到某寄存器；寄存器的作用是存放即将参加运算的数据和计算的中间结果和最后结果，以减少访问存储器的次数。

2. 控制器

控制器是计算机的指挥系统，主要由指令寄存器、译码器、时序节拍发生器、操作控制部件和指令计数器组成。指令寄存器存放由存储器取得的指令，由译码器将指令中的操作码翻译成相应的控制信号，再由操作控制部件将时序节拍发生器产生的时序脉冲和节拍电位同译码器的控制信号组合起来，有时间性地、有顺序地控制各个部件完成相应的操作；指令计数器的作用是指出下一条指令的地址。就这样，在控制器的控制下，计算机就能够自动、连续地按照人们编制好的程序，实现一系列指定的操作，以完成一定的任务。

控制器和运算器通常集中在一整块芯片上，构成中央处理器。中央处理器是计算机的核心部件，是计算机的心脏。微型计算机的中央处理器又称为微处理器。

3. 存储器

存储器是计算机存储数据的部件，根据存储器的组成介质、存取速度的不同又可以分为内存储器（简称内存）和外存储器（简称外存）两种。内存是由半导体器件构成的存储器，是计算机存放数据和程序的地方，计算机所有正在执行的程序指令，都必须先调入内存中才能执行，其特点是存储容量较小，存取速度快；外存是由磁性材料构成的存储器，用于存放暂时不用的程序和数据。其特点是存储容量大，存取速度相对较慢。

存储容量的基本单位是字节（B），还有 KB（千字节）、MB（兆字节）、GB（吉字节）等，它们之间的换算关系是 1 KB = 1 024 B，1 MB = 1 024 KB，1 GB = 1 024 MB。

4. 输入设备

输入设备是计算机用来接收用户输入的程序和数据的设备。输入设备由两部分组成：输入接口电路和输入装置。

常见的输入装置有键盘和鼠标器，另外还有扫描仪、跟踪球和光笔等。

5. 输出设备

输出设备是将计算机处理后的最后结果或中间结果，以某种人们能够识别或其他设备所需要的形式表现出来的设备。输出设备也可以分为输出接口电路和输出装置两部分。

常见的输出装置有显示器、打印机等。

1.2.2 计算机软件系统

软件是指程序运行所需要的数据及与程序相关的文档资料的集合。

程序是一系列有序的指令的集合。计算机之所以能够自动而连续地完成预定的操作，就是运行特定程序的结果。计算机程序通常由计算机语言来编制，编制程序的工作被称为程序设计。

对程序进行描述的文本称为文档。因为程序是用抽象化的计算机语言编写的，如果不是专业的程序员是很难看懂它们的，所以就需要用自然语言来对程序进行解释说明，形成程序的文档。

综上所述，从广义上讲，软件是程序和文档的集合体。

计算机的软件系统可以分为系统软件和应用软件两大部分，下面分别对它们进行介绍。

1. 系统软件

系统软件是管理、监控和维护计算机资源，使计算机能够正常高效工作的程序及相关数据的集合。它主要由下面几部分组成。

① 操作系统（是控制和管理计算机的平台）。

② 各种程序设计语言及其解释程序和编译程序。

③ 各种服务性程序（如监控管理程序、调试程序、故障检查和诊断程序等）。

④ 各种数据库管理系统（如 FoxPro 等）。

系统软件的核心部分是操作系统、程序设计语言及各种服务程序，这些一般是作为计算机系统的一部分提供给用户的。

2. 应用软件

应用软件是为了解决用户的各种问题而编制的程序及相关资源的集合，因此应用软件都是针对某一特定的问题或某一特定的需要而编制的软件。

现在市面上应用软件的种类非常多，如各种财务软件包、统计软件包、用于科学计算的软件包、用于进行人事管理的管理系统、用于对档案进行管理的档案系统等。应用软件的丰富与否、质量的好坏，都直接影响计算机的应用范围与实际经济效益。

人们通常用以下几个方面来衡量一个应用软件的质量。

① 占用存储空间的大小。

② 运算速度。

③ 可靠性和可移植性。

以系统软件作为基础和桥梁，用户就能够使用各种各样的应用软件，让计算机完成各种所需要的工作，而这一切都是由作为系统软件核心的操作系统来管理控制的。

1.2.3 硬件系统与软件系统的关系

计算机硬件系统与软件系统存在着相辅相成、缺一不可的关系。

1. 硬件是软件的基础

计算机系统包含着硬件系统和软件系统。只有硬件的计算机称为“裸机”，不能直接为用户所使用。任何软件都是建立在硬件基础上的。离开硬件，软件则无法栖身，无法工作。

2. 软件是硬件功能的扩充与完善

如果没有软件的支持，那么硬件只能是一堆废铁。因为硬件提供了一种使用工具，而软件则提供了使用这种工具的方法。有了软件的支持，硬件才能运转并提高运转效率。系统软件支持着应用软件的开发，操作系统支持着应用软件和系统软件的运行。各种软件通过操作系统的控制和协调，完成对硬件系统各种资源的利用。

3. 硬件和软件相互渗透、相互促进

从功能上讲，计算机硬件和软件之间并不存在一条固定的或一成不变的界线。从原则上讲，一个计算机系统的许多功能，既可以用硬件实现，也可以用软件实现。用硬件实现，往往可以提高速度和简化程序，但将使硬件的结构复杂，造价提高；用软件实现，则可以降低硬件造价，而会使程序变得复杂，运行速度降低。

软、硬件功能的相互渗透，也促进了硬、软件技术的发展。一方面，硬件的发展、硬件性能的改善，为软件的应用提供了广阔的前景，促进了软件的进一步发展，也为新软件的产生奠定了基础；另一方面，软件技术的发展，给硬件提出了新的要求，促进新硬件的产生和发展。

1.2.4 指令和程序设计语言

计算机软件着重研究如何管理计算机和使用计算机的问题，也就是研究怎样通过软件的作用更好地发挥计算机的能力、扩大计算机的功能、提高计算机的效率。计算机软件是一种逻辑实体，而不是物理实体，因而它具有抽象性。这一特点使得它与计算机硬件有着明显的差别。

如前所述，只有硬件，计算机还不能工作，要使计算机解决各种实际问题，必须有软件的支持。

1. 指令和指令系统

人类利用语言进行交流，但那是“自然语言”，是人类在生产实践中为了交流思想逐渐演变形成的。人们要使用计算机就要向其发出各种命令，使其按照人的要求完成所规定的任务。

指令是指示计算机执行某种操作的命令。每条指令都可以完成一个独立的操作。指令是硬件能理解并能执行的语言。一条指令就是机器语言的一个语句，是程序员进行程序设计的最小语言单位。

一条指令通常应包括两个方面的内容：操作码和操作数。操作码表示计算机要执行的基本操作；操作数则表示运算的数值或该数值存放的地址。在微机的指令系统中，通常使用单地址指令、双地址指令和三地址指令。

指令系统是指一台计算机所能执行的全部指令的集合。指令系统决定了一台计算机硬件的主要性能和基本功能。指令系统是根据计算机的使用要求设计的，一旦确定了指令系统，硬件上就必须保证指令系统的实现，所以指令系统是设计一台计算机的基本出发点。

2. 程序设计语言

（1）机器语言

早期的计算机不配置任何软件，这时的计算机称为“裸机”。裸机只能识别“0”和“1”两种代码，程序员只能用一连串的“0”和“1”构成的机器指令码来编写程序，这就是机器语言程序。机器语言具有如下特点。

① 采用二进制代码，指令的操作码（如+、-、×、÷等）和操作数地址均用二进制代码表示。

② 指令随机器而异（称为“面向机器”），不同的计算机有不同的指令系统。

众所周知，计算机采用二进制，其逻辑电路也是以二进制为基础的。因此，这种用二进制代码表示的程序，不经翻译就能够被计算机直接理解和执行。效率高、执行速度快是机器语言的最大优点。然而，机器语言存在着严重的缺点，表现为以下几个方面。

① 易于出错：用机器语言编写程序，程序员要熟练地记忆所有指令的机器代码以及数据单元地址和指令地址，出错的可能性比较大。

② 编程烦琐：工作量大。

③ 不直观：人们不能直观地看出机器语言程序所要解决的问题。读懂机器语言程序的工作量是非常大的，有时比编写这样一个程序还难。

（2）汇编语言

为了克服机器语言的缺点，后来人们想出了用符号（称为助记符）来代替机器语言中的二进制代码的方法，设计了“汇编语言”。这些符号都由英语单词或其缩写组成，这样一看就知道什么意思，且容易记忆和辨别。汇编语言又称为符号语言，其指令的操作码和操作数地址全都用符号表示，大大方便了记忆，但它仍然具有机器语言所具有的那些缺点（如缺乏通用性、烦琐、易出错、不够直观等），只不过程度上不同罢了。

用汇编语言书写的程序（称为汇编语言源程序）保持了机器语言执行速度快的优点。但它送入计算机后，必须被翻译成机器语言形式表示的程序（称为目标程序），才能被计算机识别和执行。完成这种翻译工作的程序（软件）称为汇编程序（assembler）。图 1-2-3 所示为汇编语言源程序的执行过程。

（3）高级语言

汇编语言比机器语言前进了一大步，但程序员仍须记住许多助记符，加上程序的指令数很多，所以编制汇编语言程序仍是一件烦琐的工作。为克服汇编语言的缺点，高级语言应运而生，并在用户中迅速推广。与汇编语言相比，高级语言有三大优点。

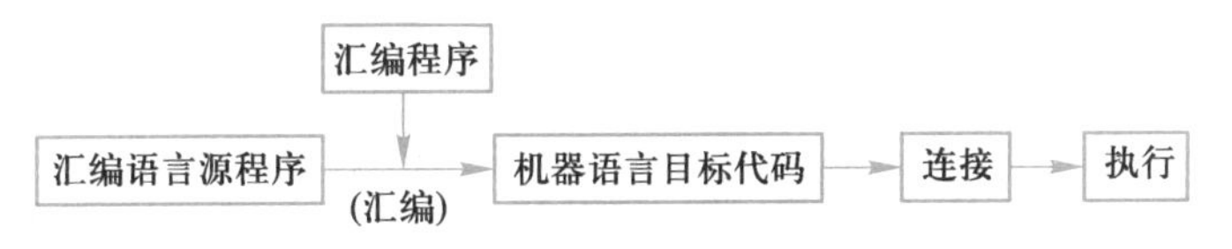

图 1-2-3　汇编语言源程序的执行过程

① 更接近于自然语言，一般采用英语单词表达语句，便于理解、记忆和掌握。

② 高级语言的语句与机器指令并不存在一一对应关系，一个高级语言语句通常对应多个机器指令，因而用高级语言编写的程序（称为高级语言源程序）短小精悍，不仅便于编写，而且易于查找错误和修改。

③ 基本上与具体的计算机无关，即通用性强。程序员不必了解具体机器的指令系统就能编制程序，而且所编的程序稍加修改或不用修改就能在不同的机器上运行。但高级语言源程序也是不能被计算机直接识别和执行的，所以必须先"翻译"成用机器指令表示的目标程序才能执行。"翻译"的方式有两种：一是解释方式，二是编译方式。

解释方式使用的翻译软件是解释程序（interpreter）。它把高级语言源程序一句一句地翻译为机器指令，每译完一句就执行一句，当源程序翻译完后，目标程序也即执行完毕。

编译方式使用的翻译软件是编译程序（compiler）。它将高级语言源程序整个地翻译成用机器指令表示的目标程序，使目标程序和源程序在功能上完全等价，然后执行目标程序，得出运算结果。图 1-2-4 所示为高级语言源程序的执行过程。

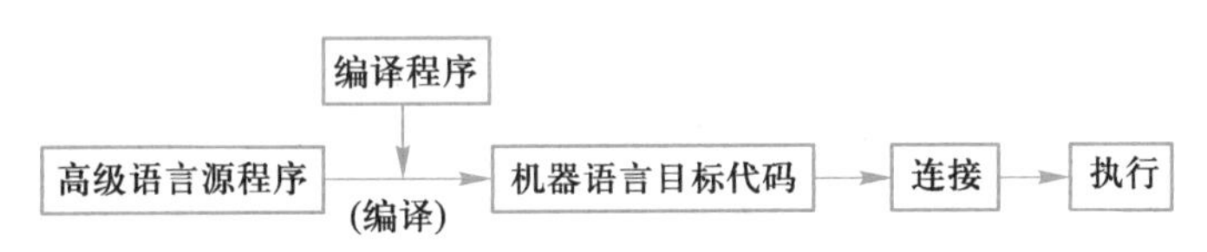

图 1-2-4　高级语言源程序的执行过程

解释方式和编译方式各有优缺点。解释方式的优点是灵活、占用的内存少，但比编译方式占用更多的机器时间，并且执行过程一步也离不开翻译程序。编译方式的优点是执行速度快，但占用内存多，且不灵活，若源程序有错误，必须修改后重新编译，从头执行。

【思考与练习】

1. 利用网络搜索了解中国自主研发的寒武纪深度学习芯片，谈一谈 CPU 与 GPU 的联系与区别。

2. 从硬件系统和软件系统的关系来类比一下国家与个人的关系。

1.3　微型计算机硬件系统

人们日常所见的计算机大多是微型计算机（简称微机）。它由微处理器 CPU、存储器、接口电路、输入/输出设备组成。从微机的外观看，它是由 5 部分组成的：主机、显示器、键盘、鼠标器、磁盘存储器。微机的组成如图 1-3-1 所示。

图 1-3-1　微机的组成

下面分别介绍这 5 部分的组成和使用。

1.3.1　主机

主机是一台微机的核心部件。通常在主机箱的正面有电源 Power 按钮和 Reset 按钮。Power 按钮用于开机。Reset 按钮用来重新热启动计算机系统。

在主机箱的背面配有电源插座，用来给主机及其他的外部设备提供电源。微机一般有一个并行接口和两个串行接口。并行接口用于连接打印机，串行接口用于连接鼠标、数字化仪等串行设备。另外，微机通常还配有一排扩展卡插口，用来连接其他的外部设备。

打开主机箱后，可以看到以下部件。

1. 主板

主板（mainboard）就是主机箱内比较大的那块印制电路板，人们也称它为母板（motherboard），是微机的核心部件之一，是 CPU 与其他部件相连接的桥梁。在主板上通常有 CPU、内存、CMOS、BIOS、时钟芯片、扩展槽、键盘接口、鼠标接口、串行接口、并行接口、电池及各种开关和跳线，还有与驱动器和电源相连的接口。主板如图 1-3-2 所示。

图 1-3-2　主板

为了实现 CPU、存储器和输入/输出设备的连接，微机系统采用了总线结构。总线（bus）就是系统部件之间传送信息的公共通道。总线通常由三部分组成：数据总线（data bus，DB）、控制总线（control bus，CB）和地址总线（address bus，AB）。

数据总线：用于在 CPU 与内存或输入/输出接口电路之间传送数据。

控制总线：用于传送 CPU 向内存或外设发送的控制信号以及由外设或有关接口电路向 CPU 送回的各种信号。

地址总线：用于传送存储单元或输入/输出接口的地址信息。地址总线的根数与内存容量有关。例如，CPU 芯片有 16 根地址总线，那么可寻址的内存单元数为 65 536 B（2^{16} B），即内存容量为 64 KB；如果有 20 根地址总线，那么内存容量就可以达到 1 MB（2^{20} B）。

2. 中央处理器

中央处理器（CPU）如图 1-3-3 所示，是整台微机的核心部件，微机的所有工作都要通过 CPU 来协调处理，完成各种运算、控制等操作，而且 CPU 芯片型号直接决定着微机档次的高低。

图 1-3-3　中央处理器

几十年来，CPU 技术飞速发展，具有代表性的产品是美国 Intel 公司的微处理器系列，先后有 4004、4040、8080、8085、8088、8086、80286、80386、80486、Pentium（奔腾）系列和 Itanium（安腾）系列产品。2006 年，双核处理器问世。2009 年，四核处理器问世。CPU 的功能越来越强，速度越来越快，器件的集成度越来越高。随着 CPU 型号的不断更新，微机的性能也不断提高。

3. 内存储器

内存储器（简称内存）又称为主存储器，是微机的记忆中心，用来存放当前计算机运行所需要的程序和数据。内存的大小是衡量计算机性能的主要指标之一。根据作用的不同，内存可以分为以下几种类型。

（1）随机存取存储器

随机存取存储器（random access memory，RAM）用于暂存程序和数据，如图 1-3-4 所示。RAM 具有的特点是，用户既可以对它进行读操作，也可以对它进行写操作；RAM 中的信息在断电后会消失，也就是说它具有易失性。

通常所说的内存大小就是指 RAM 的大小，目前以 GB 为单位，一般为 4 GB、8 GB 或更多。

图 1-3-4　随机存取存储器（RAM）

（2）只读存储器

只读存储器（read-only memory，ROM）存储的内容是由厂家装入的系统引导程序、自检程序、输入/输出驱动程序等常驻程序，所以有时又称为 ROMBIOS。ROM 具有的特点是，只能对 ROM 进行读操作，不能进行写操作；ROM 中的信息在写入后就不能更改，在断电后也不会消失，也就是说它具有非易失性。

（3）扩展槽

主机箱的后部有一排扩展槽，用户可以在其中插上各种功能卡，如显示卡、声卡、汉卡、网卡、防病毒卡和通信接口卡等。有些功能卡是微机必备的，而有些功能卡则不是必需的，用户可以根据实际的需要进行安装。

（4）高速缓冲存储器

内存与快速的 CPU 相配合，使 CPU 存取内存时经常等待，降低了整个机器的性能。在解决内存速度这个瓶颈问题时通常采用的一种有效方法就是使用高速缓冲存储器。

1.3.2　显示器、键盘和鼠标

1. 显示器

显示器是计算机系统最常用的输出设备，由监视器（monitor）和显示控制适配器（adapter）两部分组成。显示控制适配器又称为适配器或显示卡，不同类型的监视器应配备相应的显示卡。人们习惯直接将监视器称为显示器。显示卡的分辨率越高，颜色种数越多，字符点阵数越大，所显示的字符或图形就越清晰，效果也更逼真。

2. 键盘

键盘是人们向微机输入信息的主要设备，各种程序和数据都可以通过键盘输入微机中。

3. 鼠标

鼠标是一种易于操作的输入设备，在某些环境下，使用鼠标比键盘更直观、方便。有些功能是键盘所不具备的。例如，在某些绘图软件下，利用鼠标可以随心所欲地绘制出线条丰富的图形。

1.3.3　磁盘存储器、光盘、打印机

1. 磁盘存储器

磁盘存储器简称为磁盘，分为硬盘和软盘（已淘汰）两种。相对于内存储器，磁盘存储器又称为外存储器（外存）。内存在微机运行时只作为临时处理存储数据的设备，而大量的数据、程序、资料等则存储在外存上，在使用时再调入内存。

硬盘（图 1-3-5）位于主机箱内，硬盘的盘片通常由金属、陶瓷或玻璃制成，上面涂有磁性材料。硬盘的种类很多，按盘片的结构可以分为可换盘片和固定盘片两种。整个硬盘装置都密封在一个金属容器内，这种结构把磁头与盘面的距离减少到最小，从而增加了存储密度，

加大了存储容量，并且可以避免外界的干扰。

硬盘具有的特点是存储容量大、可靠性高。

2. 光盘

通常将光盘分为只读光盘、一次写入光盘和可抹光盘。只读光盘中存储的内容是由生产厂家在生产过程中写入的，用户只能读出其中的数据而不能进行写操作。一次写入光盘允许用户写入信息，但只能写入一次，一旦写入，就不能再进行修改。可抹光盘允许多次写入信息或擦除。对光盘的读写操作是由光盘驱动器来完成的，通过激光束可以在光盘盘片上记录信息、读取信息及擦除信息。

3. 可移动外存储器

（1）USB 闪存盘

USB 闪存盘（简称 U 盘）是一种可读写、非易失的半导体存储器，通过 USB 接口与主机相连，不需要外接电源，即插即用。它体积小，容量大，存取快捷、可靠。

（2）可移动硬盘

可移动硬盘采用计算机外设标准接口（USB），是一种便携式的大容量存储系统。它容量大，速度快，即插即用，使用方便。

4. 打印机

打印机是计算机系统的输出设备，目前常用的有针式打印机、喷墨打印机和激光打印机。

（1）针式打印机

针式打印机是通过打印头中的 24 根针击打复印纸，从而形成字体。它的主要优点是简单、价格便宜、维护费用低，主要缺点是打印速度慢、噪声大，打印质量也较差。

（2）喷墨打印机

喷墨打印机没有打印头，打印头用微小的喷嘴代替。喷墨打印机按打印出来的字符颜色可以分为黑白和彩色两种，按照打印机的大小可以分为台式和便携式两种。它的主要优点是打印精度较高、噪声较低、价格较便宜，主要缺点是打印速度较慢、墨水消耗量较大。

（3）激光打印机

激光打印机已成为办公自动化的主流产品，受到广大用户的青睐。它具有精度高、打印速度快、噪声低等优点。激光打印机如图 1-3-6 所示。

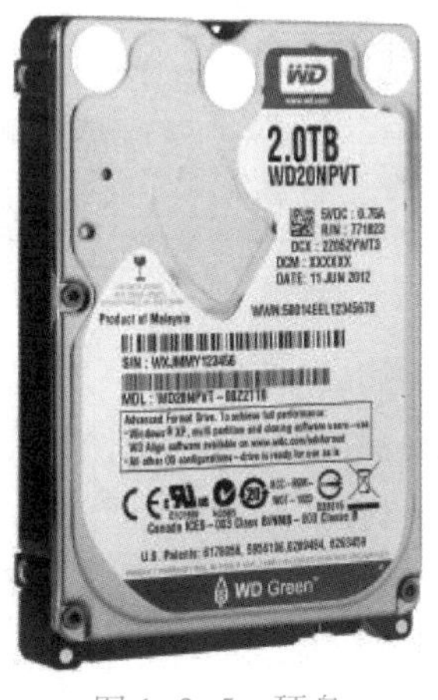

图 1-3-5　硬盘

图 1-3-6　激光打印机

分辨率的高低是衡量打印机质量好坏的标准，分辨率通常以 DPI（每英寸的点数）为单位。一般来说，分辨率越高，打印机的输出质量就越好，当然其价格也越昂贵。

【思考与练习】

1. 利用网络搜索硬盘的类型，谈一谈固态硬盘、机械硬盘和混合硬盘的优缺点。

2. 利用网络搜索显卡的类型，谈一谈为了满足自身学习的需要配置计算机时，你选择什么类型的显卡并说明原因。

1.4 数制与编码

计算机要进行大量的数据运算和数据处理，而所有的数据信息在计算机中都是以数字编码形式表示的。因此，人们就会产生这样的问题：这些数字编码是以什么形式表示的？机器中表示的数与日常生活中表示的数有什么不同？字符又是如何表示的？等等。这些问题的解决将有助于人们更好地使用计算机。

1.4.1 进位计数制

人们的生产和生活离不开数，人类在长期的实践中创造了各种数的表示方法，人们把数的表示系统称为数制。在进位计数制中，表示数值大小的数码与它在数中所处的位置有关。例如，以前人类用 10 个手指来计数，每数到 10 就向前一位进 1，这就是我们最熟悉的十进制；每小时是 60 分钟，每分钟是 60 秒，这就是六十进制；每周有 7 天，这就是七进制；每日 24 小时，这就是二十四进制；等等。计算机使用二进制。

1. 十进制数表示

人们最熟悉、最常用的数制是十进制。一个十进制数有两个主要特点。

① 它有 10 个不同的数字符号，即 0，1，2，…，9。

② 它是“逢 10 进 1”的。

因此，同一个数字符号在不同位置（或数位）代表的数值是不同的。例如，在 666.66 这个数中，小数点左面第 1 位的 6 代表个位，就是它本身的数值 6，或写成 6×10^0；小数点左面第 2 位的 6 代表十位，它的值为 6×10^1；小数点左面第 3 位的 6 代表百位，它的值为 6×10^2；而小数点右面第 1 位的 6 代表十分位，它的值为 6×10^{-1}；小数点右面第 2 位的 6 代表百分位，它的值为 6×10^{-2}，所以，十进制数 666.66 可以写成

$$666.66=6\times10^2+6\times10^1+6\times10^0+6\times10^{-1}+6\times10^{-2}$$

一般地，任意一个十进制数 $D=d_{n-1}d_{n-2}\cdots d_1d_0d_{-1}\cdots d_{-m}$ 都可以表示为

$$D=d_{n-1}\times10^{n-1}+d^{n-2}\times10^{n-2}+\cdots+d_1\times10^1+d_0\times10^0+d_{-1}\times10^{-1}+\cdots+d_{-m}\times10^{-m} \qquad (1-4-1)$$

式（1-4-1）称为十进制数的按权展开式，其中，$d_i\times10^i$ 中 i 表示数的某一位；d_i 表示第 i 位的数码，它可以是 0~9 中的任意一个数字，由具体的 D 确定；10^i 称为第 i 位的权（或位值），数位不同，其“权”的大小也不同，表示的数值也就不同；m 和 n 为正整数，n 为小数点左面的位数，m 为小数点右面的位数；10 为计数制的基数，所以称它为十进制数。

2. 二进制数表示

与十进制数类似，二进制数也有两个主要特点。

① 它有两个不同的数字符号，即 0 和 1。

② 它是“逢 2 进 1”的。

因此，同一数字符号在不同的位置（或数位）所代表的数值是不同的。例如，二进制数 1001.01 可以写成

$1001.01=1\times2^3+0\times2^2+0\times2^1+1\times2^0+0\times2^{-1}+1\times2^{-2}$

一般地，任意一个二进制数 $B=b_{n-1}b_{n-2}\cdots b_1b_0b_{-1}\cdots b_{-m}$ 都可以表示为

$$B=b_{n-1}\times2^{n-1}+b_{n-2}\times2^{n-2}+\cdots+b_1\times2^1+b_0\times2^0+b_{-1}\times2^{-1}+\cdots+b_{-m}\times2^{-m} \quad (1-4-2)$$

式（1-4-2）称为二进制数的按权展开式，其中，$b_i\times2^i$ 中 b_i 只能取 0 或 1：由具体的 B 确定；2^i 称为第 i 位的权；m、n 为正整数，n 为小数点左面的位数，m 为小数点右面的位数；2 是计数制的基数，所以称为二进制数。十进制数与二进制数的对应关系如表 1-4-1 所示。

表 1-4-1　十进制数与二进制数的对应关系

十进制数	二进制数	十进制数	二进制数
0	0	5	101
1	1	6	110
2	10	7	111
3	11	8	1000
4	100	9	1001

3. 八进制数和十六进制数表示

八进制数的基数为 8，使用 8 个数字符号（0，1，2，…，7），“逢 8 进 1，借 1 当 8”。

一般地，任意的八进制数 $Q=q_{n-1}q_{n-2}\cdots q_1q_0q_{-1}\cdots q_{-m}$ 都可以表示为

$$Q=q_{n-1}\times8^{n-1}+q_{n-2}\times8^{n-2}+\cdots+q_1\times8^1+q_0\times8^0+q_{-1}\times8^{-1}+\cdots+q_{-m}\times8^{-m} \quad (1-4-3)$$

十六进制数的基数为 16，使用 16 个数字符号（0~9、A、B、C、D、E、F），“逢 16 进 1，借 1 当 16”。一般地，任意的十六进制数 $H=h_{n-1}h_{n-2}\cdots h_1h_0h_{-1}\cdots h_{-m}$ 都可以表示为

$$H=h_{n-1}\times16^{n-1}+h_{n-2}\times16^{n-2}+\cdots+h_1\times16^1+h_0\times16^0+h_{-1}\times16^{-1}+\cdots+h_{-m}\times16^{-m} \quad (1-4-4)$$

4. 进位计数制的基本概念

归纳以上讨论，可以得出进位计数制的一般概念。

若用 j 代表某进制的基数，k_i 表示各位数的数符，则 j 进制数 N 可以写成如下多项式之和：

$$N=k_{n-1}\times j^{n-1}+k_{n-2}\times j^{n-2}+\cdots+k_1\times j^1+k_0\times j^0+k_{-1}\times j^{-1}+\cdots+k_{-m}\times j^{-m} \quad (1-4-5)$$

式（1-4-5）称为 j 进制的按权展开式，其中，$k_i\times j^i$ 中 k_i 可取 $0\sim j-1$ 之间的值，取决于 N；j^i 称为第 i 位的权；m 和 n 为正整数，n 为小数点左面的位数，m 为小数点右面的位数。

1.4.2　计算机中数的表示

在前面的讨论中已经知道，所有数据无论是数值数据还是非数值数据均表现为二进制的形

式，所以在讨论计算机中数的表示之前，先介绍一下有关数据的存储单位。

1. 数据的单位

① 位（也称为比特，bit）：计算机存储数据的最小单位，也就是二进制数的一位。一个二进制位只能表示两种状态，可用 0 和 1 来表示一个二进制数位。

② 字节（B）：计算机进行数据处理的基本单位，规定 1 字节等于 8 位。存放在 1 字节中的数据所能表示的值的范围是 00000000~11111111，其变化最多有 256 种。通常用 2^{10}来计算存储容量，把 2^{10}字节（即 1 024 B）记为 1 KB；把 2^{20}字节（即 1 024 KB）记为 1 MB；把 2^{30}字节（即 1 024 MB）记为 1 GB；把 2^{40}字节（即 1 024 GB）记为 1 TB（太字节）；把 2^{50}字节（即 1 024 TB）记为 1 PB（拍字节）。

③ 字（Word）：在计算机中作为一个整体进行运算和处理的一组二进制数码，一个字由若干字节组成。计算机中每个字所包含的二进制位数称为字长（word size）。它直接关系到计算机的计算精度、功能和速度。字长越大，计算机处理速度就越快，精度越高，功能越强。常见的微型计算机的字长有 8 位、16 位、32 位和 64 位之分。

2. 定点数与浮点数

在日常生活中，人们习惯于用正负号加绝对值表示数的大小，这种按一般书写形式表示的原值在计算机技术中称为真值。但是，计算机所能表示的数或其他信息都是数码化了的，正号或负号同样要用数码 0 或 1 表示。通常约定数的一位（定点数中常约定为最高位）为符号位，正数的符号用 0 表示，负数的符号用 1 表示。

1.4.3 二进制编码

由于二进制数有很多优点，所以在计算机内部都采用二进制数。因而，要在计算机中表示的数、字符都要用特定的二进制码来表示，这就是二进制编码。

1. 数字编码

二进制数实现容易、可靠，而且运算规律十分简单。然而，二进制数很不直观，书写起来很长，读起来也不方便。考虑到人们的习惯，通常在计算机输入和输出时，还是采用十进制表示。这就要求在输入时将十进制数转换成二进制数，输出时将二进制数转换成十进制数。为便于机器识别与转换，通常是将人们习惯的十进制数每一位变成二进制形式输入给机器。这种以二进制形式表示一位十进制数的方法称为十进制数的二进制编码，简称二—十进制编码或 BCD（binary-coded decimal）编码。

最常用的二—十进制编码就是 8421 编码。它是用 4 位二进制数表示一位十进制数，每一位对应的权分别是 8、4、2、1。8421 码有 10 个不同的数字符号，它是“逢十进位”的十进制数。

2. 字符编码

字符与字符串是控制信息和文字信息的基础。字符的表示涉及选择哪些常用的字符，采用什么编码表示。目前字符编码多采用美国标准信息交换代码（American Standard Code for Information Interchange，ASCII）。我国的 GB/T 1988—1998《信息技术 信息交换用七位编码字符集》与此基本相同。ASCII 码包括 26 个大写英文字母、26 个小写英文字母、0~9 的数字，还有一些运算符号、标点符号和一些基本专用符号及一些控制符号。ASCII 码是 7 位代码，即用

7位二进制表示，1字节是8位二进制位，用1字节存放一个ASCII码，只占用低7位而最高位空闲不用，一般用“0”补充，但现在最高位也用于奇偶校验位、用于扩展的ASCII码、用作汉字代码的标记。

【思考与练习】

谈谈个人对进位计数制中“权”的理解，并畅想如何增加个人在班级、学校、社会中的权重。

1.5 计算思维

1.5.1 科学与思维

1. 科学与思维的含义

1888年，达尔文曾给科学下过一个定义：科学就是整理事实，从中发现规律，做出结论。达尔文的定义指出了科学的内涵，即事实与规律。科学要发现人所未知的事实，并以此为依据，实事求是，而不是脱离现实的纯思维的空想。至于规律，则是指客观事物之间内在的本质的必然联系。因此，科学是建立在实践基础上，经过实践检验和严密逻辑论证的，关于客观世界各种事物的本质及运动规律的知识体系。

科学一般包括自然科学、社会科学和思维科学。

思维最初是人脑借助于语言对客观事物的概括和间接的反应过程。思维以感知为基础又超越感知的界限。通常意义上的思维涉及所有的认知或智力活动。它探索与发现事物的内部本质联系和规律性，是认识过程的高级阶段。

思维对事物的间接反映，是指它通过其他媒介作用认识客观事物及借助于已有的知识和经验、已知的条件推测未知的事物。思维的概括性表现在它对一类事物非本质属性的摒弃和对其共同本质特征的反映。

思维是人脑对现实事物进行概括、加工，揭露本质特征。人脑对信息的处理包括分析、抽象、综合、概括等。

2. 人类文明进步和科学发现的三大支柱

理论科学、实验科学和计算科学作为科学发现的三大支柱，正推动着人类文明进步和科技发展。

理论科学是提出论题，如经济问题、技术问题的发现与解决的办法和方向的设想；实验科学则是组织好实际的物质条件，按照理论科学提出的论题进行反复实验，最终得到该理论是否成立的结论；计算科学则是在理论研究、实验进行的过程中用数学的手段去论证与修正，若理论成立，则实验通过，计算科学还能将这些结论和过程转化成实际模型，进而转化为实际应用。

3. 科学思维

一般而论，三种科学对应着三种思维。

（1）理论科学——理论思维

理论思维又称为推理思维，是通过判断、推理去解答问题。它也是一种逻辑思维。先要对一个事物进行分析、判断，得出结论，再以此类推。理论源于数学，理论思维支撑着所有的学科领域。正如数学一样，定义是理论思维的灵魂，定理和证明是它的精髓。公理化方法是最重要的理论思维方法。理论思维以推理和演绎为特征，以数学学科为代表。

（2）实验科学——实验思维

实验思维又称为实证思维，是用自己掌握的知识和经验去验证某一个结论的思维。实证思维的结构包括论题、论据和论证方式。每个人每天都会用到实证思维。以观察和总结自然规律为特征，以物理学科为代表。实验思维的先驱是意大利科学家伽利略，被人们誉为“近代科学之父”。与理论思维不同，实验思维往往需要借助于某些特定的设备，并用它们来获取数据以供以后的分析。

（3）计算科学——计算思维

计算思维又称为构造思维，以设计和构造为特征，以计算机科学为代表。计算思维是运用计算机科学的基础概念进行问题求解、系统设计及人类行为理解的涵盖了计算机科学之广度的一系列思维活动。

1.5.2 计算思维概述

1. 计算思维的定义

计算思维（computational thinking，CT）是运用计算的基础概念（fundamental concept）去求解问题、设计系统和理解人类行为的一种方法（approach）。计算思维的本质是抽象（abstract）和自动化（automation）。它是如同所有人都具备“读、写、算”（简称 3R）能力一样，都必须具备的思维能力。

2. 计算思维的内涵

① 计算思维是通过约简、嵌入、转化和仿真等方法，把一个困难的问题阐释成如何求解它的思维方法。

② 计算思维是一种递归思维，是一种并行处理，是一种把代码译成数据又能把数据译成代码的方法，是一种多维分析推广的类型检查方法。

③ 计算思维是一种采用抽象和分解的方法来控制复杂的任务或进行巨型复杂系统的设计，基于关注点分离的方法（SOC 方法）。

④ 计算思维是一种选择合适的方式陈述一个问题，或对一个问题的相关方面建模使其易于处理的思维方法。

⑤ 计算思维是按照预防、保护及通过冗余、容错、纠错的方式，并从最坏情况进行系统恢复的一种思维方法。

⑥ 计算思维是利用启发式推理寻求解答，即在不确定情况下的规划、学习和调度的思维方法。

3. 计算思维的特征

（1）概念化，不是程序化

计算机科学不是计算机编程。像计算机科学家那样去思维意味着远远不止能为计算机编程，还要求能够在抽象的多个层次上思维。计算机科学不只是关于计算机，就像音乐产业不只是关于麦克风一样。

（2）根本的，不是刻板的技能

计算思维是一种根本技能，是每一个人为了在现代社会中发挥职能所必须掌握的。刻板的技能意味着简单的机械重复。

（3）人的，不是计算机的思维

计算思维是人类求解问题的一条途径，但绝非要使人类像计算机那样地思考。计算机枯燥且沉闷，人类聪颖且富有想象力。人类赋予计算机激情，计算机赋予人类强大的计算能力，人类应该好好地利用这种力量去解决各种需要大量计算的问题。

（4）是思想，不是人造品

计算思维不只是将我们生产的软硬件等人造物呈现给我们的生活，更重要的是计算的概念，它被人们用来进行问题求解、日常生活的管理以及与他人进行交流和互动。

（5）数学和工程思维的互补与融合

计算机科学在本质上源自数学思维，它的形式化基础建筑于数学之上。计算机科学又从本质上源自工程思维，因为我们建造的是能够与实际世界互动的系统。所以计算思维是数学和工程思维的互补和融合。

（6）面向所有的人、所有地方

当计算思维真正融入人类活动的整体时，它作为一个解决问题的有效工具，人人都应当掌握，处处都会被使用。

4. 计算思维对其他学科的影响

事实上，我们已经见证了计算思维对其他学科的影响。例如，计算生物学正在改变着生物学家的思考方式，计算博弈理论正在改变着经济学家的思考方式，纳米计算正在改变着化学家的思考方式，量子计算正在改变着物理学家的思考方式等。

计算思维正在渗透到各个学科中，诸如算法和数据结构这样的术语将成为不同学科领域工作者的日常用语，把树倒过来画已经习以为常，“非确定随机算法”“垃圾收集”这样的术语已经司空见惯了。

1.5.3 计算思维与科学发现和技术创新

1. 美国 NSF 的 HER 和 CISE 局

（1）美国 NSF 的 HER（Education & Human Resources）局的使命

① 为 21 世纪培养和造就科学家、技术人员、工程师、数学家和教育工作者等范围广泛的、训练有素的劳动大军，以及具有科学素质的、能够把握科学技术的思想和工具的现代公民。

② 支持所有科学与工程领域中的教育、研究及基础设施的开发。

③ 提升全体公民的生活质量，提升国家的健康、繁荣、福祉和安全。

（2）美国 NSF 的 CISE（Computer & Information Science & Engineering）局的使命

① 在计算机与信息科学及工程方面使美国保持世界领先地位。

② 促使理解和利用先进的计算机、通信和信息系统，为全社会提供服务。

2. 对计算思维的进一步理解

① 计算思维是利用泛指的计算（CS、CE、C、IS、IT 等）的基础概念，求解问题、设计系统、理解人类行为的一种方法（approach），是一类 analytical thinking。它合用了数学思维（求解问题的方法）、工程思维（设计、评价大型复杂系统）和科学思维（理解可计算性、智能、心理和人类行为）。

② 计算时的抽象概念比数学、物理科学中的意义要丰富和复杂，抽象是分层的，抽象最终要在受限的物理世界中实现。

③ 计算是抽象的自动执行，自动化隐含着需要某类计算机（可以是机械或人，或两者的组合）去解释该抽象。

④ 从操作层面上，计算涉及回答“如何寻找一台计算机去求解问题?”，隐含地回答此问题就是确定合适的抽象，选择合适的某类计算机去解释执行该抽象，后者的过程就是自动化。所以，计算思维的本质就是抽象与自动化。

⑤ 计算的三种驱动力是科学、技术和社会，三者互相作用影响：科学的发现催生技术发明，促进社会应用；反之，技术发明产生新的社会应用，促进新的科学发现。

3. 问题求解中的计算思维

（1）利用计算的手段求解问题的过程

① 把实际应用问题转换为数学问题（可能是一组 PDE）。

② 将 PDE 方程离散化为一组代数方程组。

③ 建立模型、设计算法、编程实现。

④ 在具体的计算机上运行求解。

（2）求解问题过程中的计算思维

① 利用计算的手段求解问题的过程中的前两步可谓是计算思维中的抽象。

② 利用计算的手段求解问题的过程中的后两步可谓是计算思维中的自动化。

4. 设计系统中的计算思维

① Karp 的观点：任何自然系统和社会系统都可视为一个动态演化系统，演化伴随着物质、能量和信息的交换，这种交换可映射（也就是抽象）为符号交换，使之能利用计算机进行离散的符号处理。

② 当动态演化系统抽象为离散符号系统之后，就可以采用形式化的规范描述，建立模型、设计算法、开发软件，来揭示演化的规律，并实时控制系统的演化，自动执行，这就是计算思维中的自动化。

5. 理解人类行为中的计算思维

① 利用计算的手段来研究人类的行为，可视为社会计算（cyber-society computing），即通过各种信息技术手段，设计、实施和评估人与环境之间的交互。

② 社会计算涉及人们的交互方式、社会群体的形态及其演化规律等问题。研究生命的起源与繁衍，理解人类的认识能力，了解人类与环境的交互，研究传染病毒的结构与传播以及国家的福利与安全等都属于社会计算的范畴，这些都与计算思维科学密切相关。

③ 使用计算思维的观点对当前社会计算中的一些关键问题进行分析与建模，尝试从计算思维的角度重新认识社会计算，找出新问题、新观点和新方法等。

【思考与练习】

根据个人对本小节的学习，谈一谈你对“创”的理解。

习题

一、选择题

1. 个人计算机简称为 PC，这种计算机属于（　　）。

A. 微型计算机　　B. 小型计算机

C. 超级计算机　　D. 巨型计算机

2. 目前制造计算机所采用的电子器件是（　　）。

A. 晶体管　　B. 超导体

C. 中小规模集成电路　　D. 超大规模集成电路

3. 一个完整的计算机系统通常包括（　　）。

A. 硬件系统和软件系统　　B. 计算机及其外围设备

C. 主机、键盘与显示器　　D. 系统软件和应用软件

4. 计算机软件是指（　　）。

A. 计算机程序　　B. 源程序和目标程序

C. 源程序　　D. 计算机程序及有关资料

5. 在计算机内部，不需要编译计算机就能够直接执行的语言是（　　）。

A. 汇编语言　　B. 自然语言

C. 机器语言　　D. 高级语言

6. 计算机存储数据的最小单位是二进制的（　　）。

A. 位（比特）　　B. 字节

C. 字长　　D. 千字节

7. 1 字节包括（　　）个二进制位。

A. 8　　B. 16

C. 32　　D. 64

8. 1 MB 等于（　　）字节。

A. 100　　B. 1 000

C. 1 024　　D. 1 024×1 024

9. 下列数据中，有可能是八进制数的是（　　）。

A. 488　　B. 317

C. 597　　D. 189

10. 在计算机断电后，（　　）中的信息将会丢失。

A. ROM　　B. 硬盘

C. 软盘　　D. RAM

11. 在不同进制的 4 个数中，最小的一个数是（　　）。

A. 1101100B　　B. 65D

C. 70Q　　D. A7H

12. 从软件分类来看，Windows 属于（　　）。

A. 应用软件　　B. 系统软件

C. 支撑软件　　D. 数据处理软件

13. 固态硬盘属于（　　）。

A. 输入设备　　B. 输出设备

C. 内存储器　　D. 外存储器

14. 计算机采用二进制最主要的理由是（　　）。

A. 存储信息量大　　B. 符合习惯

C. 结构简单，运算方便　　D. 数据输入、输出方便

15. 未来计算机的发展趋向于巨型化、微型化、网络化、（　　）和智能化。

A. 多媒体化　　B. 电气化

C. 现代化　　D. 工业化

16. 内存中每个基本单位都被赋予一个唯一的序号，称为（　　）。

A. 地址　　B. 字节

C. 字段　　D. 容量

17. 要把一张照片输入计算机，必须用到（　　）。

A. 打印机　　B. 扫描仪

C. 绘图仪　　D. 光盘

18. 所谓计算机病毒是指（　　）。

A. 能够破坏计算机各种资源的不当操作

B. 特制的破坏计算机内信息且能自我复制的程序

C. 计算机内存放的、被破坏的程序

D. 能感染计算机操作者的生物病毒

19. 根据统计，当前计算机病毒扩散最快的途径是（　　）。

A. 软件复制　　B. 网络传播

C. 磁盘复制　　D. 运行游戏软件

20. 对计算机磁盘进行快速格式化，将（　　）磁盘的坏扇区而直接删除文件。

A. 扫描　　B. 不扫描

C. 有时扫描　　D. 用户自己设定

二、填空题

1. 计算机的发展经历了电子管计算机、晶体管计算机、中小规模集成电路计算机和________计算机 4 个发展阶段。

2. 通常所说的 I/O 设备指的是________。

3. 1011001 B =________D。

4. 225.625 D________B。

5. 术语 RAM 是指____________。

6. ____________的作用是管理和控制计算机系统的各种软、硬件资源。

7. 计算机执行的程序占用内存过多时，可将部分硬盘空间划分出来充当内存使用，划分出来的内存称为____________。

8. 所谓“裸机”是指____________。

9. 冯 · 诺依曼机 5 个组成部分为运算器、____________、存储器、输入设备和输出设备。

10. 冯 · 诺依曼机的中心设计思想就是____________原则，即将指令和数据存放在一起。

第 2 章
操作系统

操作系统是现代计算机系统最重要的必不可少的系统软件。从计算机用户的角度来说，计算机操作系统体现为其提供的各项服务；从程序员的角度来说，其主要是指用户登录的界面或者接口；如果从设计人员的角度来说，就是指各式各样模块和单元之间的联系。经过几十年的发展，计算机操作系统已经由一开始的简单控制发展成为既复杂而又庞大的计算机软件系统之一。

2.1 操作系统概述

2.1.1 操作系统的定义

操作系统（operating system，OS）是一组用于管理和控制计算机系统中所有软、硬件资源，合理组织计算机工作流程，方便用户使用计算机的程序集合；是用户与计算机之间的接口；是直接运行在“裸机”上的最基本的系统软件，任何其他软件都必须在操作系统的支持下运行。操作系统管理计算机中所有的资源，并为用户使用计算机提供一个方便灵活、安全可靠的工作环境。

2.1.2 操作系统的发展

操作系统并不是和计算机硬件一起诞生的，它是在人们使用计算机的过程中，为了更好地管理计算机，提高资源利用率，充分发挥计算机系统性能，并伴随着计算机硬件的更新换代，而逐步形成和发展起来的。

1. 人工操作阶段

在1946年至20世纪50年代中期，人们采用手工操作的方式使用计算机，首先将程序和数据记录在穿孔纸带上，操作员将纸带装入输入机上，把程序和数据输入计算机，当程序运行完毕，用户取出纸带和计算结果，才让下一个用户使用计算机。在整个过程中，计算机系统中的所有资源都被这个程序和数据占用，资源利用率低；人工操作慢，CPU运行速度快，CPU等待着人工操作，CPU利用率低。

2. 批处理阶段

批处理技术是指计算机能够自动地、成批地处理一个或多个用户的作业（作业包括程序、数据和命令）。

（1）联机批处理系统

首先出现的是联机批处理系统，即作业的输入/输出由CPU来处理。主机与输入机之间增加一个存储设备——磁带，在运行于主机上的监督程序的自动控制下，计算机可自动完成以下操作：成批地把输入机上的用户作业读入磁带，依次把磁带上的用户作业读入主机内存并把计算结果向输出机输出。一批作业读取运行完毕，再读取下一批作业。减少了作业手工操作时间，提高了计算机的利用率。但是CPU运行速度快，一直在等待数据的输入。

（2）脱机批处理系统

为了提高CPU的利用率，又引入了脱机批处理系统，增加一台不与主机直接相连而专门用于控制输入/输出设备的卫星机。输入输出作业都由卫星机管理控制，主机与卫星机可并行工作，两者分工明确，可以充分发挥主机的高速计算能力。缺点就是每次主机内存中仅存放一道作业，致使CPU大多数时间是空闲状态。

3. 多道程序系统

所谓多道程序设计技术，就是同时让多个程序进入内存并运行，即同时把多个程序放入内存，并允许它们交替使用CPU，它们共享系统中的各种硬、软件资源。当一道程序因I/O请求而暂停运行时，CPU便立即转去运行另一道程序。

4. 分时系统

由于CPU速度不断提高和采用分时技术，一台计算机可同时连接多个用户终端，而每个用户可在自己的终端上输入和运行程序，系统采用对话的方式为各个终端上的用户服务，便于程序的动态修改和调试，各个终端用户感觉好像自己独占机器一样。分时技术就是把处理机的运行时间分成很短的时间片，按时间片轮流把处理机分配给各联机作业使用。多用户分时系统是当今计算机操作系统中使用得最普遍的一类操作系统。

5. 实时系统

在20世纪60年代中期，计算机进入到集成电路时代，由于计算机的性能提高，计算机应用到各行各业。但不能满足工业生产过程、导弹发射等实时控制和预订机票、银行系统等实时信息处理这两个应用领域的需求。于是就产生了实时系统，即系统能够及时响应随机发生的外部事件，并在严格的时间范围内完成对该事件的处理。

6. 现代操作系统

20世纪70年代至今，操作系统随着计算机硬件的不断发展和计算机技术的提高，在计算机世界的多方面取得了很大的发展，又出现了许多新型的操作系统，针对计算机网络的发展，为了有效地管理网络中的资源，出现了网络操作系统和分布式操作系统；随着家庭和商用微型计算机的普及，研制了微机操作系统；根据科学和军事领域的大型计算机的需求，需要安装多个处理器，出现了多处理机操作系统；手机、掌上电脑、家用电器、机器人等通信设备的发展，催生了嵌入式操作系统。

2.1.3　操作系统的功能

如果从资源管理和用户接口的观点看，通常可把操作系统的功能分为以下几种。

1. 处理机管理

在单道作业或单用户的情况下，处理机为一个作业或一个用户所独占，对处理机的管理十分简单。但在多道程序或多个用户的情况下，进入内存等待处理的作业通常有多个，要组织多个作业同时运行，就要靠操作系统的统一管理和调度，来保证多个作业的完成和最大限度地提高处理机的利用率。

2. 存储管理

存储管理是指对内存空间的管理，内存中除了操作系统，可能还有一个或多个程序，这就要求内存管理应具有以下几个方面的功能。

① 内存分配：当有作业申请内存时，操作系统就根据当时的内存使用情况分配内存或使申请内存的作业处于等待内存资源的状态，以保证系统及各用户程序的存储区互不冲突。

② 存储保护：系统中有多个程序在同时运行，这样就必须采用一定的措施，以保证一道程序的执行不会有意无意地破坏另一道程序，保证用户程序不会破坏系统程序。

③ 内存扩充：通过采用覆盖、交换和虚拟存储等技术，为用户提供一个足够大的地址空间。

3. 设备管理

它的主要任务是根据一定的分配策略，把通道、控制器和输入/输出设备分配给请示输入、输出的操作程序，并起动设备完成实际的输入/输出操作。为了尽可能发挥设备和主机的并行工作能力，常采用虚拟技术和缓冲技术。此外，设备管理程序为用户提供了良好的界面，而不必去涉及具体设备特性，以使用户能方便、灵活地使用这些设备。

4. 文件管理（信息管理）

计算机中所有的数据都是以文件的形式存储在磁盘上的，操作系统中负责文件的管理模块是文件系统。它的主要任务是解决文件在存储空间上的存放位置、存放方式、存储空间的分配与回收等有关文件操作的问题，此外，信息的共享、保密和保护也是文件系统所要解决的问题。

5. 作业管理

每个用户请示计算机系统完成的一个独立任务称为作业（job），作业管理主要完成作业的调度和作业的控制。一般来说，操作系统提供两种方式的接口为用户服务。一种用户接口是系统级的接口，即提供一级广义指令供用户去组织和控制自己作业的运行；另一种用户接口是“作业控制语言”，用户使用它来书写控制作业执行的操作说明书，然后将程序和数据交给计算机，操作系统就按说明书的要求控制作业的执行，不需要人为干预。

2.1.4 操作系统的分类和特征

1. 操作系统的分类

① 按计算机的机型分类，可分为大型机操作系统，中型机、小型机操作系统和微型机操作系统。

② 按计算机用户数目的多少分类，可分为单用户操作系统、多用户操作系统。

③ 按操作系统的功能分类，可分为批处理操作系统、实时操作系统和分时操作系统。

随着计算机技术和计算机体系结构的发展，又出现了许多新型的操作系统，例如，通用计算机操作系统、微机操作系统、多处理机操作系统、网络操作系统以及分布式操作系统等。

2. 操作系统的特征

（1）并发性

在多道程序环境下，并发性是指宏观上在一段时间内有多道程序同时运行。但在单处理机系统中，同一个时刻只能执行一道程序，当有多个程序需要执行时，操作系统就会采取并发的方式，协调多个程序交替执行。对于多个处理机，例如，8 个处理器，就意味着在操作系统中可以同时并行地执行 8 个程序，但是这不代表并发性不重要；相反，并发性仍然是必不可少的。因为虽然有 8 个处理机，但有可能运行的程序不止 8 个，因为操作系统本身就会创建一些进程来维护管理整个系统。

（2）共享性

共享性是指多个并发运行的程序共享系统中的资源。资源共享分为互斥共享和同时访问两种。

（3）虚拟性

虚拟性是指通过某种技术把一个物理上的实体变成若干逻辑上的对应物。物理实体（前者）是实的，而后者是虚的，是用户感觉上的东西。

（4）异步性

异步性又称为随机性，在多道程序环境中，虽然允许多个进程并行执行，但由于资源有限，进程的执行并不是顺利的，而是断断续续、走走停停。

【思考与练习】

1. 什么是操作系统，操作系统的特征是什么？
2. 按操作系统的功能分类，Linux 和 UNIX 是哪种类型的操作系统？
3. 操作系统的分类有哪些？

2.2 常用操作系统介绍

2.2.1 计算机操作系统

1. DOS 操作系统

DOS（disk operating system）最初是 Microsoft 公司为 IBM 个人计算机开发的操作系统。它是在 8 位操作系统 CP/M-80 的基础上，结合 UNIX 的很多特点开发出来的 16 位操作系统。DOS 主要有两种版本，分别是 PC-DOS 和 MS-DOS。PC-DOS 指的是 IBM 开发的 DOS 版本，MS-DOS 则是 Microsoft 公司的 DOS 版本。DOS 是一种单用户、单任务的操作系统，对内存的管理局限在 640 KB 的范围内。

2. Windows 操作系统

Windows 操作系统是当前应用最广泛的操作系统。Microsoft 公司从 1983 年开始研制 Windows 系统，最初的研制目标是在 MS-DOS 的基础上提供一个多任务的图形用户界面。第一个版本的 Windows 1.0 于 1985 年问世，它是一个具有图形用户界面的系统软件。1987 年推出了 Windows 2.0，最明显的变化是采用了相互叠盖的多窗口界面形式。1990 年微软推出的 Windows 3.0 是 Windows 一个重要的里程碑，它以压倒性的商业成功确定了 Windows 系统在 PC 领域的垄断地位，现今流行的 Windows 窗口界面的基本形式也是从 Windows 3.0 开始基本确定的。

1995 年推出了 Windows 95；2000 年推出了 Windows 2000；2001 年发布了 Windows XP；2007 年又推出了 Windows Vista；2009 年 10 月 23 日在中国正式发布了 Windows 7，用于替换 Windows Vista；2015 年 7 月 29 日发布了 Windows 10，当前应用比较广泛。

Windows 的特点如下。

（1）Windows 操作系统的人机操作性优异

操作系统是人和计算机硬件沟通的平台，没有良好的人机操作性，就难以吸引广大用户使用。Windows 操作系统能够作为个人计算机的主流操作系统，其优异的人机操作性是重要因素。Windows 操作系统界面友好，窗口制作优美，操作动作易学，多代系统之间有良好的传承，计算机资源管理效率较高，效果较好。

（2）Windows 操作系统支持的应用软件较多

Windows 操作系统作为优秀的操作系统，由开发操作系统的微软公司控制接口和设计，公开标准，因此，有大量商业公司在该操作系统上开发商业软件。Windows 操作系统的大量应用软件为客户提供了方便。这些应用软件门类全，功能完善，用户体验性好。例如，Windows 操作系统有大量的多媒体应用软件，搜集管理多媒体资源，客户只需要使用这些基于系统开发出来的商业软件就可以享受多媒体带来的快乐。

（3）Windows 操作系统对硬件支持良好

硬件的良好适应性是 Windows 操作系统的又一个重要特点。Windows 操作系统支持多种硬件平台，给予硬件生产厂商宽泛、自由的开发环境，激励了这些硬件公司开发与 Windows 操作系统相匹配的产品，更促进了 Windows 操作系统不断完善和改进，同时，硬件技术的提升，也为操作系统功能拓展提供了支撑。

3. UNIX 和 XENIX 操作系统

20 世纪 70 年代初，UNIX 最早由美国电报电话公司（AT&T）的贝尔（Bell）实验室开发。1980 年，Microsoft 公司基于当时的 UNIX 第 7 版，推出相对简洁的 UNIX 微机版本，称为 XENIX。1986 年，Microsoft 公司发表了 XENIX 系统 V，SCO 公司也公布了它的 XENIX V 的版本。1987 年，AT&T 公司和 Intel 公司联合推出 UNIX 系统 V/386 3.0 版。

UNIX 是一种相对复杂的操作系统，具有多任务、多用户特点。多年来，UNIX 操作系统已在大型主机、小型机以及工作站上成为一种工业标准操作系统。

4. Linux 操作系统

Linux 操作系统是一套免费使用、自由开发和传播的类 UNIX 操作系统，其主要用于基于 Intel x86 系统 CPU 的计算机上。这个系统诞生于网络，成长于网络，世界各地成千上万的程序员参与了它的设计和实现。它不受任何商品化软件的版权制约，是全世界用户都能自由使用的 UNIX 兼容产品。

通常所说的 Linux，指的是 GNU/Linux，即采用 Linux 内核的 GNU 操作系统。GNU 既是一个操作系统，也是一种规范。Linux 最早由 Linus Torvalds 在 1991 年开始编写。在这之前，Richard Stallman 创建了 Free Software Foundation（FSF）组织以及 GNU 项目，并不断地编写创建 GNU 程序（程序的许可方式均为 GPL（general public license））。采用 Linux 内核的 GNU/Linux 操作系统使用了大量的 GNU 软件，包括了 shell 程序、工具、程序库、编译器及工具，还有许多其他程序。

简单地说，Linux 具有以下主要特性。

（1）源码公开

Linux 操作系统是免费的、开源的，用户可以自由下载，无偿使用，可以根据自己的需要对其进行修改，并继续在互联网上传播。

（2）多用户

多用户是指系统资源可以被不同用户拥有和使用，即每个用户对自己的资源（如文件、设备）有特定的权限，互不影响。

（3）多任务

多任务是现代计算机操作系统的主要特点。它是指计算机同时执行多个程序，而且各个程序的运行互相独立。Linux 系统调度每一个进程平等地访问 CPU。由于 CPU 的处理速度非常快，CPU 执行一个应用程序的一组指令，到 Linux 调试处理器再次运行这个程序，之间只有很短的时间延迟，用户是感觉不到的，因而启动的应用程序好像在并行运行。

（4）良好的用户界面

Linux 向用户提供了两种界面，即用户界面和系统调用。Linux 的传统用户界面是基于文本的命令行界面，即 shell，它既可以联机使用，又可存储在文件上脱机使用。shell 有很强的程序设计能力，用户可方便地用它编制程序，从而为用户扩充系统功能提供了更高级的手段。可编程 shell 是指将多条命令组合在一起，形成一个 shell 程序，这个程序可以单独运行，也可以与其他程序同时运行。Linux 还为用户提供了图形用户界面，利用鼠标、菜单、窗口、滚动条等，给用户呈现一个直观、易操作、交互性强、友好的图形化界面。

系统调用给用户提供编程时使用的界面。用户可以在编程时直接使用系统提供的系统调用命令。系统通过这个界面为用户程序提供底层的、高效率的服务。

（5）设备独立性

设备独立性是指操作系统把所有外设统一视为文件，只要安装它们的驱动程序，任何用户都可以像使用文件一样操纵、使用这些设备，而不必知道它们的具体存在形式。

具有设备独立性的操作系统通过把每一个外围设备看作一个独立文件来简化增加新设备的工作。当需要增加新设备时，系统管理员在内核中增加必要的连接。这种连接（也称为设备驱动程序）保证每次调用设备提供服务时，内核以相同的方式来处理它们。当新的或更好的外设被开发并被用户使用时，只要这些设备连接到内核，就能不受限制地立即访问它们。设备独立性的关键在于内核的适应能力。其他操作系统只允许连接一定数量或一定种类的外设，而具有设备独立性的操作系统能够容纳任何种类及任意数量的设备，因为每一个设备都是通过其与内核的专用连接独立进行访问的。

Linux 是具有设备独立性的操作系统，它的内核具有高度的适应能力，随着更多的程序员利用 Linux 编程，会有更多的硬件设备加入到各种 Linux 内核和发行版本中。另外，由于用户可以免费得到 Linux 的内核源代码，因此，用户也可以修改内核源代码，以便适应新增加的外设。

（6）丰富的网络功能

完善的内置网络是 Linux 的一大特点。Linux 在通信和网络方面的功能优于其他操作系统。它的联网能力与内核紧密地结合在一起，并具有内置的灵活性。Linux 为用户提供了完善、强大的网络功能。

（7）可靠的系统安全

Linux 采取了许多安全技术措施，包括对读写进行权限控制、带保护的子系统、审计跟踪、核心授权等，这为网络多用户环境中的用户提供了必要的安全保障。人们普遍认为，Linux 是目前最安全的操作系统。

（8）良好的可移植性

可移植性是指将操作系统从一个平台转移到另一个平台时它仍然能按其自身的方式运行的能力。

Linux 是一种可移植的操作系统，能够在从微型计算机到大型计算机的任何环境和任何平台上运行。可移植性为运行 Linux 的不同计算机平台与其他计算机进行准确而有效的通信提供了手段，不需要另外增加特殊和昂贵的通信接口。

5. macOS 操作系统

macOS 是一套由苹果开发的运行于 Macintosh 系列计算机上的操作系统。macOS 是基于 BSD UNIX 内核的图形化操作系统；一般情况下在普通 PC 上无法安装 macOS 操作系统，由苹果公司自行开发。现行的最新的系统版本是 macOS Big Sur 版。全屏幕窗口是 macOS 中最为重要的功能。一切应用程序均可以在全屏模式下运行。这种用户界面极大简化计算机的使用，减少多个窗口带来的困扰。

2.2.2 手机操作系统

1. Android 操作系统

Android 是一种以 Linux 为基础的开放源代码操作系统，主要使用于移动设备。Android 操作系统最初由 Andy Rubin 开发，最初主要支持手机。2005 年由 Google 收购注资，并组建开放手机联盟开发改良，逐渐扩展到平板电脑及其他领域上。2011 年第一季度，Android 在全球的市场份额首次超过塞班系统，跃居全球第一。2012 年 11 月数据显示，Android 占据全球智能手机操作系统市场 76%的份额，中国市场占有率为 90%。

2. iOS 操作系统

iOS 操作系统是由苹果公司开发的手持设备操作系统。苹果公司于 2007 年 1 月 9 日的 Macworld 大会上公布这个系统。iOS 与苹果的 macOS 操作系统一样，也是以 Darwin（Darwin 是由苹果计算机的一个开放源代码操作系统）为基础的，因此同样属于类 UNIX 的商业操作系统。

3. Windows Phone 操作系统

Windows Phone（简称 WP）是微软发布的一款手机操作系统，它将微软旗下的 Xbox Live 游戏、Xbox Music 音乐与独特的视频体验集成至手机中，并增强 Windows Live 体验，包括最新源订阅以及横跨各大社交网站的 Windows Live 照片分享、更好的电子邮件体验、Office Mobile 办公软件等。

【思考与练习】

1. 为什么 Windows 操作系统是应用最广泛的操作系统？
2. 手机操作系统有哪些？哪个手机操作系统安全性高？

2.3 国产操作系统

中国工程院院士倪光南表示，计算机上的应用程序都是在操作系统的支持之下工作的，只要计算机联网，谁掌控了操作系统，谁就掌握了这台计算机上所有的操作信息。由于操作系统关系到国家的信息安全，俄罗斯、德国等国家已经推行，在政府部门的计算机中，采用本国的操作系统软件。下面就介绍几个我国研发的操作系统。

1. Deepin 操作系统

深度操作系统是基于 Linux 内核，以桌面应用为主的开源 GNU/Linux 操作系统，支持笔记本电脑、台式机和一体机。深度操作系统（Deepin）包含深度桌面环境（DDE）和近 30 款深度原创应用及数款来自开源社区的应用软件，支撑广大用户日常的学习和工作。另外，通过深度商店还能够获得近千款应用软件的支持，满足对操作系统的扩展需求。深度操作系统由专业的操作系统研发团队和深度技术社区共同打造，其名称来自深度技术社区名称“deepin”一词，意思是对人生和未来深刻的追求和探索。

深度操作系统是我国第一个具备国际影响力的 Linux 发行版本，截至 2019 年 7 月 25 日，深度操作系统支持 33 种语言，用户遍布除了南极洲的其他六大洲。深度桌面环境（DDE）和大量的应用软件被移植到了包括 Fedora、Ubuntu、Arch 等十余个国际 Linux 发行版和社区，在开源操作系统统计网站 DistroWatch 上，Deepin 长期位列世界前十。

2. SPG 思普操作系统

SPG 思普操作系统有桌面版和服务器版两种。它将办公、娱乐、通信等开源软件一同封装到办公系统中，实现了一次安装即可满足多种需求；支持多文件系统格式，解决了异构系统间文件兼容与交换的问题；支持多语言界面；实现了灾难自动恢复功能；能兼容 Windows 应用软件的运行；是源代码开放的国产操作系统。

3. 中标麒麟操作系统

2010 年 12 月 16 日，两大国产操作系统——“中标 Linux”操作系统和“银河麒麟”操作系统进行合并，合并后的品牌为“中标麒麟”。中标麒麟操作系统采用强化的 Linux 内核，分成桌面版、通用版、高级版和安全版等，满足不同客户的需求，已经广泛地使用在能源、金融、交通、政府、央企等行业领域。中标麒麟增强安全操作系统采用银河麒麟 KACF 强制访问控制框架和 RBA 角色权限管理机制，支持以模块化方式实现安全策略，提供多种访问控制策略的统一平台，是一款真正超越“多权分立”的 B2 级结构化保护操作系统产品。中标麒麟增强安全操作系统从多个方面提供安全保障，包括管理员分权、最小特权、结合角色的基于类型的访问控制、细粒度的自主访问控制、多级安全等多项安全功能，从内核到应用提供全方位的安全保护。

4. 华为鸿蒙系统

2019 年 8 月 9 日，华为在东莞举行华为开发者大会，正式发布操作系统鸿蒙 OS（HUAWEI HarmonyOS）。

HarmonyOS 是华为基于开源项目 OpenHarmony 开发的面向多种全场景智能设备的商用版本。

2021 年 4 月 22 日，HarmonyOS 应用开发在线体验网站上线。

2021 年 6 月 2 日晚，华为正式发布 HarmonyOS 2 及多款搭载 HarmonyOS 2 的新产品。7 月 29 日，华为 SoundX 音箱发布，是首款搭载 HarmonyOS 2 的智能音箱。

华为鸿蒙系统是一款基于微内核、面向 5G 物联网、面向全场景的分布式操作系统，它将手机、计算机、平板电脑、电视、工业自动化控制、无人驾驶、车机设备、智能穿戴统一成一个操作系统，并且该系统是面向下一代技术而设计的，能兼容全部安卓应用的所有 Web 应用，创造一个超级虚拟终端互联的世界，将人、设备、场景有机联系在一起。华为鸿蒙系统可按需扩展，能实现更广泛的系统安全。华为鸿蒙系统实现模块化耦合，对应不同设备可弹性部署。华为鸿蒙系统有三层架构，第一层是内核，第二层是基础服务，第三层是程序框架。

华为鸿蒙系统具备分布式软总线、分布式数据管理和分布式安全三大核心能力。

（1）分布式软总线

分布式软总线让多设备融合为“一个设备”，带来设备内和设备间高吞吐、低时延、高可靠的流畅连接体验。

（2）分布式数据管理

分布式数据管理让跨设备数据访问如同访问本地，大大提升跨设备数据远程读写和检索性能等。

（3）分布式安全

分布式安全确保正确的人、用正确的设备、正确使用数据。当用户进行解锁、付款、登录等行为时系统会主动拉出认证请求，并通过分布式技术可信互联能力，协同身份认证确保正确的人；华为鸿蒙系统能够把手机的内核级安全能力扩展到其他终端，进而提升全场景设备的安全性，通过设备能力互助，共同抵御攻击，保障智能家居网络安全；华为鸿蒙系统通过定义数据和设备的安全级别，对数据和设备都进行了分类分级保护，确保数据流通安全可信。

【思考与练习】

1. 国产操作系统有哪些？简单阐述国产操作系统的发展现状。
2. 华为鸿蒙操作系统和其他操作系统的区别是什么？

习题

一、选择题

1. 下面不属于操作系统的管理功能的是（　　）。

A. 处理机管理　　B. 设备管理

C. 存储管理　　D. 数据管理

2. 控制设备工作的物理部件是（　　）。

A. CPU　　B. 总线

C. 设备控制器　　D. 硬盘

3. 在分时系统中，如果时间片一定，那么（　　），响应时间越长。

A. 用户越多　　B. 内存越多

C. 用户越少　　D. 内存越少

4. 批处理系统的主要缺点是（　　）。

A. 不具备并行能力　　B. 缺乏交互性

C. CPU 的利用率不高　　D. 内存利用率不高

5. UNIX 操作系统是著名的（　　）操作系统。

A. 分布式　　B. 实时

C. 分时　　D. 批处理

6. 在 Windows 中，为结束陷入死循环的程序，应首先按的键是（　　）。

A. Ctrl+Alt+Delete　　B. Ctrl+Delete

C. Alt+Delete　　D. Delete

7. 在 Windows 中，若在某一个文档中连续进行多次剪切操作，当关闭该文档后，剪贴板中存放的是（　　）。

A. 空白　　B. 第一次剪切的内容

C. 所有剪切过的内容　　D. 最后一次剪切的内容

8. 在 Windows 中按 PrintScreen 键，则整个桌面内容被（　　）。

A. 复制到剪贴板上　　B. 打印到打印纸上

C. 打印到指定文件　　D. 复制到指定文件

9. 下面列举的软件不是操作系统的是（　　）。

A. Android　　B. iOS

C. Windows 10　　D. Office 2013

10. Windows 操作系统所属的操作系统类型是（　　）。

A. 实时操作系统　　B. 分布式操作系统

C. 批处理操作系统　　D. 分时操作系统

11. 实现对文件的移动，应对选中的文件执行的操作是（　　）。

A. 先复制，后粘贴快捷方式　　B. 先剪切，后粘贴快捷方式

C. 先复制，后粘贴　　D. 先剪切，后粘贴

12. 以下操作系统不属于手机操作系统的是（　　）。

A. Android　　B. Windows Phone

C. Linux　　D. iOS

13. 在采用多道程序设计技术的操作系统中，单核 CPU（　　）。

A. 没有被程序占用

B. 可以被多个程序同时占用

C. 只能被一个程序占用，只能等这个程序运行完释放 CPU

D. 可以被多个程序交替占用

14. 与计算机硬件关系最密切的软件是（　　）。

A. 操作系统　　B. 数据库系统

C. 安全软件　　D. 编译器

15. 在“计算机”或者资源管理器中，若要选定多个不连续的文件，可以先单击第一个文件，然后按（　　）键，再单击其他的文件。

A. Alt　　B. Ctrl

C. Shift　　D. Tab

16. 在 Windows 中，为了实现中文与西文输入方式的切换，应按的键是（　　）。

A. Shift+Tab　　B. Shift+Space

C. Alt+F4　　D. Ctrl+Space

17. 在 Windows 中，执行了删除文件或文件夹操作后（　　）。

A. 该文件或文件夹被送入剪贴板

B. 该文件或文件夹送入回收站，不可以恢复

C. 该文件或文件夹送入回收站，可以恢复

D. 该文件或文件夹被彻底删除不能恢复

18. 对于 Windows 系统，下列说法不正确的是（　　）。

A. Windows 是可以脱离 DOS 而独立存在的

B. Windows 是一个多任务操作系统

C. Windows 属于系统软件

D. Windows 属于应用软件

19. 目前全世界范围内，使用最广泛的桌面操作系统是（　　）。

A. Windows　　B. UNIX

C. DOS　　D. Linux

20. 在 Windows 中，若想直接删除文件或文件夹，而不将其放入“回收站”，可以在执行删除命令时按住（　　）。

A. Delete 键　　B. Alt 键

C. Ctrl 键　　D. Shift 键

21. 在 Windows 中，剪贴板是（　　）的一块区域。

A. 硬盘上　　B. U 盘上

C. 内存中　　D. 外存中

二、填空题

1. UNIX 操作系统是__________操作系统，DOS 操作系统是____________操作系统。

2. 从资源管理的角度，通常把操作系统的功能分为____________、____________、__________、__________、__________。

3. 操作系统的基本特征是__________、__________、__________、__________。

4. 文件名通常由__________和__________两部分构成，其中__________反映文件的类型。

5. 在计算机中，信息（如文本、图像或音乐）以__________的形式保存在存储盘上。

6. 复制整个屏幕内容用__________键，复制当前窗口内容用__________组合键。

第 3 章
互联网与信息检索

3.1 互联网概述

3.1.1 互联网定义与中国互联网发展

Internet 意为互联网，根据音译也被叫作因特网。互联网不属于任何国家，它是一个对全球开放的信息资源网，是信息社会的基础。组成互联网的计算机网络包括小规模的局域网（LAN）、城市规模的城域网（MAN）和大规模的广域网（WAN）等。这些网络以一组通用的协议相连，在这个网络中有交换机、路由器等网络设备、各种不同的连接链路、种类繁多的服务器和数不尽的计算机、终端。Internet 是网络与网络之间所串连成的庞大的全球化网络。

1. Internet 的起源

Internet 的前身可以追溯到 1969 年美国国防部高级研究计划局（ARPA）为军事实验而建立的 ARPANET。ARPANET 的最初目的主要是研究如何保证网络传输的高可行性，避免由于一条线路的损坏就导致传输的中断，因而在 ARPANET 的设计建设中采用了许多新的技术，如数据传送使用分组交换而不是传统的电路交换，开发使用 TCP/IP 作为互联的协议，等等，这些都为以后 Internet 的发展打下了一个良好的基础。ARPANET 最初只将美国西南部的加利福尼亚大学洛杉矶分校、斯坦福大学研究学院、加利福尼亚大学和犹他州大学的 4 台主要的计算机连接起来。这个协定由剑桥大学的 BBN 和 MA 执行，在 1969 年 12 月开始联机。但其发展非常迅速，并且通过卫星与欧洲等地计算机连接起来。

ARPANET 的成功组建使得美国国家科学基金会（NSF）注意到它在大学科研上的巨大影响，但由于 ARPANET 是国防部组建的实验网，因此很多大学并不能方便地与 ARPANET 连接，于是 NSF 决定建立一个替代 ARPANET 的高速网络。1984 年，NSF 将分布于美国不同地点的 5 个超级计算机使用 TCP/IP 连接起来，形成了 NSFNET 的骨干网，其后众多的大学、研究院、图书馆接入 NSFNET。1991 年，在 NSF 的鼓励支持下，美国 IBM、MCI 和 MERIT 三家公司联合组成了一个非营利机构 ANS。ANS 建立了取代 NSFNET 的 ANSNET 骨干网，形成了今天美国 Internet 的基础。

ARPA 网和 NSF 网最初都是为科研服务的，其主要目的是为用户提供共享大型主机的宝贵资源。随着接入主机数量的增加，越来越多的人把 Internet 作为通信和交流的工具。一些公司还陆续在 Internet 上开展了商业活动。随着 Internet 的商业化，其在通信、信息检索、客户服务等方面的巨大潜力被挖掘出来，使 Internet 有了质的飞跃，并最终走向全球。

2. 中国互联网发展历史

第一阶段：探索期

20 世纪 80 年代是全球互联网发展的关键时期，互联网的很多关键性、基础性标准都是在这个时期确定的，如 DNS、TCP/IP、WWW 万维网等。中国接入国际互联网的努力，也正是在这一时期开始的。

尽管中国到 1994 年才实现了与国际互联网的全功能接入，但是，中国对互联网的实际应用其实并不晚。在 20 世纪 80 年代初，中国民间学术机构就通过位于香港和北京的国际在线信息检索终端，借助租用的卫星线路，实现相关的信息检索。此外，一些学者也开始尝试较为新型的信息传输方式——电子邮件。

与此同时，国内科学家也开始了中国全功能接入国际互联网的探索和实践。1990 年 11 月，王运丰教授完成了中国顶级域名 .cn 的注册。1992 年 6 月，在日本神户参加 INET'92 会议期间，钱华林研究员第一次向负责 NSFNET 的美国国家基金会官员提出要求将中国的网络全功能接入 NSFNET，并于 1993 年 9 月在美国旧金山的 INET'93 会议期间，在 CCIRN（Coordinating Committee for Intercontinental Research Networking）会议上向国际互联网社群提出中国接入 Internet 的问题，获得支持与认可。在多方的努力下，中国打开了接入国际互联网的大门。图 3-1-1 所示为中国第一台 WWW 服务器，图 3-1-2 所示为中国第一台 .cn 域名服务器。

图 3-1-1 中国第一台 WWW 服务器

图 3-1-2 中国第一台 .cn 域名服务器

第二阶段：基础初创期

实现全功能接入国际互联网后的约 6 年时间，是中国互联网发展的基础初创期，也是互联网发展的启蒙阶段。这一时期，在“积极发展、加强管理、趋利避害、为我所用”的原则思路指引下，中国基础网络建设和关键资源部署步入正轨，网民规模达到千万量级，以门户网站为代表的应用服务拉开互联网创新、创业的序幕。互联网治理从计算机网络管理向互联网信息服务管理转变。

第三阶段：产业形成期

新世纪之初的约 5 年时间，是中国互联网发展的产业形成期。这一时期，中国互联网信息服务业体系逐步建立，网民数量实现翻两番，初步形成互联网服务市场的用户规模效应。伴随网民规模的扩大，以搜索引擎、电子商务、即时通信、社交网络、游戏娱乐等为主要业务的互联网企业迅速崛起。各相关政府部门建章立制，行业组织相继建立并开始发挥积极作用。

第四阶段：发展融合期

从 2005 年末网民规模突破 1 亿后的 8 年时间，是中国互联网的快速发展期。这一时期，宽带网络建设上升为国家战略，网民数量保持快速增长，网络零售与社交网络服务成为产业发展亮点，移动互联网的兴起带动互联网发展进入新阶段，互联网治理体系在探索中逐步完善。融合创新期是现在进行时。2014 年中国提出网络强国战略以来，互联网的创新成果与经济社会各领域的融合更加深入，“互联网+”全面实施，互联网治理进入强化统筹协调的新阶段。

中国的互联网发展虽然起步比国际互联网发展晚，但是进入新世纪以来，同样快速发展。据 CNNIC 公布的最新互联网发展调查报告显示，截至 2020 年 12 月，我国网民规模达 9. 89 亿，手机网民规模达 9. 86 亿，互联网普及率达 70. 4%。其中，40 岁以下网民超过 50%，学生网民最多，占比为 21. 0%。

【相关拓展】《世界互联网发展报告 2020》和《中国互联网发展报告 2020》蓝皮书发布

近日，《世界互联网发展报告 2020》《中国互联网发展报告 2020》蓝皮书新闻发布会在乌镇举行。自 2017 年起，蓝皮书连续 4 年面向全球发布，是世界互联网大会的一项重要理论和实践研究成果，也是国际互联网研究领域的一项特色品牌，受到国内外广泛关注。

据介绍，蓝皮书系统全面客观反映了过去一年来世界和中国互联网发展情况，内容涵盖信息基础设施、网络信息技术、数字经济、数字政府和电子政务、网络媒体建设、网络安全、网络空间法治建设和网络空间国际治理等重点领域。

立足全球视野，以新型冠状病毒肺炎疫情全球蔓延、国际格局深刻演变为时代背景，《世界互联网发展报告 2020》聚焦全球互联网发展实践新技术、新应用、新发展和新问题。蓝皮书秉持“四项原则、五点主张”，面对单边主义、保护主义、虚假信息、网络犯罪、网络安全和数字鸿沟等全球性问题，强调携手构建网络空间命运共同体的重要性和紧迫性。报告从基础设施、创新能力、产业发展、互联网应用、网络安全和网络治理等维度，选取全球 48 个国家和地区进行评估排名，涵盖五大洲的主要经济体和互联网发展具有代表性的国家。结果显示，美国和中国的互联网发展继续领先，欧洲各国的互联网实力强劲且较为均衡，拉丁美洲及撒哈拉以南非洲地区的互联网发展进步显著。其中，美国、中国、德国、英国和新加坡综合排名前 5 位。

《中国互联网发展报告 2020》以习近平新时代中国特色社会主义思想特别是习近平总书记关于网络强国的重要思想为指导，真实记录中国互联网发展历程，充分展示了中国网信领域所取得的一系列新进展新成就。报告突出展现互联网在应对新冠肺炎疫情冲击、推动复工复产复学、保障人民工作生活和加快经济复苏增长等方面发挥的重要作用。报告从信息基础设施建设、创新能力、数字经济发展、互联网应用和网络安全等维度，对全国 31 个省市互联网发展情况进行评估。结果显示，综合排名前 10 位分别是北京、广东、上海、江苏、浙江、山东、四川、福建、天津和重庆。

3. 1. 2 IP 地址

1. IP 地址概述

IP 地址（Internet Protocol Address）是指互联网协议地址，又译为网际协议地址。在计算机网络中，给计算机分配一个号码，即 IP 地址，用来唯一标识一台计算机。有两种地址：物理地址和逻辑地址。物理地址就是网卡地址，网卡地址随着网络类型的不同而不同，不遵循统一的格式。为了保证不同的物理网络之间能互相通信，需要对地址进行统一，在原来物理地址的基础上，提供一个逻辑地址，以此来屏蔽物理地址的差异。同一系统内一个地址只能对应一台主机。

IP 地址就是最为典型的逻辑地址，它为 Internet 上的每一个网络和每一台主机分配一个网络地址，每一个 IP 地址在 Internet 上是唯一的，是运行 TCP/IP 协议的唯一标识。

（1）IP 地址的格式

IP 地址占用 4 字节，共 32 位，每字节转换为十进制数后是 0～255 的一个数，采用 4 组这样的数表示，相邻两组数字之间用圆点分隔，这种方法叫点分十进制，如 192.168.95.52。IP 地址的 4 组数字可以分为两部分：网络地址和主机地址，其中网络地址代表在 Internet 中的一个物理网络，主机地址代表在这个网络中的一台主机。

（2）IP 地址的类型

IP 地址被分为 A、B、C、D、E 共 5 类，其中 A、B、C 这 3 类（如表 3-1-1 所示）由国际组织 NIC 在全球范围内统一分配，D、E 类为特殊地址。

由于“网络标识符”和“主机标识符”的长度不一样，因此这 3 类 IP 地址的容量不同，它们的容量如表 3-1-1 所示。

表 3-1-1　IP 地址容量表

类　型	最大网络数	第一个可用网络号	最后一个可用网络号	每个网络中最大主机数
A	126	1	126	16 777 214
B	16 382	128.1	191.254	65 534
C	2 097 150	192.0.1	223.255.254	254

2. IP 地址发展历程

现有的互联网是在 IPv4 的基础上运行的。IPv4 采用 32 位地址长度，只有 4 段数字，每一段最大不超过 255，只有大约 43 亿个地址。由于互联网的蓬勃发展，IP 地址的需求量越来越大，使得 IP 地址的发放愈趋严格，各项资料显示全球 IPv4 地址可能在 2005—2010 年全部发完（实际情况是在 2019 年 11 月 25 日 IPv4 地址分配完毕）。IPv4 定义的有限地址空间将被耗尽，而地址空间的不足必将妨碍互联网的进一步发展。为了扩大地址空间，拟通过 IPv6 以重新定义地址空间。IPv6 采用 128 位地址长度，几乎可以不受限制地提供地址。在 IPv6 的设计过程中除解决了地址短缺问题以外，还考虑了在 IPv4 中解决不好的其他一些问题，主要有端到端 IP 连接、服务质量（QoS）、安全性、多播、移动性、即插即用等。

随着互联网的飞速发展和互联网用户对服务水平要求的不断提高，IPv6 在全球将会越来越受到重视。实际上，并不急于推广 IPv6，只需在现有的 IPv4 基础上将 32 位扩展 8～40 位，即可解决 IPv4 地址不够的问题。这样一来可用地址数就扩大了 256 倍。

3. 域名系统

由于用点分十进制表示的 IP 地址形式不便于记忆和理解，Internet 引入了一种符合生活习惯的命名方式，给主机取一个名字，称为域名，用来表示主机的网络地址，这种方式叫作域名系统。

（1）基本介绍

域名系统（domain name system，DNS）是互联网的一项服务。它作为将域名和 IP 地址相互映射的一个分布式数据库，能够使人更方便地访问互联网。

域名系统主要由域名空间的划分、域名管理和地址转换三部分构成。

域名系统采用层次结构的命名方法，一个名字多个层次，每个层次有不同的内容，每个层次又可以划分为多个部分。这样层层分开，使整个域名空间构成一个倒立的分层树型结构，每个节点上都有一个名字。一台主机的名字就是该树型结构从树叶到树根路径上各个节点名字的一个序列，域名的写法格式如下：

计算机主机名．机构名．网络名．顶级域名

例如，lib. ccu. edu. cn 域名表示中国（cn）的教育机构（edu）长春大学（ccu）的一台主机（lib）。

Internet 上设有很多台域名服务器，用来完成从域名到 IP 地址的转换工作。凡是在域名空间中有定义的域名，都可以通过域名服务器转换成 IP 地址，反之 IP 地址也可以转换成域名。用户可以等价地使用域名或 IP 地址。

（2）顶级域名

Internet 规定了一些通用的域名标准，分为区域名和类型名两类。区域名用两个字母代表世界各国和地区，如表 3-1-2 列出了部分国家的域名代码。表 3-1-3 列出了部分通用顶级类型域名。

表 3-1-2　部分国家域名代码

国　　家	域 名 代 码
中国	cn
日本	jp
英国	uk
加拿大	ca
澳大利亚	au
法国	fr

表 3-1-3　部分通用顶级类型域名

域　　名	应 用 范 围
. int	国际性的组织
. com	商业机构
. net	网络服务机构
. org	非营利性组织
. edu	教育机构
. gov	政府部门
. mil	军事部门
. aero	航空运输企业
. museum	博物馆
. name	个人
. pro	医生、会计师

注：虽然com代表商业机构，但个人也可以注册com域名，换句话说，不是所有的com域名都是商业机构，net、org等顶级域名同理。

国际域名是用户可注册的通用顶级域名的俗称。它的后缀为.com、.net、.org等。国别域名也称国家域名，是后缀为国家名称缩写的域名，这种域名的顶级域名（后缀）只能由国家政府注册，它比国际域名低一个层次。两者注册机构不同，在使用中基本没有区别。只是国别域名受该国政府管制，自2012年5月29日零时起，自然人已经可以申请注册.cn域名。

按区域名登记产生的域名称为地理型域名。除了美国的国家域名代码us可省略外，其他国家的主机若要按地理模式申请登记域名，则顶级域名必须先采用该国家的域名代码后再申请二级域名。按类型登记产生的域名称为组织机构型域名。为了确保域名的唯一性，域名统一由各级网络信息中心NIC分配。

中国互联网信息中心（China Network Information Center，CNNIC）负责中国境内的互联网络域名注册和IP地址分配。

（3）中国互联网的域名体系

中国互联网顶级域名是cn。二级域名共40个，分为类别域名和行政区域名两类。其中类别域名如表3-1-4所示。行政区域名34个，对应我国各省、自治区、直辖市和特别行政区，采用两个字符的汉语拼音表示，如jl（吉林）、bj（北京）等。

表3-1-4 二级类别域名

域名	应用范围
.com	公司企业
.edu	教育机构
.net	网络服务机构
.ac	科研机构
.gov	政府部门
.org	非营利性组织

二级域名中edu的管理和运行由中国教育和科研计算机网络中心负责。

单位或个人建立网络并预备接入Internet时，必须先向CNNIC申请注册域名。

在实际使用和功能上，国际域名与国内域名没有任何区别，都是互联网上的具有唯一性的标识。只是在最终管理机构上，国际域名由美国商业部授权的互联网名称与数字地址分配机构（The Internet Corporation for Assigned Names and Numbers）即ICANN负责注册和管理；而国内域名则由CNNIC负责注册和管理。

3.1.3 万维网与浏览器

1. WWW

World Wide Web简称WWW或Web，也称万维网。它不是普通意义上的物理网络，而是一种信息服务器的集合标准，是存储在世界各地计算机中成千上万个不断变化的文档的集合体。这些文档包括文字、图像、声音，甚至电影片段。

WWW 是建立在客户机/服务器模型之上的。WWW 是以超文本标记语言（标准通用标记语言下的一个应用）与超文本传输协议为基础，能够提供面向 Internet 服务的、一致的用户界面的信息浏览系统。其中 WWW 服务器采用超文本链路来链接信息页，这些信息页既可放置在同一主机上，也可放置在不同地理位置的主机上；本链路由统一资源定位器（URL）维持，WWW 客户端软件（即 WWW 浏览器）负责信息显示与向服务器发送请求。

Internet 采用超文本和超媒体的信息组织方式，将信息的链接扩展到整个 Internet 上。用户利用 WWW 不仅能访问到 Web Server 的信息，而且可以访问到 FTP、Telnet 等网络服务。因此，它已经成为 Internet 上应用最广和最有前途的访问工具，并在商业范围内日益发挥着越来越重要的作用。

2. URL

WWW 使用“统一资源定位”（uniform resource locator，URL）来表示位于 Internet 上的某个信息资源的位置。URL 由三部分组成：资源类型、存放资源的主机域名和资源文件名，当 URL 省略资源文件名时，表示将定位于 Web 站点的主页。

3. 浏览器

浏览器是一种专门用于定位和访问 Web 信息，获取用户希望得到的资源的工具。

主流的浏览器分为 IE、Chrome、Firefox、Safari 等几大类（图 3-1-3）。

图 3-1-3　常见浏览器图标

① IE 浏览器。IE 浏览器是微软推出的 Windows 系统自带的浏览器，它的内核是由微软独立开发的，简称 IE 内核，该浏览器只支持 Windows 平台。国内大部分的浏览器都是在 IE 内核基础上提供了一些插件，如 360 浏览器、搜狗浏览器等。

② Chrome 浏览器。Chrome 浏览器是 Google 在开源项目的基础上进行独立开发的一款浏览器，当前市场占有率第一，而且它提供了很多方便开发者使用的插件。Chrome 浏览器不仅支持 Windows 平台，还支持 Linux、macOS，同时它也提供了移动端的应用（如 Android 和 iOS 平台）。

③ Firefox 浏览器。Firefox 浏览器是开源组织提供的一款开源的浏览器，它开源了浏览器的源码，同时也提供了很多插件，方便了用户的使用，支持 Windows 平台、Linux 平台和 macOS 平台。

④ Safari 浏览器。Safari 浏览器主要是 Apple 公司为 macOS 系统量身打造的一款浏览器，主要应用在 macOS 和 iOS 系统中。

4. 浏览器的使用

下面以 IE 浏览器为例，介绍浏览器窗口各部分功能。

地址栏：用于输入网站的地址，IE 浏览器通过识别地址栏中的信息，正确连接用户要访问的内容。如要登录长春大学官网，只需在地址栏中输入长春大学的网址，然后按 Enter 键或单击地址栏右侧的按钮即可。在地址栏中还附带了 IE 中常用命令的快捷按钮，如“刷新”

(C)、“停止”(x)等,“前进”和“后退”按钮设置在地址栏前方。

菜单栏:由“文件”“编辑”“查看”“收藏夹”“工具”和“帮助”菜单组成。每个菜单中包含了控制IE工作的相关命令选项,这些选项包含了浏览器的所有操作与设置功能。

选项卡:从Internet Explorer 8版本开始,IE浏览器可以使用多选项卡浏览方式,以选项卡的方式打开网站的页面。

页面窗口:是IE浏览器的主窗口,访问的网页内容显示在此。页面中有些文字或对象具有超链接属性,当鼠标指针放上去之后会变成手状,单击鼠标左键,浏览器就会自动跳转到该链接指向的网址;单击鼠标右键,则会弹出快捷菜单,可以从中选择要执行的操作命令。

状态栏:实时显示当前的操作和下载Web页面的进度情况。正在打开网页时,还会显示网站打开的进度。另外,通过状态栏还可以缩放网页。

5. 万维网工作原理

用户想要访问万维网上的页面或者某种网络资源,首先要在浏览器地址栏输入想访问网页的网址即URL,或者通过超链接方式链接到那个网页或网络资源。这之后的工作首先是URL的服务器名部分被命名为域名系统的分布于全球的因特网数据库解析,并根据解析结果决定进入哪一个IP地址(IP Address)。

接下来的步骤是为所要访问的网页,向在那个IP地址工作的服务器发送一个HTTP请求。在通常情况下,HTML文本、图片和构成该网页的一切其他文件很快会被逐一请求并发送回用户。

网络浏览器接下来的工作是把HTML、CSS和其他接收到的文件所描述的内容,加上图像、链接和其他必需的资源,显示给用户。

总体来说,WWW采用客户机/服务器的工作模式,工作流程具体如下。

① 用户使用浏览器或其他程序建立客户机与服务器连接,并发送浏览请求。

② Web服务器接收到请求后,返回信息到客户机。

③ 通信完成,关闭连接。

3.1.4 电子邮件

电子邮件(E-mail)是一种应用计算机网络进行信息传递的现代化通信手段,它是Internet提供的一项基本服务,也是使用最广泛的Internet工具。

电子邮件指用电子手段传送信件、单据、资料等信息的通信方法。电子邮件综合了电话通信和邮政信件的特点,它传送信息的速度和电话一样快,又能像信件一样使收信者在接收端收到文字记录。电子邮件系统又称为基于计算机的邮件报文系统。它参与了从邮件进入系统到邮件到达目的地为止的全部处理过程。电子邮件不仅可利用电话网络,而且可利用其他任何通信网传送。在利用电话网络时,还可在其非高峰期间传送信息,这对于商业邮件具有特殊价值。由中央计算机和小型计算机控制的面向有限用户的电子系统可以看作是一种计算机会议系统。电子邮件采用储存—转发方式在网络上逐步传递信息,不像电话那样直接、及时,但费用低廉。简单来说,即电子邮件具备传播速度快、非常便捷、成本低廉、广泛的交流对象、信息多样化、比较安全的特点。

电子邮件服务由专门的服务器提供,网易邮箱、新浪邮箱等邮箱服务也是建立在电子邮件服务器基础上，但是大型邮件服务商的系统一般是自主开发或是对其他技术二次开发实现的。

1. 邮箱的选择

选择电子邮件一般从信息安全、反垃圾邮件、防杀病毒、邮箱容量、稳定性、收发速度、能否长期使用、邮箱的功能、进行搜索和排序是否方便和精细、邮件内容是否可以方便管理、使用是否方便、多种收发方式等综合考虑。每个人可以根据自己的需求，选择最适合自己的邮箱。

2. 工作过程

电子邮件系统是一种新型的信息系统，是通信技术和计算机技术结合的产物。

电子邮件的传输是通过电子邮件简单传输协议（simple mail transfer protocol，SMTP）这一系统软件来完成的，它是 Internet 下的一种电子邮件通信协议。

电子邮件的基本原理是在通信网上设立“电子信箱系统”，它实际上是一个计算机系统。

系统的硬件是一个高性能、大容量的计算机。硬盘作为信箱的存储介质，在硬盘上为用户分配一定的存储空间作为用户的“信箱”，每位用户都有属于自己的一个电子信箱。并确定一个用户名和用户可以自己随意修改的口令。存储空间包含存放所收信件、编辑信件以及信件存档三部分空间，用户使用口令开启自己的信箱，并进行发信、读信、编辑、转发、存档等各种操作。系统功能主要由软件实现。

电子邮件的通信是在信箱之间进行的。

用户首先开启自己的信箱，然后通过输入命令的方式将需要发送的邮件发到对方的信箱中。邮件在信箱之间进行传递和交换，也可以与另一个邮件系统进行传递和交换。收方在取信时，使用特定账号从信箱提取。

电子邮件的工作过程遵循客户机—服务器模式。每份电子邮件的发送都要涉及发送方与接收方，发送方构成客户端，而接收方构成服务器，服务器含有众多用户的电子邮箱。发送方通过邮件客户程序，将编辑好的电子邮件向邮局服务器（SMTP 服务器）发送。邮局服务器识别接收者的地址，并向管理该地址的邮件服务器（POP3 服务器）发送消息。邮件服务器将消息存放在接收者的电子信箱内，并告知接收者有新邮件到来。接收者通过邮件客户程序连接到服务器后，就会看到服务器的通知，进而打开自己的电子信箱来查收邮件。

通常 Internet 上的个人用户不能直接接收电子邮件，而是通过申请 ISP 主机的一个电子信箱，由 ISP 主机负责电子邮件的接收。一旦有用户的电子邮件到来，ISP 主机就将邮件移到用户的电子邮箱内，并通知用户有新邮件。因此，当发送一条电子邮件给另一个客户时，电子邮件首先从用户计算机发送到 ISP 主机，再到 Internet，再到收件人的 ISP 主机，最后到收件人的个人计算机。

ISP 主机起着“邮局”的作用，管理着众多用户的电子邮箱。每个用户的电子邮箱实际上就是用户所申请的账号名。每个用户的电子邮件信箱都要占用 ISP 主机一定容量的硬盘空间，由于这一空间是有限的，因此用户要定期查收和阅读电子信箱中的邮件，以便腾出空间来接收新的邮件。

3. 电子邮件地址

如同现实生活中邮件的传递要经过邮局、邮差和邮箱一样，电子邮件的传递也包含类似的过程。首先，收发信件的双方都要有自己的邮箱，被叫作电子邮件地址（E-mail 地址），它具有如下所示的统一格式：

用户名@电子邮件服务器名

其中，用户名就是你向电子邮件服务单位注册时获得的用户名，@ 符号读作 At，@ 符号后面的部分是电子邮件服务机构的主机域名。例如，abcde@ ccu. edu. cn 就是一个用户的E-mail 地址，它表示在长春大学邮件服务器上的用户 abcde 的电子邮件地址。

邮件服务器是 Internet 上用来发送或接收电子邮件的计算机，其作用相当于邮局。邮件服务器中包含了众多用户的电子邮箱，电子信箱实质上是邮件服务提供机构在服务器硬盘上为用户提供的一个专用存储区域。

4. 邮件收发一般步骤

如图 3-1-4 所示，以网易邮箱为例，在浏览器地址栏输入 mail. 163. com 网址，进入网易邮箱主页面就可以通过输入账号和密码的方式进入自己的电子邮箱，如果没有账号则可通过该页面注册免费的邮箱并登录。

图 3-1-4　网易邮箱首页

① 登录邮箱之后单击“通讯录”选项，单击“新建联系人”按钮，创建联系人的目的就是方便邮件的发送，不必每次发送时都输入对方的邮箱账号，输入联系人姓名和电子邮箱地址即可，其他的可填可不填，只要能够识别要发送的联系人即可，如图 3-1-5 所示。

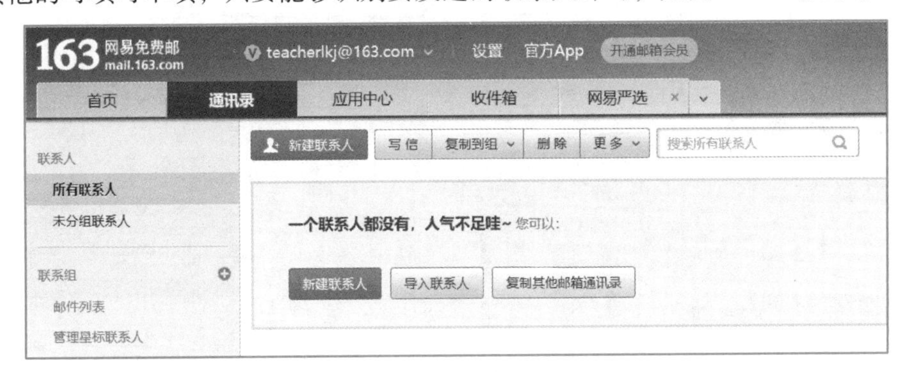

图 3-1-5　创建联系人

② 创建完成后，选中刚刚创建的联系人，然后单击首页中的“写信”按钮，如图 3-1-6 所示，此时便来到了写信界面，其中发件人就是刚刚注册的邮箱，收件人就是刚刚选中的联系人，这两项就不用手动填写了。

图 3-1-6　收信、写信界面

③ 接着需要填写主题，也就是发送的标题，如图 3-1-7 所示。可以把发送的内容压缩成一句话形成标题，文本编辑框中填写的就是发送的具体内容了，当然可以给发送内容添加一些样式，例如，给文字加粗，标红，也可以给内容添加一些表情，使它更生动形象。

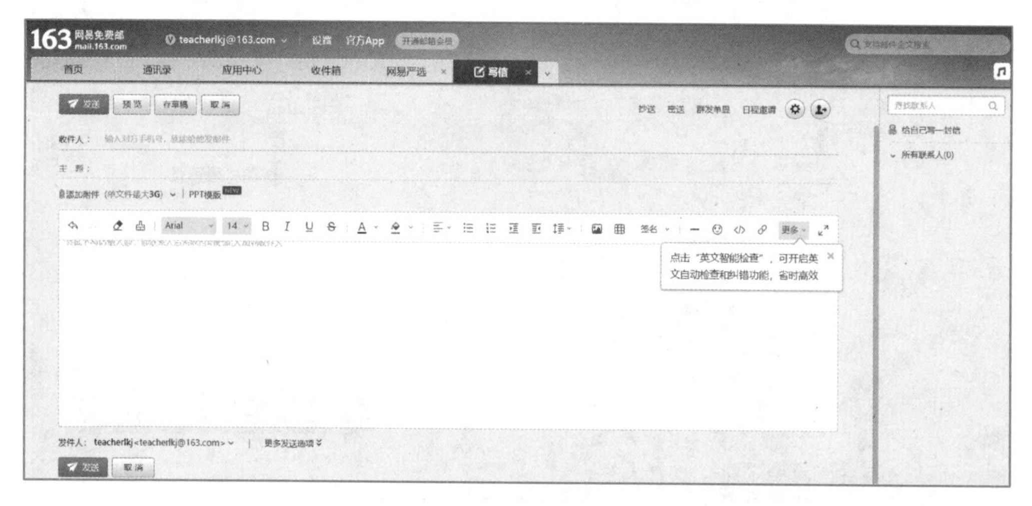

图 3-1-7　填写邮件主题

④ 当然有时候在发送邮件时希望传送一些资料或者文件，此时就可以单击“添加附件”按钮，如图 3-1-8 所示。然后选中需要传送的具体内容，单击“打开”按钮即可，不同的邮箱可添加的最大附件也不同，163 免费邮箱的最大附件是 3 GB，超过之后就不能发送。

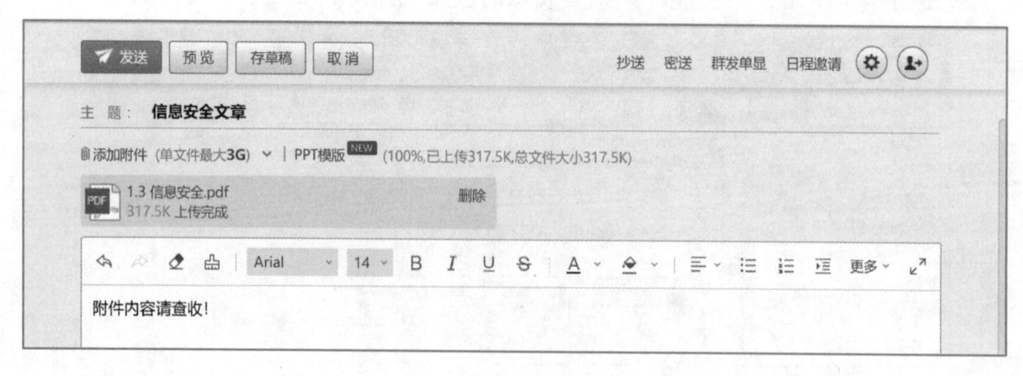

图 3-1-8　添加附件

⑤ 如果要发送的邮件特别紧急，还可以单击在最下方的“更多发送选项”按钮，勾选“紧急”复选框，当然除了“紧急”复选框之外还可以勾选其他复选框，例如，如果勾选了“定时发送”复选框，填写发送时间，这样邮件就会在指定的时间发送了。

⑥ 完成邮件的填写和选择之后可以预览一下将要发送的邮件，单击“预览”按钮即可看到别人接受之后邮件的效果，看是否满意，如果满意就可以单击“发送”按钮直接发送，如果不满意则修改之后再行发送，当然如果认为邮件内容还有待完善，可以先保存操作，等待有时间完善之后再行发送。

⑦ 若要将信件发送给多个地址，可以在输入地址时输入逗号或者分号依次添加，设置好主题并上传好附件内容后确认无误，则可单击“发送”按钮，完成邮件发送过程。

⑧ 单击首页中的“收信”按钮，则可查看邮箱中已经接收到的信件，如图 3-1-9 所示，单击右下区域列出的未读邮件查看即可。

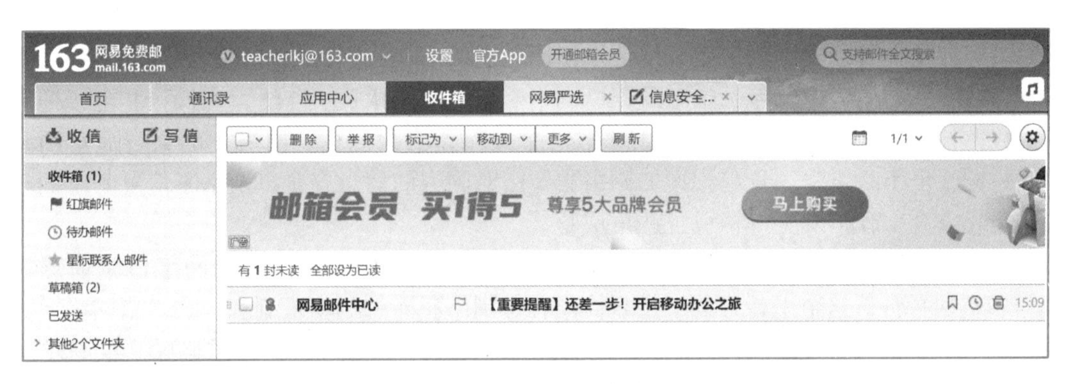

图 3-1-9　查看收件箱

3.1.5　互联网安全

互联网安全是一门涉及计算机科学、网络技术、通信技术、密码技术、信息安全技术、应用数学、数论、信息论等多种学科的综合性学科。

互联网安全从其本质上来讲就是互联网上的信息安全。从广义来说，凡是涉及互联网上信息的保密性、完整性、可用性、真实性和可控性的相关技术和理论都是网络安全的研究领域。

1. 信息安全的威胁种类

信息安全是任何国家、政府、部门、行业都必须十分重视的问题，是一个不容忽视的国家安全战略。各国的信息网络已经成为全球网络的一部分，任何一点上的信息安全事故都可能威胁到本国或他国的信息安全。

威胁信息安全的因素是多种多样的，从现实来看，主要有以下几种情况。

（1）计算机病毒

计算机病毒是一段可执行的程序，它一般潜伏在计算机中，达到某些条件时被激活，影响计算机系统正常运行。《中华人民共和国计算机信息系统安全保护条例》中明确定义计算机病毒是指“编制者在计算机程序中插入的破坏计算机功能或者破坏数据，影响计算机使用并且能够自我复制的一组计算机指令或者程序代码”。

计算机病毒具有潜伏性、传染性、突发性、隐蔽性、破坏性等特征。计算机一旦被感染，病毒会进入计算机的存储系统，如内存，感染内存中运行的程序，无论是大型机还是微型机，都难幸免。随着计算机网络的发展和普及，计算机病毒已经成为各国信息战的首选武器，给国家的信息安全造成了极大威胁。

（2）网络黑客

“黑客”一词是英文 Hacker 的音译，是指那些拥有丰富的计算机知识和高超的操作技能、能在未经授权的情况下非法访问计算机系统或网络的人。全世界现有 20 多万个“黑客”网站，在无所不在的信息网络世界里，“无网不入”的“黑客”已经成为信息安全的严重威胁。“黑客”的动机很复杂，有的是为了获得心理上的满足，在黑客攻击中显示自己的能力；有的是为了追求一定的经济利益和政治利益；有的则是为恐怖主义势力服务甚至就是恐怖组织的成员；更有甚者直接受政府的指挥和操纵。

（3）网络犯罪

网络犯罪是随着互联网的产生和广泛应用而出现的。在我国，网络犯罪多表现为诈取钱财和信息破坏，犯罪内容主要包括金融欺诈、网络赌博、网络贩黄、非法资本操作和电子商务领域的侵权欺诈等。犯罪主体将更多地由松散的个人转化为信息化、网络化的高智商集团和组织，其跨国性也不断增强。日趋猖獗的网络犯罪已对国家的信息安全以及基于信息安全的经济安全、文化安全、政治安全等构成了严重威胁。

在 2015 年 5 月，360 联合北京市公安局推出了全国首个警民联动的网络诈骗信息举报平台——猎网平台，这个平台开创了警企协同打击网络犯罪的创新机制和模式。猎网平台大数据显示，网络诈骗实际上仍然以“忽悠”为主，如不法分子会将付款二维码贴在共享单车车身上，甚至替换掉车身原有二维码，很多初次使用共享单车的用户很容易误操作将费用转给对方。

（4）垃圾信息

垃圾信息是指利用网络传播的违反所在国法律及社会公德的信息。垃圾信息种类繁多，主要有政治反动信息、种族和宗教歧视信息、暴力信息、黄色淫秽信息、虚假欺诈信息、冗余过时信息、人们所不需要的广告信息等。全球互联网上的垃圾信息日益增多、泛滥成灾，已对信息安全造成了严重威胁。

垃圾邮件是垃圾信息的重要载体和表现形式之一。通过发送垃圾邮件进行阻塞式攻击，成为垃圾信息侵入的主要途径。其对信息安全的危害主要表现在，攻击者通过发送大量邮件，污染信息社会，消耗受害者的宽带和存储器资源，使之难以接受正常的电子邮件，从而大大降低工作效率。或者某些垃圾邮件中包含有病毒、恶意代码或某些自动安装的插件等，只要打开邮件，它们就会自动运行，破坏系统或文件。

（5）隐私泄露

伴随着移动互联网、物联网、云计算等信息技术日新月异，全球数据量剧增，人类已经进入“大数据时代”。伴随大数据而来的就是大量包含个人敏感信息的数据（隐私数据）存在于网络空间中：电子病历涉及患者疾病等的隐私信息，支付宝记录着每位用户的消费情况，GPS 完全掌握每个人的行踪，谷歌、百度知道用户的偏好，微信知道用户的朋友圈，等等。这些带有“个人特征”的信息碎片正汇聚成细致全面的大数据信息集，可以轻而易举地构建网民个体画像。不法分子利用各种手段获取公民个人信息，使一些公民上当受骗，蒙受经济损失。由此可以看出，大数据时代隐私遭遇严重威胁。

2. 信息安全技术

信息安全技术主要用于防止系统漏洞，防止外部黑客入侵，防御病毒破坏和对可疑访问进行有效控制等，同时还应该包含数据灾难与数据恢复技术，即在计算机发生意外、灾难等，还可使用备份还原及数据恢复技术将丢失的数据找回。典型的基础的信息安全技术有以下几大类。

（1）加密技术

在保障信息安全各种功能特性的诸多技术中，密码技术是信息安全的核心和关键技术，通过数据加密技术，可以在一定程度上提高数据传输的安全性，保证传输数据的完整性。信息加密的目的是保护网内的数据、文件、口令和控制信息，保护网上传输的数据。数据加密技术主要分为数据传输加密和数据存储加密。数据传输加密技术主要是对传输中的数据流进行加密。

一个数据加密系统包括加密算法、明文、密文以及密钥。密钥控制加密过程和解密过程。

加密过程是通过加密系统把明文（原始的数字信息）按照加密算法变换成密文（变换后的数字信息）的过程。加密系统的密钥管理是一个非常重要的问题，因为一个加密系统的全部安全性是基于密钥的。

数据加密算法有很多种，按照发展进程来分，经历了古典密码、对称密钥密码和公开密钥密码阶段，古典密码算法有替代加密、置换加密；对称加密算法包括 DES 和 AES；非对称加密算法包括 RSA、背包密码、椭圆曲线等。目前在数据通信中使用最普遍的算法有 DES 算法、RSA 算法和 PGP 算法。

最有影响力的公钥密码算法是 RSA，它能抵抗到目前为止已知的所有密码攻击。

（2）防火墙

防火墙技术指的是由软件和硬件设备组合而成、在内部网和外部网之间、专用网与公共网之间的一道防御系统的总称，是一种获取安全性方法的形象说法。

防火墙可以监控进出网络的通信量，仅让安全、核准了的信息进入，同时又抵制对企业构成威胁的数据。防火墙主要有包过滤防火墙、代理防火墙和双穴主机防火墙 3 种类型，并在计算机网络得到了广泛的应用。

随着安全性问题上的失误和缺陷越来越普遍，对网络的入侵不仅来自高超的攻击手段，也有可能来自配置上的低级错误或不合适的口令选择。因此，防火墙的作用是防止不希望的、未授权的通信进出被保护的网络。防火墙可以达到以下几个目的：一是可以限制他人进入内部网络，过滤掉不安全服务和非法用户；二是防止入侵者接近用户的防御设施；三是限定用户访问特殊站点；四是为监视 Internet 安全提供方便。

（3）入侵检测

随着网络安全风险系数不断提高，作为对防火墙及其有益的补充，入侵检测系统（intrusion detection system，IDS）能够帮助网络系统快速发现攻击的发生，它扩展了系统管理员的安全管理能力，提高了信息安全基础结构的完整性。

入侵检测系统是一种对网络活动进行实时监测的专用系统，该系统处于防火墙之后，可以和防火墙及路由器配合工作，用来检查一个 LAN 网段上的所有通信，记录和禁止网络活动，可以通过重新配置来禁止从防火墙外部进入的恶意流量。入侵检测系统能够对网络上的信息进行快速分析或在主机上对用户进行审计分析，通过集中控制台来管理、检测。

理想的入侵检测系统的功能主要有，用户和系统活动的监视与分析；异常行为模式的统计分析；重要系统和数据文件的完整性监测和评估；操作系统的安全审计和管理；入侵模式的识别与响应，包括切断网络连接、记录事件和报警等。

本质上，入侵检测系统是一种典型的“窥探设备”。它不跨接多个物理网段，无须转发任何流量，而只需要在网络上被动地、无声息地收集它所关心的报文即可。

（4）系统容灾

一个完整的网络安全体系，只有“防范”和“检测”措施是不够的，还必须具有灾难容忍和系统恢复能力。因为任何一种网络安全设施都不可能做到万无一失，一旦发生漏防漏检事件，其后果将是灾难性的。此外，天灾人祸、不可抗力等所导致的事故也会对信息系统造成毁灭性的破坏。这就要求即使发生系统灾难，也能快速地恢复系统和数据，才能完整地保护网络信息系统的安全。系统容灾主要有基于数据备份和基于系统容灾这两种技术。

数据备份是数据保护的最后屏障，不允许有任何闪失，但离线介质不能保证安全。数据容灾通过 IP 容灾技术来保证数据的安全。数据容灾使用两个存储器，在两者之间建立复制关系，一个放在本地，另一个放在异地。本地存储器供本地备份系统使用，异地容灾备份存储器实时复制本地备份存储器的关键数据。

存储、备份和容灾技术的充分结合，构成一体化的数据容灾备份存储系统。随着存储网络化时代的发展，传统的功能单一的存储器，将越来越让位于一体化的多功能网络存储器。为了保证信息系统的安全性，除了运用技术手段，还需要必要的管理手段和政策法规支持。通过确定安全管理等级和安全管理范围，制定网络系统的维护制度和应急措施等进行有效管理。借助法律手段强化保护信息系统安全，防范计算机犯罪，维护合法用户的安全，有效地打击和惩罚违法行为。

随着云计算、大数据、物联网等技术的飞速发展，云安全技术、大数据的安全分析模型、物联网安全、移动安全等相关的安全技术将会得到重点关注。

【相关拓展】2020 年网络安全宣传周典型案例

案例一：乌鲁木齐警方破获“股票群”诈骗案

“股市有风险，投资需谨慎”，被拉进炒股交流群后，有群友分享炒股技巧和心得，甚至还有“老师”荐股和直播授课，在群友们纷纷表示赚了大钱之后，很多人就不淡定了，结果被骗。

2019 年 3 月，受害人冯某接到推荐股票的电话，加了微信，之后被拉入一个股票群，进入群后，群里有“老师”林某讲解股票知识和推荐股票。之后“老师”说股市不好做，推荐国内某交易所的交易平台，受害人观望后，联系客服经理进行注册。冯某从 4 月 15 日开始至 4 月 26 日陆续投入 10 笔，共计 108.16 万元，按照“老师”所说进行下单，购买阿胶片、黑美香猪肉。刚开始按照对方说的也小赚了一些，并提现成功，共计提现 7.31 万元。后受害人不想做，要全部提现，对方说系统维护，6 月 5 日可提现。6 月 5 日受害人操作，提示设备维护中，客服说让 6 月 10 日再进行提现。6 月 10 日早上进行操作时发现平台打不开，无法进入，客服也联系不上。发现被骗，遂来报案。共计损失 100.85 万元人民币。

目前，乌鲁木齐警方已抓获该案 8 名涉案人员。

警方提示：投资理财要找正规平台，保障自身的合法权益。一旦发现资金被骗，不要等待，也不要听信任何谣言，应当第一时间报警，并提供相关证据，及时止损。

案例二：某公司被非法获取计算机信息系统数据案

某公司报案称，有人在网上大量出售其公司开发的某游戏用户账号。侦查后发现，犯罪分子通过盗取游戏账号，并按游戏角色的等级定价后，批量售卖。警方通过缜密侦查成功抓获 2 名犯罪分子，此案共缴获各类邮箱账号密码 30 余万条，取缔平台 2 个，并成功端掉一个非法售卖账号的网络黑产链。

此案的发生源于大批量邮箱密码泄露事件。密码安全是信息安全的核心，但是在当今的网络环境中，相当一部分人并不重视账户密码的设置及保管，突出表现在不修改默认密码、采用弱密码、单一密码全平台通用等问题上。这导致了犯罪分子可轻易盗取某一平台用户账号后，再进行多平台账户关联，使用户遭到更严重的损失。

警方提示：提升密码安全意识。个人购买新终端设备及新申请账号后一定要及时修改默认密码，有意识地摒弃弱密码，避免多平台设置同一密码，切实加强密码安全意识，维护自身信息安全及财产安全；各网络运营者要加强信息系统安全防护，并从技术层面强制用户修改默认密码和设置复杂密码。

案例三：非法侵犯公民个人信息案

某网店店主报案称，其公司近期陆续收到客户投诉，称被“店家”以商品存在质量问题可退款赔偿为由添加客户微信，随后收到假冒支付宝的钓鱼网站链接，客户被骗在不知情的情况下输入支付账号及密码，有多个客户被骗金额 10 万元~20 万元。经警方侦查，该网店新招的员工莫某将数据导出并进行非法买卖，后莫某及倒卖数据的上家赖某被警方一并抓获。

此案发生的原因在于个人安全防护意识不强，企业内部管理存在漏洞。个人隐私数据泄露是网络黑色产业链的第一环，上游数据泄露将引发下游诈骗、盗号等犯罪。

警方提示：增强安全防护意识。个人日常进行网上活动尤其是网上交易活动时，要慎防点击身份不明者发送的链接，因为大多数是钓鱼链接，用于骗取账户信息；涉及钱财的，一定要核实清楚再进行相关操作，以免造成财产损失。同时，企业要加强内部管理，建立健全用户信息保护制度。

【思考与练习】

1. 名词解释：WWW、URL、DNS、E-mail。
2. 日常使用网络应注意哪些安全事项？

3.2 搜索引擎

3.2.1 搜索引擎概念

搜索引擎是指根据一定的策略、运用特定的计算机程序从互联网上搜集信息，在对信息进行组织和处理后，为用户提供检索服务，将用户检索的相关信息展示给用户的系统。

搜索引擎之所以能在短短几年时间内获得如此迅猛的发展，最重要的原因是搜索引擎为人们提供了一个前所未有的查找信息资料的便利方法。搜索引擎最重要也最基本的功能就是搜索信息的及时性、有效性和针对性。

3.2.2 搜索引擎的工作原理

搜索引擎的整个工作过程视为三个部分：一是搜索引擎蜘蛛（一般较多使用 Spider 指代）在互联网上爬行和抓取网页信息，并存入原始网页数据库；二是对原始网页数据库中的信息进行提取和组织，并建立索引库；三是根据用户输入的关键词，快速找到相关文档，并对找到的结果进行排序，并将查询结果返回给用户。以下对其工作原理做进一步分析。

1. 网页抓取

Spider 每遇到一个新文档，都要搜索其页面的链接网页。Spider 访问 Web 页面的过程类似普通用户使用浏览器访问其页面，即 B/S 模式。Spider 先向页面提出访问请求，服务器接受其访问请求并返回 HTML 代码后，把获取的 HTML 代码存入原始页面数据库。搜索引擎使用多个 Spider 分布爬行以提高爬行速度。搜索引擎的服务器遍布世界各地，每一台服务器都会派出多只 Spider 同时去抓取网页。如何做到一个页面只访问一次，从而提高搜索引擎的工作效率？在抓取网页时，搜索引擎会建立两张不同的表，一张表记录已经访问过的网站，一张表记录没有访问过的网站。当 Spider 抓取某个外部链接页面 URL 时，需把该网站的 URL 下载回来分析，当 Spider 全部分析完这个 URL 后，将这个 URL 存入相应的表中，这时当另外的 Spider 从其他的网站或页面又发现了这个 URL 时，它会对比看看已访问列表有没有，如果有，Spider 会自动丢弃该 URL，不再访问。

2. 预处理，建立索引

为了便于用户在数万亿级别以上的原始网页数据库中快速便捷地找到搜索结果，搜索引擎必须将 Spider 抓取的原始 Web 页面做预处理。网页预处理最主要的过程是为网页建立全文索引，之后开始分析网页，最后建立倒排文件（也称为反向索引）。Web 页面分析有以下步骤：判断网页类型，衡量其重要程度、丰富程度，对超链接进行分析，分词，把重复网页去掉。经过搜索引擎分析处理后，Web 网页已经不再是原始的网页页面，而是浓缩成能反映页面主题内容的、以词为单位的文档。数据索引中结构最复杂的是建立索引库，索引又分为文档索引和关键词索引。每个网页唯一的 docID 号是由文档索引分配的，每个 wordID 出现的次数、位置、大小格式都可以根据 docID 号在网页中检索出来。最终形成 wordID 的数据列表。倒排索引形成过程是这样的：搜索引擎用分词系统将文档自动切分成单词序列，对每个单词赋予唯一的单词编号，记录包含这个单词的文档。倒排索引是最简单的，实用的倒排索引还需记载更多的信息。在单词对应的倒排列表除了记录文档编号之外，单词频率信息也被记录进去，便于以后计算查询和文档的相似度。

3. 查询服务

在搜索引擎界面输入关键词，单击“搜索”按钮之后，搜索引擎程序开始对搜索词进行以下处理：分词处理，根据情况对整合搜索是否需要启动进行判断，找出错别字和拼写中出现的错误，把停止词去掉。接着搜索引擎程序便把包含搜索词的相关网页从索引数据库中找出，而且对网页进行排序，最后按照一定格式返回到“搜索”页面。查询服务最核心的部分是搜索结果排序，其决定了搜索引擎的质量好坏及用户满意度。实际搜索结果排序的因子很多，但最主要的因素之一是网页内容的相关度。影响相关性的主要因素包括如下5个方面。

① 关键词常用程度。经过分词后的多个关键词，对整个搜索字符串的意义贡献并不相同。越常用的词对搜索词的意义贡献越小，越不常用的词对搜索词的意义贡献越大。常用词发展到一定极限就是停止词，对页面不产生任何影响。所以搜索引擎用的词加权系数高，常用词加权系数低，排名算法更多关注的是不常用的词。

② 词频及密度。通常情况下，搜索词的密度和其在页面中出现的次数成正相关，次数越多，说明密度越大，页面与搜索词关系越密切。

③ 关键词位置及形式。关键词出现在比较重要的位置，如标题标签、黑体、H1等。在索引库的建立中提到的，页面关键词出现的格式和位置都被记录在索引库中。

④ 关键词距离。关键词被切分之后，如果匹配地出现，说明其与搜索词相关程度越大，例如，当“搜索引擎”在页面上连续完整地出现或者“搜索”和“引擎”出现时距离比较近，都被认为其与搜索词相关。

⑤ 链接分析及页面权重。页面之间的链接和权重关系也影响关键词的相关性，其中最重要的是锚文字。页面有越多以搜索词为锚文字的导入链接，说明页面的相关性越强。链接分析还包括了链接源页面本身的主题、锚文字周围的文字等。

3.2.3 搜索引擎分类

搜索引擎可以分成以下几类。

1. 全文搜索引擎

全文搜索引擎也叫关键词检索，是目前应用最广泛的搜索引擎，典型代表有Google搜索、百度搜索。它们从互联网提取各个网站的信息，建立起数据库，并能检索与用户查询条件相匹配的记录，按一定的排列顺序返回结果。

根据搜索结果来源的不同，全文搜索引擎可分为两类，一类拥有自己的检索程序，能自建网页数据库，搜索结果直接从自身的数据库中调用，上面提到的Google和百度就属于此类；另一类则是租用其他搜索引擎的数据库，并按自定的格式排列搜索结果，如Lycos搜索引擎。

2. 目录式搜索引擎

目录检索也叫分类检索，是因特网上最早提供WWW资源查询的服务，属于第一代搜索技术。目录索引的典型代表主要有Yahoo!、新浪分类目录搜索。它是以人工方式或半自动方式搜集信息，由搜索引擎的编辑员查看信息之后，依据一定的标准对网络资源进行选择、评价，人工形成信息摘要，并将信息置于事先确定的分类框架中而形成的主题目录。

目录索引虽然有搜索功能，但严格意义上不能称为真正的搜索引擎，只是按目录分类的网站链接列表而已。用户完全可以按照分类目录找到所需要的信息，不依靠关键词进行查询。一个明显的缺点就是数据更新滞后，检索起来比较烦琐。

3. 元搜索引擎

元搜索引擎接受用户查询请求后，通过一个统一的界面，同时在多个搜索引擎上搜索，并将结果返回给用户。国外的元搜索引擎有Dogpile、Clusty等，元搜索引擎的优点是可以自动分类整理、自动去掉重复结果、汇集多个搜索引擎结果，具有网络收藏夹和智能分类等功能，大大减少了整合资料的时间。

3.2.4 常用搜索引擎

常用的搜索引擎有以下几种，如图 3-2-1 所示。

图 3-2-1 常用搜索引擎 Logo

1. 谷歌（Google）搜索引擎

谷歌搜索引擎是谷歌公司的主要产品，也是世界上使用最广的搜索引擎之一，由两名斯坦福大学的理学博士生拉里·佩奇和谢尔盖·布林在 1996 年建立。

谷歌搜索引擎拥有网站、图像、新闻组和目录服务 4 个功能模块，提供常规搜索和高级搜索两种功能，如图 3-2-2 所示。

图 3-2-2 Google 搜索引擎

2. 百度搜索引擎

百度搜索引擎是全球最大的中文搜索引擎，2000 年 1 月由李彦宏、徐勇两人创立于北京中关村，致力于向人们提供“简单，可依赖”的信息获取方式。百度搜索引擎如图 3-2-3 所示。

图 3-2-3　百度搜索引擎

【相关拓展】"百度"名称的由来

几乎有华人的地方，便知道搜索引擎巨头百度公司，然而关于百度这个名字的起源却很少有人知道。

百度创始人兼 CEO 李彦宏曾经接受媒体采访时谈道，关于百度的名称，灵感实际上来源于辛弃疾的一首词《青玉案・元夕》，词中有一句写道：众里寻他千百度。蓦然回首，那人却在，灯火阑珊处。

辛弃疾苦苦寻觅的人，不经意间出现在灯火稀疏的地方，而用户苦苦探求的知识，在百度可以快速地找到，这便是百度名字的由来与初衷。

3. 雅虎搜索引擎

雅虎是曾经的全球第一门户搜索网站，业务遍及 24 个国家和地区，为全球超过 5 亿的独立用户提供多元化的网络服务。1999 年 9 月，中国雅虎网站开通。2005 年 8 月，中国雅虎由阿里巴巴集团全资收购。

中国雅虎开创性地将全球领先的互联网技术与中国本地运营相结合，成为中国互联网界位居前列的搜索引擎社区与资讯服务提供商。中国雅虎一直致力于以创新、人性、全面的网络应用，为亿万中文用户带来最大价值的生活体验，成为中国互联网的"生活引擎"。

4. 360 搜索引擎

360 综合搜索属于元搜索引擎，是搜索引擎的一种，是通过一个统一的用户界面帮助用户在多个搜索引擎中选择和利用合适的搜索引擎来实现检索操作，是对分布于网络的多种检索工具的全局控制机制。而 360 搜索属于全文搜索引擎，是奇虎 360 公司开发的基于机器学习技术的第三代搜索引擎，具备"自学习、自进化"能力，能发现用户最需要的搜索结果。360 搜索引擎如图 3-2-4 所示。

图 3-2-4　360 搜索引擎

5. 搜狗搜索引擎

搜狗搜索引擎是搜狐公司于 2004 年 8 月 3 日推出的全球首个第三代互动式中文搜索引擎。搜狗搜索是中国领先的中文搜索引擎，致力于中文互联网信息的深度挖掘，帮助中国上亿网民加快信息获取速度，为用户创造价值。

搜狗的其他搜索产品各有特色：音乐搜索小于 2%的死链率，图片搜索独特的组图浏览功能，新闻搜索及时反映互联网热点事件的看热闹首页，地图搜索的全国无缝漫游功能，使得搜狗的搜索产品线极大地满足了用户的日常需求，体现了搜狗的研发能力，如图 3-2-5 所示。

图 3-2-5　搜狗搜索引擎

【思考与练习】

1. 搜索引擎的工作原理是什么？
2. 列举常用的搜索引擎及各自的特点。

3.3　信息检索

3.3.1　信息检索的定义和类型

1. 信息检索的定义

信息检索（information retrieval）是用户进行信息查询和获取的主要方式，是查找信息的方法和手段。信息检索有广义和狭义之分。广义的信息检索是信息按一定的方式进行加工、整理、组织并存储起来，再根据信息用户特定的需要将相关信息准确地查找出来的过程，因此，也称为信息的存储与检索。狭义的信息检索仅指信息查询，即用户根据需要，采用某种方法，借助检索工具，从信息集合中找出所需要的信息。

2. 信息检索的分类

根据检索手段的不同，信息检索可分为手工检索和机械检索。手工检索即以手工翻检的方式，利用图书、期刊、目录卡片等工具来检索的一种手段，其优点是回溯性好，没有时间限制，不收费，缺点是费时，效率低；机械检索是利用计算机检索数据库的过程，其优点是速度快，缺点是回溯性不好，且有时间限制。在机械检索中，网络文献检索最为迅速，将成为信息检索的主流。

按检索对象不同，信息检索又可分为文献检索、数据检索和事实检索。这三种检索的主要区别在于数据检索和事实检索是需要检索出包含在文献中的信息本身，而文献检索则检索出包含所需要信息的文献即可。

3.3.2 百度信息检索技巧

百度是一个非常受大家欢迎的中文搜索引擎。但是，网上的信息众多，使用搜索引擎搜索可以排除一些但还是有很多不需要或者无关的信息会出现。因而掌握搜索技巧可以提高搜索效率。

搜索技巧一：搜索完整不可拆分关键词

可以将关键词用“”双引号或者《》书名号括起来，这样，百度就不会将关键词拆分后去搜索了，得到的结果也是完整关键词的。

例如，搜索“长春大学”和《长春大学》，这样“长春大学”是不会被拆分成“长春”和“大学”两个词再检索的。

搜索技巧二：指定搜索网站标题内容

这个功能需要在搜索内容中添加一个关键词“intitle”。

格式如下：

其他关键词 intitle：标题关键词

这时，搜索结果网站标题一定会包含标题关键词，如搜索：中国 intitle：工匠精神，则会返回如图 3-3-1 所示的检索结果。

图 3-3-1　“intitle”用法

搜索技巧三：指定网址搜索

这个功能需要在搜索内容中添加一个关键词“site”。

格式如下：

关键词 site：网址

这时，搜索结果限定只会是在“网址”所示网站下的内容。

例如，搜索：工匠精神 site:www. sina. com. cn，就会出现图 3-3-2 所示的均来自新浪网的检索结果。

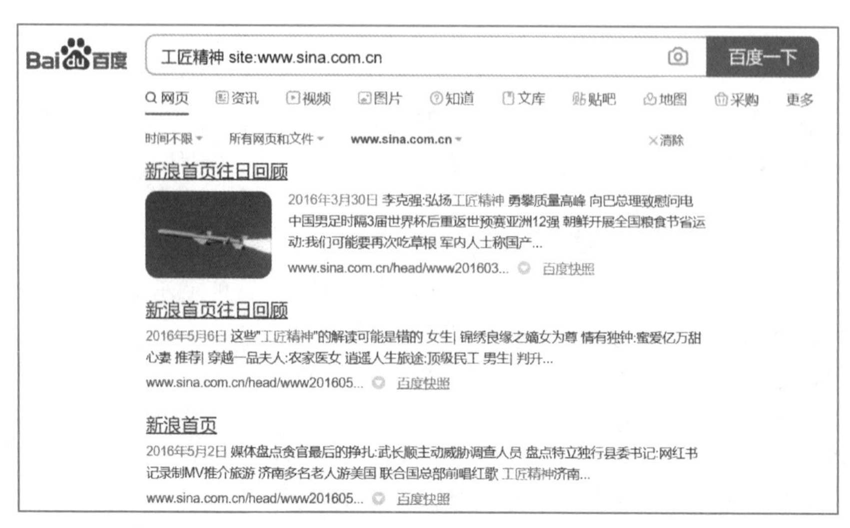

图 3-3-2 “site”用法

搜索技巧四：指定链接内容搜索

这个功能需要在搜索内容中添加一个关键词“inurl”。

格式如下：

关键词 inurl：链接关键词

这时，搜索结果限定只会出现在链接中包含“链接关键词”所示网站下的内容。

例如，搜索：电脑 inurl:jingyan，则会得到来自百度经验的检索结果，如图 3-3-3 所示。

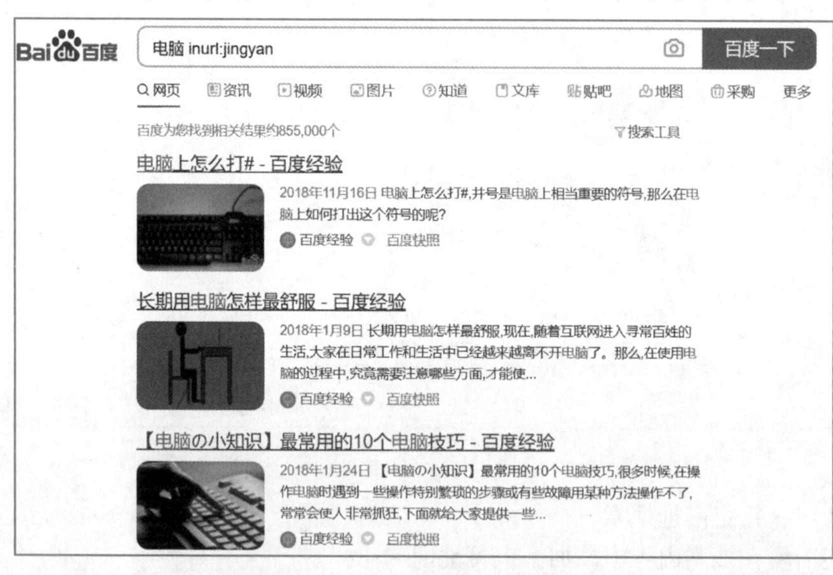

图 3-3-3 “inurl”用法演示 1

再如，搜索：社会主义核心价值观 inurl:wenku，则会得到来自百度文库的检索结果，如图 3-3-4 所示。

搜索技巧五：指定文件类型搜索

这个功能需要在搜索内容中添加一个关键词“filetype”。

图 3-3-4　"inurl" 用法演示 2

格式如下：

关键词 filetype:文件扩展名

这时，搜索结果限定只会出现文件类型为用户所指定的文件类型的内容。

例如，搜索：中国天眼 filetype:doc，则会得到如图 3-3-5 所示的检索结果。

图 3-3-5　"filetype" 用法

搜索技巧六：排除某个关键词

这个功能需要在搜索内容中添加一个标识符 "-"。

格式如下：

关键词 -排除关键词

这时，搜索结果不会出现有排除关键词的网站。

例如，搜索：扶贫 -抗疫，表示搜索包含 "扶贫" 但不包含 "抗疫" 的结果，如图 3-3-6 所示。

图 3-3-6　排除关键词用法

搜索技巧七：包含某个关键词

这个功能需要在搜索内容中添加一个标识符“+”。

格式如下：

关键词 +附加关键词

这时，搜索结果为有附加关键词和关键词同时存在的网站。

例如，搜索：扶贫 +抗疫，表示搜索包含“扶贫”又包含“抗疫”的结果，如图 3-3-7 所示。

图 3-3-7　包含关键词用法

除了上述常用检索技巧以外，百度提供了“高级搜索”功能，大家可以通过百度首页的“设置”选项进入百度的“高级搜索”界面进行搜索设置，界面如图 3-3-8 所示。

搜索设置 高级搜索 首页设置

搜索结果: 包含全部关键词 包含完整关键词

包含任意关键词 不包括关键词

时间: 限定要搜索的网页的时间是 全部时间

文档格式: 搜索网页格式是 所有网页和文件

关键词位置: 查询关键词位于 网页任何地方 仅网页标题中 仅URL中

站内搜索: 限定要搜索指定的网站是 例如: baidu.com

高级搜索

图 3-3-8 “高级搜索”界面

3.3.3 中国知网实例操作

全文数据库是收录有原始文献全文的数据库，具有强大的检索功能，通过限制检索条件可实现网络信息的精确查找。国内常用的全文数据库有中国知网数据库、万方数据库、维普数据库等。

中国知网是指中国国家知识基础设施资源系统，其英文名为 China National Knowledge Infrastructure，简称 CKNI。它是《中国学术期刊》（光盘版）电子杂志社和清华同方知网技术有限公司共同创办的网络知识平台，包括学术期刊、学位论文、工具书、会议论文、报纸、标准、专利等。下面以中国知网为实例，介绍通过全文数据库进行信息检索的操作。

1\. 知网首页

在浏览器地址栏中输入知网网址（可搜索获取），可以看到知网主界面，如图 3-3-9 所示。

图 3-3-9 知网首页

知网首页的下半部分主要是行业知识服务与知识管理平台、研究学习平台和专题知识库，大家可以根据需要单击相关栏目进行浏览。下面介绍中国知网的检索功能。

2. 检索

分别单击首页上部的“文献检索”“知识元检索”和“引文检索”选项卡，便可进行相关类别的检索。

（1）快速检索

单击搜索框中的下拉列表，选取“主题”“关键字”“篇名”“作者”等检索字段，并在输入框内输入对应的内容，便可开始进行简单搜索。另外，在搜索框内，还可根据需要选择单个数据库搜索，或选择多个复选框跨数据库进行快速搜索。

如搜索主题中输入“新型冠状病毒疫苗”，则进行相关主题快速搜索，如图 3-3-10 所示。

图 3-3-10　快速检索

（2）高级检索

“高级检索”页面如图 3-3-11 所示。

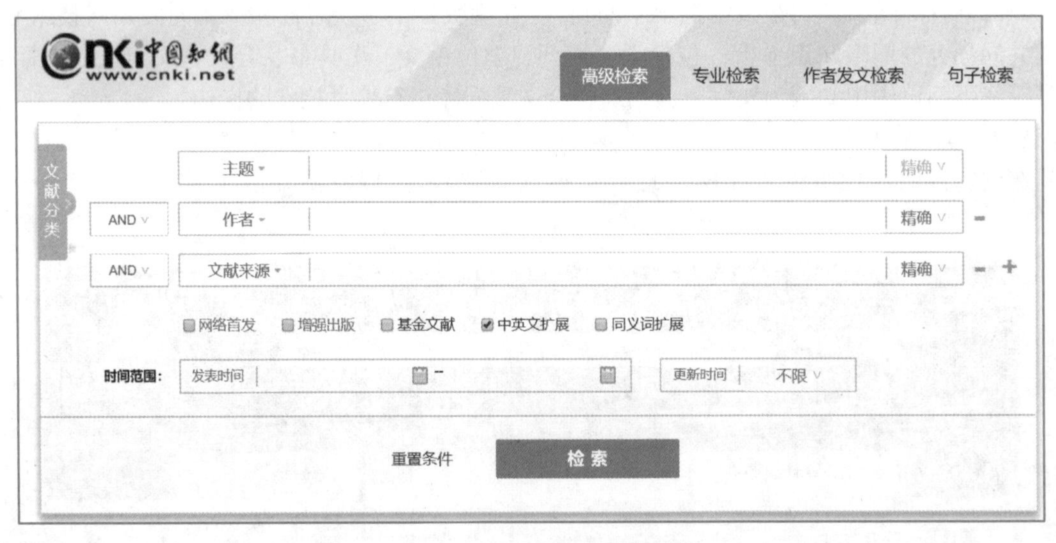

图 3-3-11　“高级检索”界面

其检索条件包括内容检索条件和检索控制条件。检索控制条件主要是发表时间、文献来源和支持基金。另外，还可对匹配方式、检索词的中英文扩展进行限定。

模糊匹配指检索结果包含检索词，精确匹配指检索结果完全等同或包含检索词。中英文扩展是指由所输入的中文检索词自动扩展检索相应检索项内英文词语的一项检索控制功能。

如图 3-3-12 所示，在“高级检索”页面中输入主题为“新型冠状病毒疫苗”或者作者为“钟南山”的相关内容。

图 3-3-12　高级检索示例

（3）专业检索

专业检索需要用检索算符编制检索式，适合于查询、信息分析人员使用。专业检索页面如图 3-3-13 所示。

图 3-3-13　专业检索示例

（4）作者发文检索

作者发文检索是指以作者姓名、单位作为检索点，检索作者发表的全部文献及被引、下载的情况，对于同一作者发表文献属于不同单位的情况，可以一次检索完成。通过这种检索方式，不仅能找到某作者发表的全部文献，还可以通过对结果的分组筛选全方位了解作者的研究领域、研究成果等情况。作者发文检索如图 3-3-14 所示。

该检索会得到清华大学姚期智发表的文章。

无论哪种检索方式，如果得到的结果太多，都可以增加条件，在检索结果中进一步检索。

（5）句子检索

通过输入的两个检索词，查找同时包含这两个词的句子，找到有关事实的问题答案。如图 3-3-15 所示，为查找在全文同一句中含有“人工智能”和“大数据”这两个词并且同一句中还要同时含有“5G”和“物联网”这两个词的相关文章。

图 3-3-14　作者发文检索

图 3-3-15　句子检索

3. 处理检索结果

（1）显示处理结果

无论采用的是何种检索方式，实施检索后，系统将给出检索结果列表，如图 3-3-16 所示。

（2）检索结果排序

检索出的结果可按照主题、发表时间、被引次数、下载次数进行排序。

（3）分组浏览

检索出的结果可按照学科、发表年度、基金、研究层次、作者、机构进行分组浏览。

（4）下载

CNKI 的注册用户可下载和浏览文献全文，系统提供了 CAJ 和 PDF 两种格式。例如，单击文献标题，进入文献介绍页面，如图 3-3-17 所示。

可单击“手机阅读”“HTML 阅读”按钮阅读，单击“CAJ 下载”或“PDF 下载”按钮进行下载并阅读，需要注意的是，在阅读全文前，必须确保已下载并安装相关阅读器。

主题 ▾ 中国抗疫 结果中检索 高级检索 知识元检索 > 引文检索 >

学术期刊 243 | 学位论文 2 | 会议 0 | 报纸 66 | 年鉴 | 图书 0 | 专利 | 标准 0 | 成果 0

检索范围：总库 主题：中国抗疫 主题定制 检索历史 共找到 371 条结果 1/19 >

全选 已选：0 清除 批量下载 导出与分析 ▾ 排序：相关度 发表时间↓ 被引 下载 显示 20 ▾

	题名	作者	来源	发表时间	数据库	被引	下载	操作
1	新冠疫情背景下法国《世界报》建构的中国形象	李星; 刘巍	法国研究	2021-01-19	期刊		55	
2	3000年抗疫史留下的经验	秦延安	健康报	2021-01-19	报纸			
3	思政课弘扬抗疫精神的四个着力点	王欢	中华女子学院学报	2021-01-15	期刊			
4	“90后”“00后”青年群体特征的再审视——以湖北省为例	陈立	中国青年社会科学	2021-01-10	期刊		10	
5	抗疫展现中国精神、中国价值、中国力量——学习党的十九届五中全会精神的一点体会	裴亚男	中华魂	2021-01-05	期刊			
6	论中国抗疫对世界抗疫的贡献	赵龙成	昌吉学院学报	2021-01-04	期刊		683	
7	直面高风险和不确定世界,促进人类文明进步	欧阳康	决策与信息	2021-01-01	期刊		14	
8	论中国抗疫斗争对井冈山精神的继承和弘扬	卢丽刚; 刘秀	江西理工大学学报	2020-12-31	期刊			

图 3-3-16 检索结果

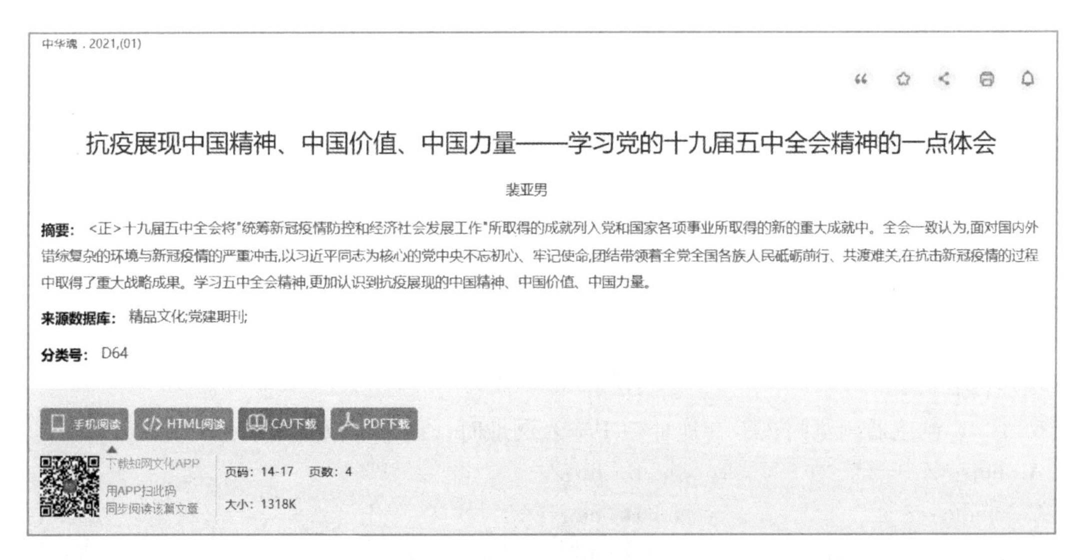

图 3-3-17 文献页面

3.3.4 其他网络信息资源检索方法

除了通过全文搜索引擎和全文数据库进行网络信息资源检索以外，还可以通过国内外重要的科研机构、信息发布机构、学会的网址，及时而准确地获得这些权威机构发布的信息。例如，常用的高校教学资源网站有国家精品课程资源网、爱课程、国家数字化学习资源中心、中国高等学校教学资源网、五分钟微课程网等。

也可以利用网络专业信息资源导航库检索，因为专业信息导航库比搜索引擎更具专指性。如中国高等教育文献保障系统（CALIS），通过有效链接可以直接进入各学科专业网，既节省查询时间，又提高了查询的准确性。

【思考与练习】

1. 网络信息检索的方法有哪些？
2. 简述利用百度进行信息检索的一般步骤。

习题

一、选择题

1. 下列选项中表示电子邮件地址的是（　　）。

A. ks@183. net　　B. 192. 168. 0. 1

C. www. gov. cn　　D. www. cctv. com

2. 计算机网络最突出的特点是（　　）。

A. 资源共享　　B. 运算精度高

C. 运算速度快　　D. 内存容量大

3. E-mail 地址的格式是（　　）。

A. www. zjschool. cn　　B. 网址 · 用户名

C. 账号@ 邮件服务器名称　　D. 用户名 · 邮件服务器名称

4. 遍布于校园的校园网属于（　　）。

A. LAN　　B. MAN

C. WAN　　D. 混合网络

5. 下列属于计算机网络通信设备的是（　　）。

A. 显卡　　B. 网线

C. 音箱　　D. 声卡

6. 用 IE 浏览器浏览网页，在地址栏中输入网址时，通常可以省略的是（　　）。

A. http://　　B. ftp://

C. mailto://　　D. news://

7. 根据统计，当前计算机病毒扩散最快的途径是（　　）。

A. 软件复制　　B. 网络传播

C. 磁盘复制　　D. 运行游戏软件

8. 以下设置密码的方式中，（　　）更加安全。

A. 用自己的生日作为密码

B. 全部用英文字母作为密码

C. 用大小写字母、标点、数字以及控制符组成密码

D. 用自己的姓名的汉语拼音作为密码

9. 在 Internet 上浏览时，浏览器和 WWW 服务器之间传输网页使用的协议是（　　）。

A. IP　　B. TELNET

C. FTP　　D. HTTP

10. Internet 的前身是（　　）。

A. Intranet　　B. Ethernet

C. Cernet　　D. ARPANET

11. 关于 WWW 服务，以下（　　）说法是错误的。

A. WWW 服务采用的主要传输协议是 HTTP

B. WWW 服务以超文本方式组织网络多媒体信息

C. 用户访问 Web 服务器可以使用统一的图形用户界面

D. 用户访问 Web 服务器不需要知道服务器的 URL 地址

二、填空题

1. 从传输范围的角度来划分计算机网络，计算机网络可以分为区域网、__________、________ 和________。

2. 在地址栏中输入 http://zjhschoocom，则 zjhschoocom 是一个________。

3. IP 地址 126. 168. 0. 1 属于________类 IP 地址。

4. IPv6 将从原来的 32 位地址扩展到了________位。

第 4 章
人工智能

2017 年是人工智能（artificial intelligence，AI）年，人工智能技术越来越多地应用到日常生活的方方面面。AlphaGo ZERO 碾压 AlphaGo 实现自我学习，百度自动驾驶汽车上路，iPhone X 开启 Face ID，阿里和小米先后发布智能音箱……这些背后都是人工智能技术的驱动。2017 年 7 月，国家发布了新一代人工智能发展规划，将中国人工智能产业的发展推向了新高度。

本章主要介绍人工智能的基本概念、研究目标、核心要素、发展历程、应用领域以及未来的发展趋势。

4.1 人工智能基础知识

4.1.1 人工智能的定义

人工智能简称 AI，它是研究、开发用于模拟、延伸和扩展人的智能的理论、方法、技术及应用系统的一门新的技术科学。

随着计算机科学技术、控制理论和技术、信息理论和技术、神经生理学、心理学、语言学等相关学科的飞速发展，人工智能的定义也随之变化。自动控制和人工智能专家、原人工智能学会理事长涂序彦教授在《人工智能诞辰 50 周年的回顾与展望》中提出了广义人工智能（generalized artificial intelligence，GAI）的概念，给出了广义人工智能的学科体系，认为人工智能这个学科已经从学派分歧的、不同层次的、传统的“狭义人工智能”转变为多学派兼容的、多层次结合的广义人工智能。广义人工智能的含义如下。

①“广义人工智能”是多学派兼容的，能模拟、延伸与拓展“人的智能”以及“其他动物的智能”，既研究机器智能，也开发智能机器。

②“广义人工智能”是多层次结合的，如自推理、自联想、自学习、自寻优、自协调、自规划、自决策、自感知、自识别、自辨识、自诊断、自预测、自聚焦、自融合、自适应、自组织、自整定、自校正、自稳定、自修复、自繁衍、自进化等，不仅研究专家系统、人工神经网络，而且研究模式识别、智能机器人等。

③“广义人工智能”是多智体协同的，不仅研究个体的、单机的、集中式的人工智能，而且研究群体的、网络的、多智体（multi-agent）、分布式人工智能（distributed artificial intelligence，DAI），研究如何使分散的“个体人工智能”形成协同的“群体人工智能”，模拟、延伸与扩展人类或其他动物的群体智能。

4.1.2 人工智能的研究目标

人工智能的研究目标可分为近期目标和远期目标。

人工智能研究的近期目标是实现机器智能，即研究如何使现有的计算机更聪明，使它能够运用知识去处理问题，能够模拟人类的智能行为，如推理、思考、分析、决策、预测、理解、规划、设计和学习等。主要方法是基于现有的计算机软、硬件系统，通过编制计算机程序来模拟、实现人的智能行为。到目前为止，已经出现了大量应用于各个领域的智能系统，如自动推理、智能控制、智能管理、智能决策、模式识别、智能检索系统等。

人工智能研究的远期目标是要制造智能机器，即探索智能的基本机理，研究使用各种机器、各种方法模拟人的思维过程或智能行为，最终制造出和人有相似或相近智力水平和行为能力的综合智能系统。

实际上，人工智能的近期目标与远期目标是相互依存的。近期目标为远期目标奠定了理论和技术基础，而远期目标为近期目标指明了方向。同时，近期目标和远期目标之间并无严格界限，近期目标会随人工智能研究的发展而变化，最终达到远期目标。

4.1.3 人工智能的核心要素

人工智能的三要素包括数据、算力和算法，这三要素缺一不可，都是人工智能取得如此成就的必备条件。

第一要素是数据。因为人工智能的根基是训练（training），就如同人类如果要获取一定的技能，就必须经过不断地训练才能获得，而且有熟能生巧之说。人工智能也是如此，只有经过大量的训练，神经网络才能总结出规律，应用到新的样本上。如果现实中出现了训练集（training set）中从未有过的场景，则神经网络会基本处于瞎猜状态，正确率可想而知。因此，对于人工智能而言，大量的数据太重要了，而且需要覆盖各种可能的场景，这样才能得到一个表现良好的模型，看起来更智能。

海量数据为AI技术的发展提供了充分的原材料。表4-1-1展示了数据量与医疗图像准确性的关系，表明了训练数据量越大，准确性越高。

表4-1-1 训练数据量与医疗图像模型准确性的关系

训练数据集大小	医疗图像模型准确性/%						
	大脑识别	脖颈识别	肩部识别	胸腔识别	腹部识别	胯部识别	平均准确性
5 GB	0.3	21.3	2.98	23.39	0.1	0	8.01
10 GB	3.39	30.63	21.39	34.45	3.23	1.15	17.37
50 GB	59.7	99.34	86.57	96.18	65.38	55.9	77.15
200 GB	98.4	99.74	92.94	99.61	95.18	88.45	95.67

第二要素是算力。有了数据之后，需要进行训练，不断地训练。人工智能中有一个术语叫周期（epoch），是指在训练时，将整个数据集（data set）进行一次完整遍历，以便不漏掉任何一个样本。简单地说就是把数据集翻过来、调过去训练多少轮，如果只把数据集从头到尾训练一遍是学不好的。当然，除了训练，以GPU为代表的新一代计算机芯片提供了更强大的算力，使得运算更快。同时，在集群上实现的分布式计算帮助AI模型可以在更大的数据集上快速运行。

第三要素是算法。算法是解决一个设计程序或完成任务的路径方法，是人工智能行业取得突破的关键。新算法的发展极大地提高了机器学习能力，尤其是"深度学习"（deep learning）的出现，启发了新的服务，让计算机"学"得更快，得到的结果更准确，刺激了对人工智能这一领域其他方面的投资和研究。

4.1.4 国内人工智能发展现状

在国外科技巨头，如微软、谷歌、Facebook（已更名为Meta）等积极布局人工智能领域的同时，国内互联网巨头BAT及各个科技公司也争相切入人工智能产业，充分展示了国内科技领头羊对于未来市场的敏锐嗅觉。国内AI公司基本集中在应用层，在计算机视觉、语音识别等领域取得了一定的成绩，在人脸识别、人脸支付、语音识别、智能医疗、智能家居等领域的应用发展迅速。表 4-1-2 列举了国内 BAT 公司在人工智能上的布局。

表 4-1-2　国内 BAT 公司的 AI 布局

公　司	应 用 层		技 术 层	基 础 层
	消费级产品	行业解决方案	技术平台/框架	芯片
百度	百度识图、百度自动驾驶汽车、度秘（Duer）	Apollo、DuerOS	Paddle-Paddle	DuerOS 芯片
阿里	智能音箱天猫精灵 X1、智能客服“阿里小蜜”	城市大脑	PAI 2.0	
腾讯	WeChat AI、Dreamwriter 写作机器人、围棋 AI 产品“绝艺”、天天 P 图	智能搜索引擎“云搜”和中文语义平台“文智”、优图	腾讯云平台、Angel、NCNN	

【相关拓展】BAT，B 指百度、A 指阿里巴巴、T 指腾讯，是中国三大互联网公司百度公司（Baidu）、阿里巴巴集团（Alibaba）、腾讯公司（Tencent）首字母的缩写。BAT 已经成为中国最大的三家互联网公司。中国互联网发展了 20 年，现在形成了三足鼎立的格局，三家巨头各自形成自己的体系和战略规划，分别掌握着中国的信息型数据、交易型数据、关系型数据，然后利用与大众的通道不断兼并后起的创新企业。

百度以搜索引擎为支撑，在探索新业务方向时，主要以战略投资为主，形式多为收购和控股，这样一方面可以引进人才，一方面可以卡位新的业务。阿里侧重于构筑完善的电子商务生态链，覆盖物流、数据服务、电商的交易支付、供应链金融等领域。腾讯更多的是采用开放平台战略，特别是对相对不熟悉的领域，游戏领域一直是腾讯投资的重点。

在国内的科技巨头公司中，百度成立了深度学习实验室，研究方向包括深度学习、计算机视觉、机器人等领域。表 4-1-3 列出了 BAT 的 AI 实验室的名称、成立时间和简介。

表 4-1-3　BAT 公司的 AI 实验室布局

公司	名　称	成立时间	简　介
百度	深度学习实验室（IDL）	2013	研究方向包括深度学习、机器学习、机器翻译、人机交互、图像搜索、图像识别、语音识别等。相关产品包括百度识图、深度学习平台 Paddle-Paddle 等
	硅谷 AI Lab（SVAIL）	2014	深度学习、系统学习、软硬件结合研究
阿里巴巴	AI Lab	2017	消费级人工智能产品研究

续表

公司	名　称	成立时间	简　介
腾讯	腾讯 AI Lab	2016	在内容、游戏、社交和平台工具型 AI 这 4 个方向进行探索，研究方向包括机器学习、计算机视觉、语音识别、自然语言处理的基础研究及其应用领域的探索
	优图实验室	2012	专注于图像处理、模式识别、机器学习、数据挖掘等领域的技术研发和业务落地
	腾讯 AI Lab-西雅图 AI 实验室	2017	专注于语音识别、自然语义理解等领域的基础研究

北京、上海、广州和深圳正在积极抢抓全球人工智能产业发展的重大机遇，一些城市出台了 AI 的行动计划，成立了 AI 研究院。2017 年 10 月，北京市出台《中关村国家自主创新示范区人工智能产业培育行动计划（2017—2020 年）》；2017 年 12 月，广州国际人工智能产业研究院在广州南沙自贸区挂牌，中国科学院院士戴汝为受聘为广州 AI 研究院专家顾问委员会主席；2018 年 2 月，北京前沿国际人工智能研究院正式宣布成立，李开复出任研究院首任院长。与互联网类似，中国将会成为 AI 应用的最大市场，拥有丰富的 AI 应用场景、全球最多的用户和全球最庞大的数据资源。

除了行业巨头公司逐渐完善自身在人工智能的产业链布局外，不断涌现出的创业公司正在垂直领域深耕深挖。未来，“人工智能+”有望成为新业态。

【思考与练习】

1. 什么是人工智能？
2. 人工智能的近期、远期研究目标是什么？
3. 人工智能的核心三要素有哪些？

4.2 人工智能的发展历程

动力机械帮助和代替人类完成各种各样的体力劳动，带来了人类生活的极大方便和社会的飞速发展；随着人类和社会的进一步发展，人们思考并制造能帮助和代替人类完成脑力劳动的智能机器就成为历史的必然，人工智能就是这一必然的产物。

人工智能的发展历史大致可以分为 3 个阶段：带有理想主义色彩的起步期，由“专家系统”大范围应用而推动的第二波浪潮，由“深度学习”也就是深度神经网络带动的第三波浪潮。

4.2.1 起步期

在 20 世纪 40 年代和 50 年代，来自不同领域的一批科学家开始探讨制造人工大脑的可能性。

1950 年，一位名叫马文·明斯基的大四学生与他的同学邓恩·埃德蒙一起，建造了世界上第一台神经网络计算机。这也被看作人工智能的一个起点。

同年，英国著名的数学家、逻辑学家阿兰·图灵提出了一个举世瞩目的想法——图灵测试。按照图灵的设想，如果一台机器能够与人类开展对话而不能被辨别出机器身份，那么这台机器就具有智能。

1956 年夏季，来自数学、心理学、神经生理学、信息论和计算机方面的 10 位专家在美国达特茅斯大学召开一次历时两个月的研讨会，讨论了关于机器智能的有关问题，会上达特茅斯大学的计算机专家约翰·麦卡锡提出正式采用“人工智能”一词，标志着人工智能学科的正式诞生，基于此，麦卡锡也被誉为“人工智能之父”。

1956 年的达特茅斯会议之后，在长达十余年的时间里，计算机被广泛应用于数学和自然语言领域，用来解决代数、几何和英语问题。这让很多研究学者看到了机器向人工智能发展的信心。

20 世纪 70 年代，人工智能在经历了一段时间的快速发展后，进入了一段痛苦而艰难的岁月。由于科研人员在人工智能的研究中对项目难度预估不足，不仅导致与美国国防高级研究计划署的合作计划失败，还让大家对人工智能的前景蒙上了一层阴影。与此同时，社会舆论的压力也开始慢慢压向人工智能这边，导致很多研究经费被转移到了其他项目上。人工智能的发展开始放缓。

4.2.2 第二次浪潮

1980 年，卡耐基-梅隆大学为数字设备公司设计了一套名为 XCON 的“专家系统”。这是一种采用人工智能程序的系统，可以简单地理解为“知识库+推理机”的组合，XCON 是一套具有完整专业知识和经验的计算机智能系统。这套系统在 1986 年之前能为公司每年节省下来超过 4 000 万美元经费，特别在决策方面能提供有价值的内容。这是一项成功的商业模式，有了这种商业模式后，衍生出了像 Symbolics、Lisp Machines 等和 IntelliCorp、Aion 等的硬件、软件公司。

自从专家系统获得了认可并应用于商业发展中，其所创造的价值不容小觑，仅专家系统产业的价值就高达 5 亿美元，这还只是在初级阶段的产业纯价值。

到 1987 年时，专家系统不再独领风骚，基于专家系统商业应用发展起来的硬件公司所生产的通用型计算机开始落伍，其性能优势所形成的独特地位逐渐被苹果公司和 IBM 公司生产的台式机取代。从此，专家系统风光不再。

20 世纪 90 年代中期开始，随着 AI 技术尤其是神经网络技术的逐步发展以及人们对 AI 开始抱有客观理性的认知，人工智能技术开始进入平稳发展时期。

4.2.3 第三次浪潮

从 2006 年开始，随着一种名为“深度学习”技术的成熟，加上计算机运算速度的大幅增长，还有互联网时代积累起来的海量数据，人工智能迎来了第三次热潮。

Hinton 带领他的团队发表了《一种深度置信网络的快速学习算法》及其他几篇重要论文，第一次提出了“深度学习”的概念，突破了此前人工智能在算法上的瓶颈。经过不断地优化，深度学习开始在图像识别上大放光彩。深度学习领域取得突破，人类又一次看到机器赶超人类的希望，也是标志性的技术进步。

2012 年，在代表计算机图像识别最前沿发展水平的 ImageNet 竞赛中，辛顿团队参赛的算法模型突破性地将图片识别的错误率降低了一半，这是人工智能发展史上一个了不起的里程碑。

2014年，基于深度学习的计算机程序在图像识别上的准确率已经超过人眼识别的准确率。机器终于进化出了视觉，第一次看见了世界。随着机器视觉领域的突破，以深度学习为基础的人工智能开始在语音识别、数据挖掘、自动驾驶、机器翻译等不同领域迅速发展，走进了产业的真实应用场景。

在最近三年引爆了一场商业革命。谷歌、微软、百度等互联网巨头，还有众多的初创科技公司，纷纷加入人工智能产品的战场，掀起又一轮的智能化狂潮，而且随着技术的日趋成熟和大众的广泛接受，这一次狂潮也许会架起一座现代文明与未来文明的桥梁。

【思考与练习】

1. 人工智能的发展经历了哪几个阶段？
2. 人工智能是如何诞生的？

4.3 人工智能的主要应用

时至今日，人工智能发展日新月异，给各行各业带来了变革与重构，一方面将AI技术应用到现有的产品中，创新产品，发展新的应用场景；另一方面AI技术的发展也对传统行业造成颠覆，人工智能对人工的替代成为不可逆转的发展趋势，尤其在工业、农业等简单、重复、可程序化强的环节中，而在国防、医疗、驾驶等行业中，人工智能提供适应复杂环境，更为精准、高效的专业化服务，从而取代或者强化传统的人工服务，服务形式在未来将趋于个性化和系统化。

目前，人工智能技术的主要应用场景包括但不限于安防、制造业、服务业、金融、教育、传媒、法律、医疗、家居、农业、汽车等。人工智能技术日益成熟，商业化场景逐渐落地，交通、教育、驾驶等多个行业成为目前主要的应用场景。可以说，AI正在全面进入我们的日常生活，属于未来的力量正席卷而来。

4.3.1 博弈——AlphaGo：人机围棋大战

AlphaGo（阿尔法狗）是一款由谷歌旗下的DeepMind公司开发的围棋人工智能程序，它通过两种网络完成程序运行，如图4-3-1所示。

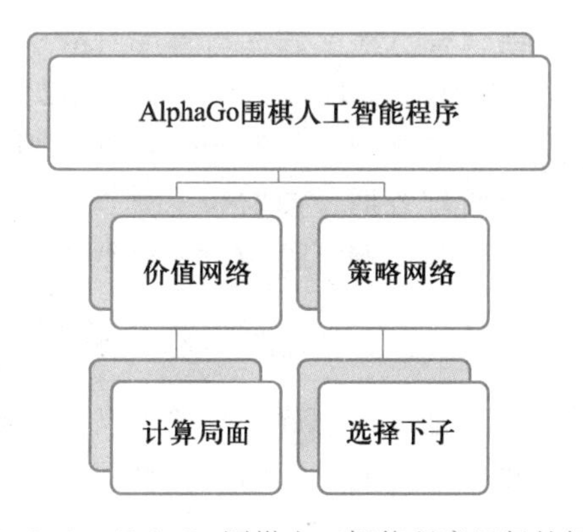

图4-3-1 AlphaGo围棋人工智能程序运行的解读

自 AlphaGo 推出以来直至 2017 年年初，它已经进行了多场人机围棋比赛，具体内容如表 4-3-1 所示。

表 4-3-1　AlphaGo 参与的多场人机围棋比赛举例

时　间	比 赛 方	结　果
2015 年 10 月	AlphaGo 围棋人工智能程序对战欧洲围棋冠军、职业二段选手樊麾	5∶0
2016 年 3 月	AlphaGo 围棋人工智能程序对战世界围棋冠军、职业九段选手李世石	4∶1
2016 年 12 月~2017 年 1 月	AlphaGo 围棋人工智能程序对战弈城网和野狐网	60∶0

作为 AlphaGo 退役前的最后一次人机围棋大战，它于 2017 年 5 月 23 日~27 日在“中国乌镇·围棋峰会”参加对弈，比赛双方为即将退役的 AlphaGo 围棋人工智能程序与中国围棋职业九段棋手柯洁，这次比赛最终以 AlphaGo 三胜柯洁结束比赛。

从 AlphaGo 参与的人机围棋比赛中可知，人工智能通过深度学习和不断完善，是完全可以战胜人类的，同时也代表着人工智能发展进入了一个新的阶段。

4.3.2　教育——智能语音识别和读屏软件助力听障、视障学生

受听力损伤的影响，听障学生无法听到或者听清教师所讲授的知识。为弥补这一不足，人们往往采用提供视觉信息替代听觉信息的方法来帮助他们学习。例如，教师采用手语教学或提供手语翻译，增加板书或提供有详细文本的课件资料，依靠学生读唇学习等。

这些方法、手段对听障学生的学习都有不同程度的帮助，但均存在一定的局限性。从 2016 年起，北京联合大学特殊教育学院积极引进智能语音识别系统，将教师的教学语言转化成文字字幕呈现在大屏幕上。课堂教学上实现“手语+语音口型+口语字幕+文字讲义”多通道、多维度的信息输入，确保学生准确、完整、高效接受相关信息。

北京联合大学特殊教育学院还为每位视障学生配备了阅读终端产品“阳光听书郎”，帮助视障学生畅听任何电子书籍。同时，还为每位视障学生都配备一台专用计算机，安装了读屏软件，学生可以听到屏幕上的信息从而进行相关操作。在大量的学习资料和教具上，学院还进行了语音二维码的铺设。例如，在中药药斗上贴上二维码标识，学生通过点读笔即可读出该药物的名称、产地、炮制方法、功效及主治，为学生的预习、复习和自学提供了良好支持。

【相关拓展】2017 年以来，伴随着《新一代人工智能发展规划》《中国教育现代化 2035》《高等学校人工智能创新行动计划》等文件的陆续出台，我国已经将“智能教育”上升到国家战略层次，鼓励并积极推动“人工智能+教育”的融合发展。2019 年 8 月 29 日，科技部新一代人工智能发展中心联合罗兰贝格管理咨询公司发布了《智能教育创新应用发展报告》，其中针对我国智能教育发展的现状、问题、影响、趋势、对策等进行了详细介绍与分析。

4.3.3　无人驾驶——百度无人驾驶出租车在北京全面开放

2020 年 10 月 11 日，百度官方一条微博引起了热议：在京开放测试了许久的百度 Apollo 自动驾驶出租车，终于全面开放，即日起，北京的用户可以在海淀、亦庄等自动驾驶出租车站点下单免费试乘，无须预约。

提及百度，多数人首先想到的便是搜索引擎，事实上百度 Apollo 自动驾驶技术同样出名。此次在北京全面开放 Apollo 自动驾驶出租车服务，并非首次。在 2020 年 4 月，湖南省长沙市成为 Apollo GO Robotaxi 开放常态化服务的首个城市，长沙市人民早已体验到了百度自动驾驶服务的魅力。当然，在广州、沧州等城市也有百度自动驾驶出租车服务的身影。Apollo GO Robotaxi 已经成为自动驾驶出租车领域的领头羊。

事实上，百度 Apollo 自动驾驶技术并非一蹴而就，安全、可靠是其追求的目标。而 Robotaxi 代表了百度自动驾驶技术最高标准，可以应对城市内各类复杂的行驶场景。其自动驾驶级别已经达到 L4，拥有 360°雷达探测，100 ms 低延迟等技术。不仅如此，在此前，百度 Apollo 已经在北京完成了超过 51.9 万 km 的载人道路测试。该距离相当于北京到伦敦 62 次，可谓是长时间、长距离的验证探索。

目前，百度在北京经济技术开发区、海淀区、顺义区等区域设置十多个自动驾驶出租车站点。据官方介绍，乘客约车方式有两个，一是打开百度地图，选择“打车”→“自动驾驶”服务，选择上下车站点，二是下载 Apollo Go App 乘车。不过，对于乘客，官方也有要求：18~60 周岁人员可乘坐，最多乘坐 2 人，并且车内会配备安全人员。

在乘坐 Apollo Robotaxi 之前，不少乘客会担心其安全问题。但是在乘坐体验之后，不少人瞬间转变了想法，原来出租车真的可以无人化，服务如此的贴心，值得点赞。来自北京海淀区的张先生表示，“整个行驶过程非常平顺，甚至超越了出租车，车内后座大屏可以查看时速等信息。如果路面有小颠簸，制动稍微有点急的话，车内机器人还会进行道歉，简直太人性化了”。

早前，百度创始人李彦宏曾预测，5 年后自动驾驶汽车全面商用，10 年后解决交通拥堵问题。看来，现在这个时间会提前，全面自动驾驶时代即将到来。

【思考与练习】

1. 人工智能的应用领域有哪些？
2. 举例说明现实生活中有哪些人工智能应用的例子。

4.4 人工智能的发展趋势

随着大数据和云计算的发展，人工智能迎来了春天。有人开始就人工智能一旦超过了人类以后对人类的影响开展了想象力丰富的研究。但是，人工智能会对整个人类带来什么根本性影响？我们还要拭目以待。我们无法预测人工智能超越人类以后会是什么样子，虽然科幻小说和电影已经把好的一面和坏的一面展现得淋漓尽致，但是毕竟我们没有亲身体验那个时代的特色。有一点可以肯定，人工智能将重塑或颠覆世界。

4.4.1 人工智能的国家战略

2015 年 7 月，国务院印发《关于积极推进“互联网+”行动的指导意见》，明确人工智能为形成新产业模式的 11 个重点发展领域之一，将发展人工智能提升到国家战略层面，提出支持措施，清理阻碍发展的不合理制度。

2016年11月，我国的《“十三五”国家战略性新兴产业发展规划》中明确指出：推动基础理论研究和核心技术开发，实现类人神经计算芯片、智能机器人和智能应用系统的产业化，将人工智能新技术嵌入各领域。构建人工智能公共服务平台和向社会开放的骨干企业研发服务平台。建立健全人工智能“双创”支撑服务体系。

2017年3月5日，十二届全国人大五次会议在北京开幕，国务院总理李克强在做政府工作报告时表示，要“全面实施战略性新兴产业发展规划，加快新材料、人工智能、集成电路、生物制药、第五代移动通信等技术研发和转化”，这是“人工智能”这一表述首次出现在政府工作报告中。这也是继科技部表态要大力支持人工智能后，政府对于这项新兴产业的认可和支持的最强音。

2017年7月，国务院印发了《新一代人工智能发展规划》（以下简称《规划》），提出了面向2030年我国新一代人工智能发展的指导思想、战略目标、重点任务和保障措施，部署构筑我国人工智能发展的先发优势，加快建设创新型国家和世界科技强国。

《规划》明确了我国新一代人工智能发展的战略目标：到2020年，人工智能总体技术和应用与世界先进水平同步，人工智能产业成为新的重要经济增长点，人工智能技术应用成为改善民生的新途径；到2025年，人工智能基础理论实现重大突破，部分技术与应用达到世界领先水平，人工智能成为我国产业升级和经济转型的主要动力，智能社会建设取得积极进展；到2030年，人工智能理论、技术与应用总体达到世界领先水平，我国成为世界主要人工智能创新中心。

【相关拓展】《关于积极推进“互联网+”行动的指导意见》（以下简称《指导意见》）原文节选内容如下：《指导意见》围绕转型升级任务迫切、融合创新特点明显、人民群众最关心的领域，提出了11个具体行动：一是“互联网+”创业创新，充分发挥互联网对创业创新的支撑作用，推动各类要素资源集聚、开放和共享，形成大众创业、万众创新的浓厚氛围。二是“互联网+”协同制造，积极发展智能制造和大规模个性化定制，提升网络化协同制造水平，加速制造业服务化转型。三是“互联网+”现代农业，构建依托互联网的新型农业生产经营体系，发展精准化生产方式，培育多样化网络化服务模式。四是“互联网+”智慧能源，推进能源生产和消费智能化，建设分布式能源网络，发展基于电网的通信设施和新型业务。五是“互联网+”普惠金融，探索推进互联网金融云服务平台建设，鼓励金融机构利用互联网拓宽服务覆盖面，拓展互联网金融服务创新的深度和广度。六是“互联网+”益民服务，创新政府网络化管理和服务，大力发展线上线下新兴消费和基于互联网的医疗、健康、养老、教育、旅游、社会保障等新兴服务。七是“互联网+”高效物流，构建物流信息共享互通体系，建设智能仓储系统，完善智能物流配送调配体系。八是“互联网+”电子商务，大力发展农村电商、行业电商和跨境电商，推动电子商务应用创新。九是“互联网+”便捷交通，提升交通基础设施、运输工具、运行信息的互联网化水平，创新便捷化交通运输服务。十是“互联网+”绿色生态，推动互联网与生态文明建设深度融合，加强资源环境动态监测，实现生态环境数据互联互通和开放共享。十一是“互联网+”人工智能，加快人工智能核心技术突破，培育发展人工智能新兴产业，推进智能产品创新，提升终端产品智能化水平。

4.4.2 人工智能面临的主要问题

任何事物在发展的道路上肯定不是一帆风顺的，人工智能的发展也是如此。人工智能与计算机科学并驾齐驱进入21世纪，但是人工智能的发展正在经历风雨。目前我国人工智能产业发展面临五大问题亟待“求解”。

一是“高端”的AI技术与“中低端”的产业之间存在脱节现象。相对于庞大的经济体量，目前我国人工智能推广应用有限，仍有不小提升空间。人工智能技术与企业业务需求存在鸿沟，尤其是传统企业的整体智能化程度偏低。以制造业为例，业务信息化水平不足造成的场景数据获取困难，研发投入大和交付周期长，成为一部分企业利用AI进行转型升级的制约因素。

二是AI关键硬件与开源软件等储备不足，国际合作有待进一步拓展。目前，我国人工智能产业在数据规模、类型位居全球前列，基础算法趋于成熟，华为、阿里、百度等骨干企业正着手构建基础层生态系统，但软件框架尤其是开源框架、芯片等领域与全球一流企业还有不小差距，亟待开拓更高层次国际合作。

三是高水平、跨行业复合型人才稀缺。当前我国人工智能产业发展迅速，但人才尤其是高水平、资深人才规模较小，难以满足行业发展需求。我国人工智能基础环节薄弱，与缺少顶级基础研究人才有直接关系。市场上缺少既了解行业又掌握人工智能关键技术，还能够进行应用开发的复合型人才。

四是产学研合作密切度待提升，成果转化率不高。对我国人工智能产业而言，高校、科研院所、企业之间如何实现密切合作的问题亟待解决。现有产学研合作培养模式较为单一，高校、科研院所、企业之间的合作多为自发性短期行为，缺乏顶层统筹以及可持续运行机制。

五是数据使用不规范问题较为突出，安全问题逐渐显现。人工智能技术在造福人类的同时，也引发了诸多安全问题，如性别歧视、数据深度伪造被用于敲诈勒索等事件。出现上述问题的原因与数据的不当使用密切相关。如何确保人工智能被安全、合理地使用，为人类带来的福祉最大化、产生的安全风险最小化，亟待整个社会求解。

4.4.3 未来发展趋势

2019年，“智能+”首次出现在政府工作报告中，要坚持创新引领发展，培育壮大新动能。人工智能在金融、教育、工业、安防、医疗等众多领域扮演着越来越重要的角色。人工智能技术不仅能够优化决策的准确性、及时性、科学性，而且能够在专业领域实现高度的自动化，大幅提升产业效率，成为行业发展新动能。

《2020—2021中国人工智能计算力发展评估报告》显示，人工智能是全球IT产业发展最快的新兴技术应用之一。2020年整个中国的人工智能市场规模是63亿美元，据IDC预测，到2024年，这个数字将会达到172.2亿美元。虽然2020年受到疫情影响，但中国AI整体市场仍然保持着37%的增长。未来人工智能产业又将走向何方？

1. 以技术为核心的“人机协同生态圈”，将成为未来智能产业发展新模式

在深度学习技术开启的人工智能第一发展阶段，单点技术的革新在市场中快速形成小型的技术应用闭环，技术为驱动的商业模式快速形成。计算机视觉、自然语言处理、语音处理等人工智能核心技术领域的突破开启了全球智能时代的新浪潮。然而未来随着人工智能技术在场景中应用的不断深化，单一技术实现的技术闭环难以满足复杂场景下的智能化需求，核心技术能力的研发难度开始加大。

2. 融合专家能力和机器能力的“纵向深耕”，将是人工智能行业赋能关键

目前，人工智能已在金融、医疗、教育、零售、工业、交通、娱乐等诸多领域进行智能化的渗透。在智能变革的趋势下，传统行业纷纷开始探索如何与人工智能结合应用。随着传统产业的智能化实践逐步深入，行业中深层次的知识和经验尤为重要。简单的人工智能技术叠加将不再能满足用户的智能化预期。

3. 以开放平台为载体的“横向延展”，将是未来人工智能产业化方向

未来，人工智能产业将逐步向工业化迈进。标准化的产品、规模化的生产、流水线式的作业将是人工智能实现产业化的发展方向。既拥有行业知识又拥有智能技术的企业通过提供标准化、模块化的产品和服务，为横向多行业全场景赋能。

“开放、共享”将成为下一阶段人工智能产业发展的关键词。开放创新平台的建设可以更好地整合行业技术、数据及用户需求等方面的资源，以普惠应用的方式细化产业链层级，助力人工智能产业生态的构建。“开放、共享”的创新发展模式将提升人工智能技术成果的扩散与转化能力，促进中国人工智能产业形成以开放平台为核心的智能生态圈。

未来人工智能技术作为新基建的头雁，在疫情后的新社会生活范式中也将迎来全新一轮的发展机遇，人工智能投资虽然不易，但一个充满了人工智能的人类时代，正在实实在在地到来。

【思考与练习】

设想一下，人工智能的未来将会是什么样？

习题

一、选择题

1.（　　）是人工智能的核心要素。

A. 算法　　B. 芯片

C. 数据　　D. 物联网

2.（　　）推出了人工智能开放平台，围绕智能汽车和智能家居，打造了 Apollo 和 DuerOS 两大行业开放生态，加速推动无人驾驶汽车和智能家居迈向世界先进水平。

A. 阿里巴巴　　B. 蚂蚁金服

C. 滴滴出行　　D. 百度

3.（　　），英文缩写为 AI，它是研究、开发用于模拟、延伸和扩展人的智能的理论、方法、技术及应用系统的一门新的技术科学。

A. 人工智能　　B. 系统仿真

C. 智能模拟　　D. 物联网

4. 2016 年 3 月，人工智能程序（　　）在韩国首尔以 4:1 的比分战胜了人类围棋冠军李世石。

A. AlphaGo　　B. AlphaGo Zero

C. DeepMind　　D. Deepblue

5. 被称为人工智能之父的是（　　）。

A. 约翰·冯·诺依曼　　B. 阿塔纳索夫

C. 约翰·莫克利　　D. 图灵

6. 人工智能诞生于（　　）年。

A. 1955　　B. 1957

C. 1956　　D. 1965

7. 人工智能的目的是让机器能够（　　），以实现某些脑力劳动的机械化。

A. 具有智能　　B. 和人一样工作

C. 完全代替人的大脑　　D. 模拟、延伸和扩展人的智能

8. 人工智能研究的基本内容不包括（　　）。

A. 机器行为　　B. 机器动作

C. 机器思维　　D. 机器感知

9. 人工智能中通常把（　　）作为衡量机器智能的准则。

A. 图灵机　　B. 图灵测试

C. 中文屋思想实验　　D. 人类智能

10. Intel 公司预测，到 2020 年，全球数据量将会达到 44 ZB，这体现了大数据的（　　）特征。

A. 数据处理速度快　　B. 数据多样

C. 数据价值密度低　　D. 数据量大

11. 以下不是人工智能时代的基础的是（　　）。

A. 数据驱动　　B. 算法模型

C. 算力资源　　D. 虚拟现实

二、填空题

1. 人工智能的核心要素有________、________和________。

2. 人工智能的英文缩写为________。

3. ________年，在美国________大学召开的历时两个月的研讨会上，________提出正式采用“人工智能”一词，标志着人工智能学科的诞生。

4. 2017 年 3 月 5 日，________全国人大________会议在北京开幕，国务院总理李克强在做政府工作报告时表示，要“全面实施战略性新兴产业发展规划，加快新材料、人工智能、集成电路、生物制药、第五代移动通信等技术研发和转化”，这是“人工智能”这一表述首次出现在政府工作报告中。

5. 从 2006 年开始，随着一种名为________技术的成熟，加上计算机运算速度的大幅增长，还有互联网时代积累起来的海量数据，人工智能迎来了第三次热潮。

6. 1980 年，卡耐基-梅隆大学为数字设备公司设计了一套名为 XCON 的________。这是一种采用人工智能程序的系统，可以简单地理解为“知识库+推理机”的组合，它是具有完整专业知识和经验的计算机智能系统，特别在决策方面能提供有价值的内容。

第5章 大数据及其应用

大数据是信息通信技术发展积累至今，按照自身技术发展逻辑，从提高生产效率向更高级智能阶段的自然生长。无处不在的信息感知和采集终端采集了海量的数据，以云计算为代表的计算技术的不断进步，提供了强大的计算能力，围绕个人以及组织的行为构建起了一个与物质世界相平行的数字世界。

5.1 大数据的概念

5.1.1 大数据的定义

“大数据”一词尽管早已耳熟能详，但业内对“大数据”还未有统一的定义，“大数据”研究机构 Gartner 将“大数据”定义为需要新处理模式才能具有更强的决策力、洞察发现力和流程优化能力的海量、高增长率和多样化的信息资产。

Viktor Mayer-Schonberger（维克托·迈尔-舍恩伯格）和 Kenneth Cukier（肯尼斯·克耶）在《大数据时代》（*Big Data*：*A Revolution That Will Transform How We Live*，*Work*，*and Think*）一书中写道：大数据不用随机分析法（抽样调查）这样的捷径，对所有数据进行分析处理。麻省理工学院的 Cesar A. Hidalgo 博士认为大数据是指规模大、内容多、富有深度的数据集。

维基百科的定义为，大数据（big data），又称为巨量资料，指的是传统数据处理软件不足以处理它们的大或复杂的数据集的术语。大数据也可以定义为来自各种来源的大量非结构化和结构化数据。从学术角度而言，大数据的出现促成了广泛主题的新颖研究。这也导致了各种大数据统计方法的发展，具有不同价值观、应用背景、技术背景及思维方式的不同角色，对于大数据的理解都有属于自己角色特点的大数据定义。但比较认同的理解是，大数据大到无法通过人工在合理时间内截取、管理、处理并整理成为人类所能解读的信息。

5.1.2 大数据的特征

业界通常用 4 个 V（即 volume、variety、velocity、value）来概括大数据的特征。具体来说，大数据具有 4 个基本特征。

1. 数据体量巨大

数据体量（volume）大，指大型数据集，一般在 10 TB 规模左右，但在实际应用中，很多企业用户把多个数据集放在一起，已经形成了 PB 级的数据量。随着时间的推移，存储单位从过去的 GB 到 TB，乃至现在的 PB、EB 级别。只有数据体量达到了 PB 级别以上，才能被称为大数据。

随着信息技术的高速发展，数据开始爆发性增长。社交网络（微博、推特、脸书）、移动网络、各种智能工具、服务工具等，都成为数据的来源。淘宝网近 4 亿的会员每天产生的商品交易数据约 20 TB；脸书约 10 亿的用户每天产生的日志数据超过 300 TB。这种趋势迫切需要智能的算法、强大的数据处理平台和新的数据处理技术来统计、分析、预测和实时处理如此大规模的数据。

2. 数据类别大

数据类别（variety）大，指数据来自多种数据源，数据种类和格式日渐丰富，已冲破了以前所限定的结构化数据范畴，囊括了半结构化和非结构化数据。

如果只有单一的数据，那么这些数据就没有了价值，例如，只有单一的个人数据，或者单一的用户提交数据，这些数据还不能称为大数据。

广泛的数据来源，决定了大数据形式的多样性。例如，当前的上网用户中，年龄、学历、爱好、性格等每个人的特征都不一样，这也就是大数据的多样性。如果扩展到全国，那么数据的多样性会更强。每个地区、每个时间段，都会存在各种各样的数据多样性。任何形式的数据都可以产生作用，目前应用最广泛的就是推荐系统，如淘宝、网易云音乐、今日头条等，这些平台都会通过对用户的日志数据进行分析，从而进一步推荐用户喜欢的东西。

日志数据是结构化明显的数据，还有一些数据结构化不明显，如图片、音频、视频等，这些数据因果关系弱，就需要人工对其进行标注。

3. 处理速度快

在数据量非常庞大的情况下，也能够做到数据的实时处理。通过算法对数据进行的逻辑处理速度非常快，“1秒定律”可从各种类型的数据中快速获得高价值的信息，这一点也是和传统的数据挖掘技术有着本质的不同。

大数据的产生非常迅速，主要通过互联网传输。生活中每个人都离不开互联网，也就是说每个人每天都在向大数据提供大量的资料。并且这些数据是需要及时处理的，因为花费大量资本去存储作用较小的历史数据是非常不划算的，对于一个平台而言，也许保存的只有过去几天或者一个月之内的数据，再远的数据就要及时清理，不然代价太大。

基于这种情况，大数据对处理速度有着非常严格的要求，服务器中大量的资源都用于处理和计算数据，很多平台都需要做到实时分析。数据无时无刻不在产生，谁的速度更快，谁就有优势。

4. 数据价值高

相比于传统的小数据，大数据最大的价值在于通过从大量不相关的各种类型的数据中，挖掘出对未来趋势与模式预测分析有价值的数据，并通过机器学习方法、人工智能方法或数据挖掘方法深度分析，发现新规律和新知识。

如果有1 PB以上的全国所有20~35岁年轻人的上网数据，那么它就有了商业价值，例如，通过分析这些数据，就知道这些人的爱好，进而指导产品的发展方向，等等。

如果有了全国几百万病人的数据，根据这些数据进行分析就能预测疾病的发生，这些都是大数据的价值。大数据运用非常广泛，如运用于农业、金融、医疗等各个领域，从而最终达到改善社会治理、提高生产效率、推进科学研究的效果。

5.1.3　大数据的发展历史

萌芽阶段：20世纪90年代到21世纪初，数据库技术成熟，数据挖掘理论成熟，也称为数据挖掘阶段。

突破阶段：2003—2006年，非结构化的数据大量出现，传统的数据库处理技术难以应对，也称为非结构化数据阶段。

成熟阶段：2006—2009年，谷歌公开发表两篇论文《谷歌文件系统》和《基于集群的简单数据处理：MapReduce》，其核心的技术包括分布式文件系统GFS、分布式计算系统框架MapReduce、分布式锁Chubby及分布式数据库BigTable，这期间大数据研究的焦点是性能、云计算、大规模的数据集并行运算算法以及开源分布式架构（Hadoop）。

应用阶段：2009 年至今，大数据基础技术成熟之后，学术界及企业界纷纷开始转向应用研究，2013 年大数据技术开始向商业、科技、医疗、政府、教育、经济、交通、物流及社会的各个领域渗透，因此 2013 年也被称为大数据元年。

【思考与练习】

1. 大数据的发展会对人们的日常生活产生哪些影响？
2. 了解我国大数据的发展历程。

5.2 大数据相关技术

5.2.1 大数据采集

数据采集环节关注数据在哪里以及如何获得数据，其主要职能是，从潜在数据源中获取数据并进行面向后续数据存储与管理以及数据分析与建模的预处理。

一般来说，大数据的来源可以分为三种：平台自营型数据、其他主体运营数据和互联网数据。

平台自营型数据是指大数据项目建设单位自主运维的软件平台产生的内部数据，包括软件平台生成的结构化或非结构化数据，也包括在自主运维的传感器终端通过通信获取的数据，这些数据采集的工具都来源于平台内部，多用于系统日志采集。

其他主体运营数据是指存储在其他单位服务器的外部数据，这类数据的类型和格式与上述平台自营型数据类似，只是往往要建立在某种商业模式意义下的交换而获得。这类数据的采集，可在商务合作的基础上通过 ETL（extract-transform-load，抽取-转换-加载）实现数据的交换或者通过对方预留数据的访问接口获取数据。

互联网数据是指散布于互联网中的数据，如门户网站、社交平台、社区论坛等。这类数据可以通过网络爬虫实现数据的自动获取。

数据采集之后，需要对数据进行必要的预处理，最终使得后续的数据分析得以有效进行。

数据预处理主要包括以下几个主要操作。

1. 清洗过滤

将数据中的噪声以某种技术或者既定策略去除并弥补缺失的数据。例如，在互联网数据采集中，网页中只有正文才是采集者需要的，这样就要有相应的技术或者策略将网页中感兴趣的区域提取出来，其他反映网站结构的广告信息数据全部去除，从而降低后续存储负担，提高数据质量。

2. 去重

将不同数据源的数据中的重复内容过滤，这种操作往往在互联网数据采集中尤其必要。例如，针对新闻事件的分析，相同的新闻事件往往会在不同的网站上大量转载，这种情况下，重复的数据没有更多的留存的价值。

3. 建立数据的连接

从不同数据源获取数据的一个直接原因是希望通过互补的数据使得对目标对象的描述更加

立体和具体，从而实现多数据源交叉复用的价值。

4. 特征化提取

此阶段专注于从原始数据中提取有语义的统计特征或者结构化特征，然后将这些特征作为该数据的一个标签存储供后续的分析使用，例如，从一段非结构化的法院公告文本中提取出有语义价值的原告、被告和判决时间等。

5. 标签化操作

标签化是大数据分析的一个典型策略和做法，预处理环节中的标签化除了需要专注于将上述的特征化提取步骤获得的统计特性或者结构化语义信息提取出来作为数据的标签外，还需要考虑对各类数据源的置信度进行评估。这样，当来自不同数据源的数据有冲突和歧义时，才能更好地进行综合研判。

5.2.2　大数据存储

数据存储关注数据在哪里以及如何透明存取。毋庸置疑，物理上，数据一定是存在本地或异地磁盘上。数据的存储一般分为集中式和分布式，相比较于集中式存储，分布式存储在数据并发、负载均衡、数据安全等方面具有优势。在大数据时代，不同的应用领域在数据类型、数据处理方式以及数据处理时间的要求上有极大的差异，适合大数据环境的新型数据库，如 NoSQL 得到了广泛的关注。NoSQL 数据库抛弃了关系模型并能够在集群中运行，不用事先修改结构定义也可以自由添加字段，这些特征决定了 NoSQL 技术非常适用于大数据环境，从而得到了迅猛的发展。

数据的存取的核心问题是，如何高效快速地读取数据，即查询快；如何高效快速地存储数据，即更新快。这两个目标往往存在冲突，因此为了保障数据存取的高效，“实时+批处理”往往是常用的一种策略。

5.2.3　大数据分析

数据建模与分析环节关注如何建模数据，便于人们发现数据背后的知识和洞见，实现“数据价值”的飞跃，该环节是大数据项目开展的核心。

一般的流程主要包括数据预处理、特征提取与选择和数据建模三部分。

1. 数据预处理

数据预处理主要包括数据清理、数据集成、数据规约、数据变换 4 种方法。数据清理可用来清除数据中的噪声，纠正不一致。数据集成将数据由多个数据源合并成一个一致的数据存储，如数据仓库。数据规约可通过如聚集、删除冗余特征或聚类来降低数据的规模。数据变换可把数据压缩到较小的区间，如 0 到 1，从而提高挖掘算法的准确率和效率。

2. 特征提取与选择

特征提取的手段和方法有很多，有的从纯粹的数学角度做高维向量向低维向量的映射，有的从语义出发，有意识地提取具有高级语义的特征向量等，目的是大范围降低计算量。在很多情况下，多组特征融合在一起时，把其中对建模最有贡献的部分提取出来，这个过程就是特征选择。

3. 数据建模

数据建模是从大数据中找出知识的过程，常用的手段是机器学习和数据挖掘。所谓数据挖掘可以简单理解为“数据挖掘=机器学习+数据库”。从商业角度来说，数据挖掘是企业按照既定业务目标，对大量企业数据进行探索和分析，揭示隐藏的、未知的或验证已知的规律，并进一步将其模型化。从技术角度来说，数据挖掘是通过分析，从大量数据中寻找其规律的技术。

5.2.4 云计算

大数据离不开云处理，云处理为大数据提供了弹性可拓展的基础设备，是产生大数据的平台之一。在很多技术储备均得以迅猛发展的基础上，基于 SOC/SOA（service-oriented computing/service-oriented architecture）框架的云计算（cloud computing）应用模式受到了越来越广泛的关注，并且其普及度也在逐步深入，这种应用模式满足了需求：厂商将硬件资源（服务器、存储、CPU、带宽等）和软件资源（应用软件、集成开发环境等）以服务的形式按需分配给用户，用户仅需支付服务费而无须如从前一样购买基础设施和应用软件授权等。

云计算的本质是一种基于互联网的应用模式。从整体上看，大数据与云计算是相辅相成的，大数据着眼于“数据”，聚焦于具体的业务，关注“数据价值”的过程，看中的是信息积淀。云计算着眼于“计算”，聚焦于 IT 解决方案，关注 IT 基础架构，看中的是计算能力（包括数据处理能力及系统部署能力）。没有云计算的处理能力，大数据的信息积淀再丰富，也难以甚至无法落地。另一方面，云计算设计的关键技术，如海量数据存储、海量数据管理、分布式计算等也都是大数据的基础支撑技术。预测未来，大数据和云计算两者关系将更为密切。此外，物联网、移动互联网等新兴计算形态，也将共同助力大数据革命。

【思考与练习】

1. 大数据的支撑技术有哪些？
2. 什么是云计算？它与大数据有什么关系？

5.3 相关软件

5.3.1 Hadoop

根据不同的分布式策略和目标，目前主流的分布式计算产品有 Hadoop、Spark 等，这些产品都是基于 MapReduce 思路的。MapReduce 是 Google 在 2004 年提出的一个软件架构，其设计初衷是通过大量廉价的服务器实现大数据的并行处理。它对数据一致性要求不高，其突出优势是具有扩展性和可用性，特别适用于海量的结构化、半结构化及非结构化数据的混合处理。

Hadoop 由 Apache 软件基金会开发，是一款支持海量数据分布式处理的开源软件框架，可以让多台计算机分工处理同一项运算活动，从而大幅缩短数据处理时间。Hadoop 以其适合处理非结构化数据、易用性、大规模并行处理（massively parallel processing，MPP）等优势，成为主流技术，其最核心的设计就是分布式文件系统（Hadoop distributed file system，HDFS）和

MapReduce。HDFS为海量的数据提供了存储，MapReduce则为海量的数据提供了计算。Hadoop基于Java语言开发，具有很好的跨平台性，并且可以部署在廉价的计算机集群中，为用户提供系统底层细节透明的分布式基础架构。

2008年开始，Yahoo公司、Facebook公司、Last.fm公司和纽约时报等软件互联网公司或非软件公司都把其搜索引擎产品或其他需要进行云存储或者大数据分析的应用放到了以Hadoop为架构的集群上，逐步形成了Hadoop生态圈。

HBase（Hadoop database）是一个高可靠性、高性能、面向列、可伸缩的分布式存储系统，利用HBase技术，可在廉价PC服务器上搭建起大规模结构化存储集群，主要用来存储非结构化和半结构化的松散数据，可以通过水平扩展的方式，利用廉价计算机集群处理由超过10亿行数据和数百万列元素组成的数据表。

Hive是建立在Hadoop上的数据仓库基础构架。它提供了一系列的工具，可以用来进行数据提取转换加载（ETL），这是一种可以存储、查询和分析存储在Hadoop中的大规模数据的机制。Hive提供的HiveQL语句快速实现简单的MapReduce统计，也可以自动将HiveQL语句快速转换成MapReduce任务进行运行，十分适合数据仓库的统计分析。

Pig是一个基于Hadoop的大规模数据分析平台，它提供的SQL-LIKE语言叫Pig Latin。该语言的编译器会把类SQL的数据分析请求转换为一系列经过优化处理的MapReduce运算。

Sqoop是一款开源的工具，主要用于传递Hadoop（Hive）与传统的数据库（MySQL、postgresql等）间的数据，可以把数据从一个关系型数据库中导入到Hadoop的HDFS中，反之也可以将HDFS的数据导入到关系型数据库中。

Flume是Cloudera提供的一个高可用、高可靠、分布式的海量日志采集、聚合和传输的系统，Flume支持在日志系统中定制各类数据发送方，用于收集数据。同时，Flume提供对数据进行简单处理并写到各种数据接收方（可定制）的能力。

Oozie是基于Hadoop的调度器，以XML的形式写调度流程，可以调度Mr、Pig、Hive、shell、jar任务等。

Chukwa是一个开源的、用于监控大型分布式系统的数据收集系统。它构建在Hadoop的HDFS和MapReduce框架上，继承了Hadoop的可伸缩性和鲁棒性。Chukwa还包含了一个强大和灵活的工具集，可用于展示、监控和分析已收集的数据。

ZooKeeper是一个开放源码的分布式应用程序协调服务，是Google的Chubby一个开源的实现，是Hadoop和HBase的重要组件。它是一个为分布式应用提供一致性服务的软件，提供的功能包括配置维护、域名服务、分布式同步、组服务等。

Avro是一个数据序列化的系统。它可以提供丰富的数据结构类型、快速可压缩的二进制数据形式、存储持久数据的文件容器、远程过程调用RPC。

Mahout是Apache Software Foundation（ASF）支持的一个开源项目，可以帮助开发人员方便快捷地创建智能应用程序。Mahout包含聚类、分类、推荐过滤等许多可扩展机器学习领域经典算法的实现。除此之外，使用Apache Hadoop库可以有效地将Mahout扩展到云中。

5.3.2 Spark

谷歌的MapReduce和Hadoop的出现提供了对大型集群并行数据处理的工具。但是这些工具也存在一些不足，在不同的计算引擎之间进行资源的动态共享比较困难，迭代式计算性能比较差，只适合批处理，对关联数据的研究和复杂算法的分析效率低下。基于以上问题，加州大学伯克利分校 AMP 实验室推出了一个全新的统一大数据处理框架 Spark。为了克服在 Hadoop 平台上处理数据迭代性能差和数据共享困难等问题，Spark 提出了一个新的存储数据概念 RDD（一种新的抽象的弹性数据集）。RDD 的本质就是在并行计算的各个阶段进行有效的数据共享。RDD 是只读的、分区记录的集合。这些集合是弹性的，若数据集一部分丢失，则可依赖容错机制对它们进行重建。RDD 提供内存存储接口，使得数据存储和查询效率比 Hadoop 高很多。

与 Hadoop 的 MapReduce 相比，Spark 基于内存的运算要快 100 倍以上，而基于磁盘的运算也要快 10 倍以上，Spark 可以通过基于内存来高效处理数据流。

Spark 支持 Java、Python 和 Scala 的 API，使得用户可以快速构建不同的应用。Spark 可以用于批处理、交互式查询（通过 Spark SQL）、实时流处理（通过 Spark Streaming）、机器学习（通过 Spark MLlib）和图处理（通过 Spark GraphX）。Spark 还可以非常方便地与其他的开源产品进行融合。

Spark 高效处理分布数据集的特征使其有着很好的应用前景，现在四大 Hadoop 发行商 Cloudera、Pivotal、MapR 以及 Hortonworks 都提供了对 Spark 的支持。Spark 专注于数据的处理分析，而数据的存储还是要借助于 Hadoop 分布式文件系统 HDFS、AmazonS3 等来实现。因此，Spark 可以很好地实现与 Hadoop 生态系统的兼容，使得现有 Hadoop 应用程序可以非常容易地迁移到 Spark 系统中。

5.3.3 数据可视化

在大数据时代，数据容量和复杂性不断增加，可视化的需求越来越大。数据可视化是指将大型数据集中的数据以图形图像形式表示，并利用数据分析和开发工具发现其中未知信息的处理过程。其核心思想是，以单个图元素表示每一个数据项，大量的数据集则构成数据图像，同时以多维数据的形式表示数据的各个属性值，这样便可从不同的维度观察数据，从而可以更深入地观察和分析数据。

目前，在音乐、农业、复杂网络、数据挖掘、物流等诸多领域都有可视化技术的广泛应用，如互联网宇宙、标签云、历史流图。常见的可视化技术有信息可视化、数据可视化、知识可视化、科学计算可视化。典型的可视化工具包括 Easel. ly、D3、Tableau、魔镜、ECharts 等。

【思考与练习】

1. 常用的数据可视化工具有哪些？
2. 选用一种数据可视化工具练习制作图表。

5.4 大数据应用及发展前景

目前，国内阿里巴巴、华为、百度、腾讯等公司在大数据应用方面达到世界领先水平，涵盖了数据采集、数据存储、数据分析、数据可视化以及数据安全等领域。根据大数据分析预测未来、指导实践的深层次应用将成为发展重点。

5.4.1 大数据应用的三个层次

按照数据开发应用深入程度的不同，可将众多的大数据应用分为三个层次。

第一层次，描述性分析应用，是指从大数据中总结、抽取相关的信息和知识，帮助人们分析发生了什么，并呈现事物的发展历程。如美国的DOMO公司从其企业客户的各个信息系统中抽取、整合数据，再以统计图表等可视化形式，将数据蕴含的信息推送给不同岗位的业务人员和管理者，帮助其更好地了解企业现状，进而做出判断和决策。

第二层次，预测性分析应用，是指从大数据中分析事物之间的关联关系、发展模式等，并据此对事物发展的趋势进行预测。如微软公司纽约研究院研究员David Rothschild通过收集和分析赌博市场、好莱坞证券交易所、社交媒体用户发布的帖子等大量公开数据，建立预测模型，对多届奥斯卡奖项的归属进行预测。在2014年和2015年，均准确预测了奥斯卡共24个奖项中的21个，准确率达87.5%。

第三层次，指导性分析应用，是指在前两个层次的基础上，分析不同决策将导致的后果，并对决策进行指导和优化。如无人驾驶汽车分析高精度地图数据和海量的激光雷达、摄像头等传感器的实时感知数据，对车辆不同驾驶行为的后果进行预判，并据此指导车辆的自动驾驶。

5.4.2 大数据主要应用领域

近几年，移动互联网、云计算、物联网等的发展使得大数据在商业、金融、通信、医疗等行业的应用和发展不断深入，并引起广泛关注。这些领域大数据的应用直接深刻地影响着我们的生活、工作和学习。依靠大数据技术对由多种类型数据构成的数据集进行分析和研究，提取有价值的信息，能帮助人们在解决问题时进行科学决策。

1. 医疗行业

医疗行业是让大数据分析最先发扬光大的传统行业之一。医疗行业拥有大量的病例、病理报告、治疗方案、药物报告等。如果这些数据可以被整理和应用将会极大地帮助医生和病人。数目及种类众多的病菌、病毒以及肿瘤细胞都处于不断的进化的过程中。在诊断疾病时，疾病的确诊和治疗方案的确定是最困难的。在未来，借助于大数据平台，可以收集不同病例和治疗方案以及病人的基本特征，可以建立针对疾病特点的数据库。如果未来基因技术发展成熟，可以根据病人的基因序列特点进行分类，建立医疗行业的病人分类数据库。在医生诊断病人时可以参考病人的疾病特征、化验报告和检测报告，参考疾病数据库来快速帮助病人确诊，明确定位疾病。在制订治疗方案时，医生可以依据病人的基因特点，调取相似基因、年龄、人种、身体情况的有效治疗方案，制定出适合病人的治疗方案，帮助更多人及时进行治疗。同时，这些数据也有利于医药行业开发出更加有效的药物和医疗器械。

2. 金融行业

大数据在金融行业应用范围较广，典型的案例有花旗银行利用IBM沃森计算机为财富管理客户推荐产品；美国银行利用客户点击数据集为客户提供特色服务，如有竞争的信用额度；招商银行利用客户刷卡、存取款、电子银行转账、微信评论等行为数据进行分析，每周给客户发送针对性广告信息，里面有顾客可能感兴趣的产品和优惠信息等。可以总结为以下 5 个方面。

精准营销，依据客户消费习惯、地理位置、消费时间进行推荐。

风险管控，依据客户消费和现金流提供信用评级或融资支持，利用客户社交行为记录实施信用卡反欺诈。

决策支持，利用决策树技术进行抵押贷款管理，利用数据分析报告实施产业信贷风险控制。

效率提升，利用金融行业全局数据了解业务运营薄弱点，利用大数据技术加快内部数据处理速度。

产品设计，利用大数据计算技术为财富客户推荐产品，利用客户行为数据设计满足客户需求的金融产品。

3. 教育教学

在课堂上，数据不仅可以帮助改善教育教学，在重大教育决策制定和教育改革方面，大数据更有用武之地。利用数据来诊断处在辍学危险期的学生，探索教育开支与学生学习成绩提升的关系，探索学生缺课与成绩的关系。例如，数据分析显示，在语文成绩上，教师高考分数和学生成绩呈现显著的正相关。也就是说，教师的高考成绩与他们现在所教语文课上的学生学习成绩有很明显的关系，教师的高考成绩越好，学生的语文成绩也越好。教师高考成绩高低某种程度上是教师的某个特点在起作用，而正是这个特点对教好学生起着至关重要的作用，教师的高考分数可以作为挑选教师的一个指标。如果有了充分的数据，便可以发掘更多的教师特征和学生成绩之间的关系，从而为挑选教师提供更好的参考。

大数据还可以帮助家长和教师甄别出孩子的学习差距和有效的学习方法。例如，开发出一种预测评估工具，帮助学生评估他们已有的知识和达标测验所需程度的差距，进而指出学生有待提高的地方。评估工具可以让教师跟踪学生的学习情况，从而找到学生的学习特点和方法。有些学生适合按部就班，有些则更适合图式信息和整合信息的非线性学习。这些都可以通过大数据搜集和分析很快识别出来，从而为教育教学提供坚实的依据。

在国内尤其是北京、上海、广东等地区，大数据在教育领域就已有了非常多的应用，如慕课、在线课程、翻转课堂等，其中就应用了大量的大数据工具。

【相关拓展】大数据在新冠疫情期间的应用（节选自《第一财经》2020 年第 3 期）

新冠疫情像是一场突如其来的大考，政府对大型突发公共卫生事件的应急能力摊开在大众面前，而效率是其中的关键。工信部组织行业专家开展大数据咨询，建立了疫情电信大数据分析模型，统计全国特别是武汉市和湖北省等地区的人员向不同城市的流动情况，从而帮助预判疫情传播趋势、提升各地疫情防控工作效率。

中国移动、中国联通、中国电信 3 家运营商都实际参与了工信部的大数据咨询。3 家运营商在疫情期间每天向上报送数据统计报告，他们掌握的人口迁徙大数据人群覆盖率高，具有时空连续性的特点，便于轨迹追踪。除此之外，百度、腾讯、阿里巴巴等互联网公司基于 App 定位系统所获取的用户位置信息，也可以帮助判断整体的人口流动方向。从武汉出发前往湖北省内其他城市的人群比例如图 5-4-1 所示（数据来源：百度地图慧眼百度迁徙，统计时间为 2020 年 1 月 10 日至 2020 年 1 月 22 日）。

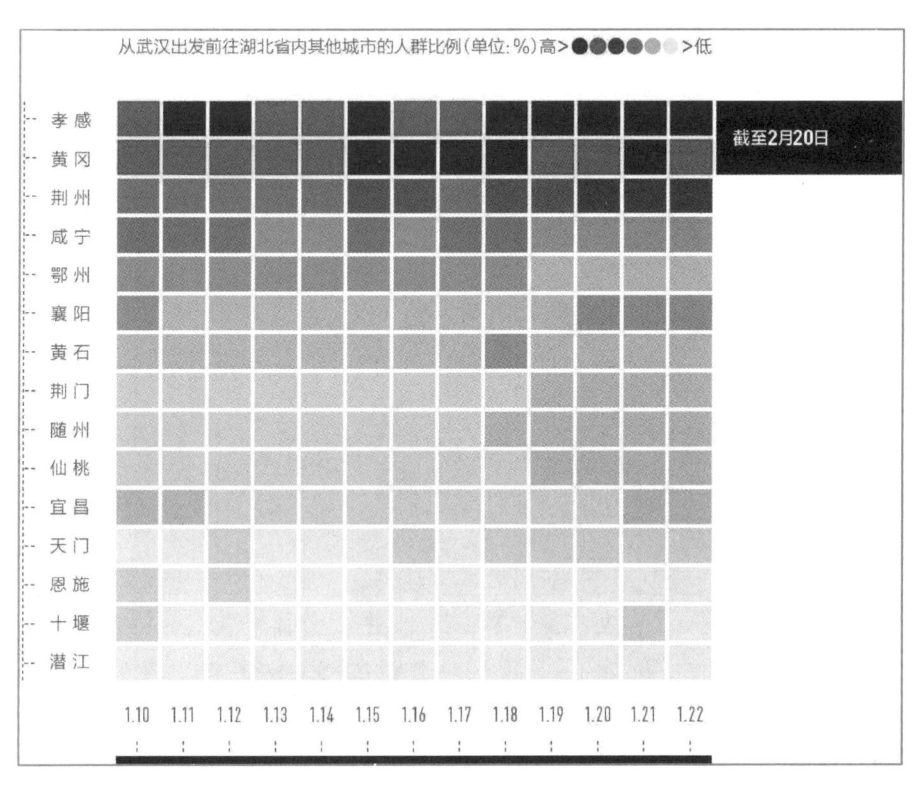

图 5-4-1 从武汉出发前往湖北省内其他城市的人群比例

在 1 月 17 日左右，中国联通旗下的大数据机构智慧足迹就开始着手分析人口迁徙方面的数据，并向相关政府部门上报大数据专题。

武汉“封城”之后，联通智慧足迹大数据显示，当天流出的用户量呈现断崖式下跌，下降近一半。“封城”第二天，离开武汉的人口数接近冰点，武汉“封城”前后人群迁徙情况如图 5-4-2 所示（数据来源：联通智慧足迹，统计时间为 2020 年 1 月 10 日至 2020 年 1 月 29 日）。从大数据的表现来看，武汉的“封城”效果是显著的。

联通智慧足迹建立了一个密切接触者的分析模型，根据个人信息脱敏的确诊人群样本活动路径，去计算可能的密切接触者，从而判断可能产生的新的高风险区域。这能为社区级疫情防控提供支撑。

除了为政府部门防控提供支持，基于这项算法，联通智慧足迹还推出了面向公众的疫情风险预测平台。产品为城市中的各个小区打上“轻微”“偏低”“中低”“中高”“偏高”5 个风险等级，公众可以查询各个小区的风险等级。它和腾讯、第一财经等机构制作的疫情查询地图类似，目的是让公众预知风险。

除此之外，航空、铁路的实名旅客大数据也能帮助各个城市的防控前线部门，更快找到疫情高发区返回人员。温州市经开区某村村主任每天都会收到一份由市里统一下发的武汉返回温州人员名单。这份名单的数据直接和民航系统、铁路系统打通，汇总了每天从武汉返回温州的

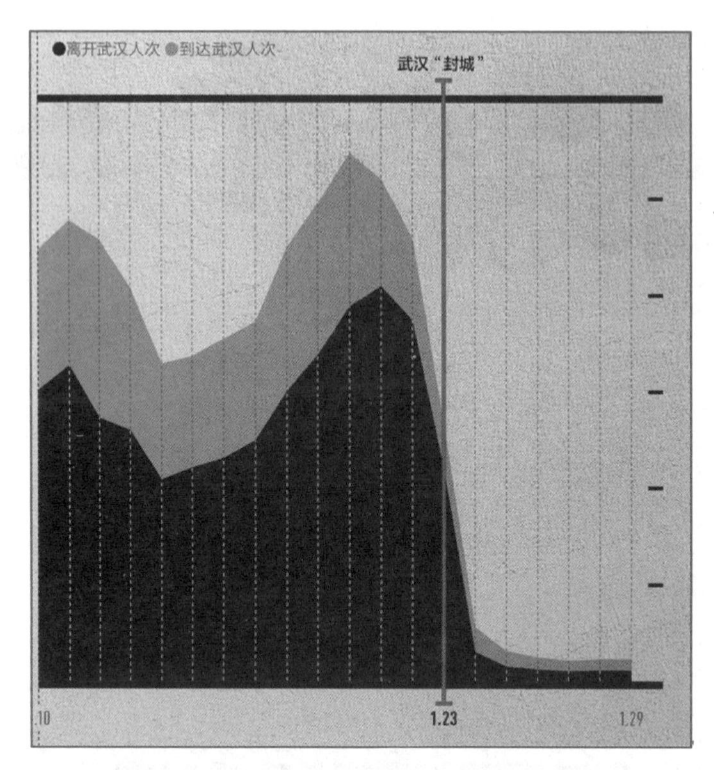

图 5-4-2　武汉“封城”前后人群迁徙情况

人员情况，从市里层层下发到区、街道、村一级的行政单位。村里拿到这份名单后，会先电话联系名单上的人员，确认他们的出行情况。2020 年与 2019 年同期城市内部人群出行强度比较如图 5-4-3 所示（数据来源：百度地图慧眼百度迁徙，统计时间为 2019 年及 2020 年 1 月 12 日至 2 月 12 日）。

启信宝从大年初三即 1 月 27 日开始介入，主要围绕企业信息数据做分析和研发，重点梳理了生产前线紧缺医疗防护物资的企业信息。启信宝给上海市经济和信息化委员会提供了一份防护服、消毒喷雾、医用酒精和红外线体温计这四大类生产企业的列表，详细地梳理了这些企业的区块分布、企业规模以及联系方式等信息。

以往情况下，政府在整理一份医疗防护物资生产企业名单时，需要花费不少的人力和时间排查。启信宝提供的企业名单实际上加快了政策决策时间。

上海市经信委通过名单能快速梳理产能，制定企业补贴政策和专项扶持，尽早让企业恢复生产。在实际政策执行期间，也能根据这份名单，及时核实申报的企业信息。

对政府来说，大数据支撑了疫情期间大大小小的决策。对公众来说，大数据的相关产品提供了疫情警示。

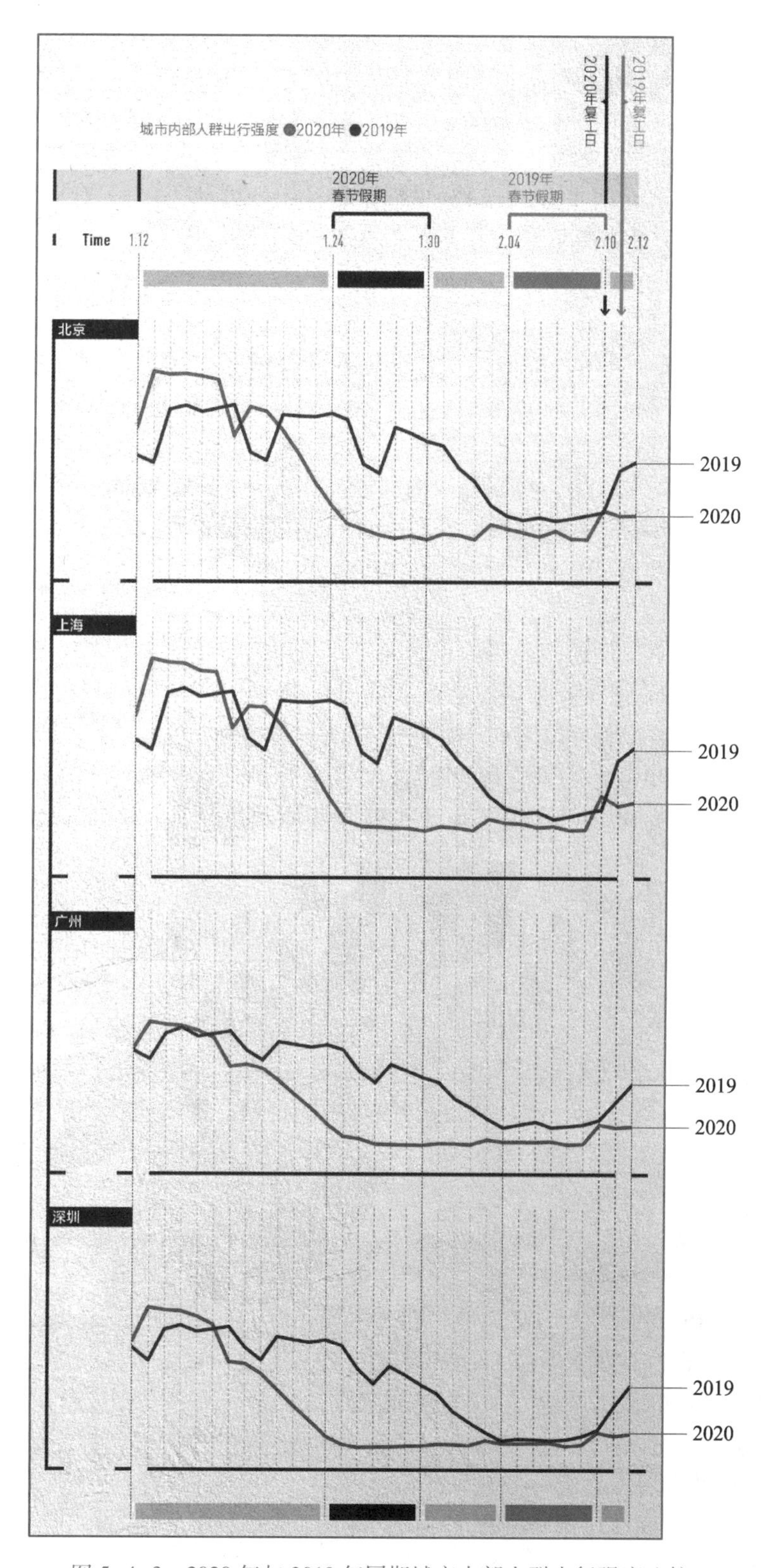

图 5-4-3　2020 年与 2019 年同期城市内部人群出行强度比较

5.4.3 大数据发展存在的问题

1. 容量问题

这里所说的“大容量”通常可达到PB级的数据规模，因此，海量数据存储系统也一定要有相应等级的扩展能力。与此同时，存储系统的扩展一定要简便，可以通过增加模块或磁盘柜来增加容量，甚至不需要停机。

2. 延迟问题

“大数据”应用还存在实时性的问题。特别是涉及与网上交易或者金融类相关的应用。有很多“大数据”应用环境需要较高的IOPS性能，如HPC高性能计算。此外，服务器虚拟化的普及也导致了对高IOPS的需求，正如它改变了传统IT环境一样。为了迎接这些挑战，各种模式的固态存储设备应运而生，小到在服务器内部做高速缓存，大到全固态介质可扩展存储系统通过高性能闪存存储，自动、智能地对热点数据进行读/写高速缓存的LSI Nytro系列产品等都在蓬勃发展。

3. 安全问题

某些特殊行业的应用，例如，金融数据、医疗信息以及政府情报等都有自己的安全标准和保密性需求。虽然对于IT管理者来说这些并没有什么不同，而且都是必须遵从的，但是，大数据分析往往需要多类数据相互参考，而在过去并不会有这种数据混合访问的情况，大数据应用催生出一些新的、需要考虑的安全性问题，这就充分体现出利用基于DuraClas技术的LSI SandForce闪存处理器的优势了，实现了企业级闪存性能和可靠性，实现简单、透明的应用加速，既安全又方便。

4. 数据的积累

许多大数据应用都会涉及法规遵从问题，这些法规通常要求数据保存几年或者几十年。例如，医疗信息通常是为了保证患者的生命安全，而财务信息通常要保存7年。而有些使用大数据存储的用户却希望数据能够保存更长的时间，因为任何数据都是历史记录的一部分，而且数据的分析大都是基于时间段进行的。要实现长期的数据保存，就要求存储厂商开发出能够持续进行数据一致性检测的功能以及其他保证长期高可用的特性。同时还要实现数据直接在原位更新的功能。

5. 人才的需求

大数据时代，需要大量的大数据人才，目前还不足以满足强大的市场需求，尤其是在大数据分析方面的资深人才和技术支持人才，大数据技术人才面临短缺局面。

大数据广泛使用的同时，不可避免地存在一系列问题，如数据信息被盗窃、数据处理速度不能满足数据量的增长。纵观大数据目前的发展趋势，克服大数据带来的负面因素，推动大数据背景下的产业创新已经成为社会发展的必然趋势。

【思考与练习】

1. 未来大数据的发展存在哪些问题？
2. 你感受到的大数据应用有哪些？

习题

一、选择题

1. 2009 年，Google 公司分析了美国人最频繁检索的 5 000 万条词汇，将之和美国疾病中心 2003—2008 年季节性流感传播时期的数据进行比较，并建立了一个特定的数学模型。最终，Google 公司用这个数学模型成功预测了 2009 年甲型 H1N1 流感的传播，甚至可以具体到特定的地区和州。这主要体现了（　　）的应用。

A. 大数据　　B. 云计算
C. 物联网　　D. 电子商务

2. 2011 年，（　　）发布《大数据：创新、竞争和生产力的下一个新领域》报告，大数据开始备受关注。

A. 微软公司　　B. 百度公司
C. 麦肯锡公司　　D. 阿里巴巴公司

3. 大数据的特性不包括（　　）。

A. 分布地域广　　B. 速度快
C. 容量大　　D. 价值密度低

4. 大数据起源于（　　）。

A. 金融　　B. 电信
C. 互联网　　D. 公共管理

5. 大数据时代，数据使用的关键是（　　）。

A. 数据收集　　B. 数据存储
C. 数据分析　　D. 数据再利用

6. 大数据展现和应用包含大数据检索、（　　）、大数据应用、大数据安全等。

A. 大数据可视化　　B. 大数据挖掘
C. 大数据采集　　D. 大数据结构化重建

7. 下面不适用于大数据的技术是（　　）。

A. 云计算机平台　　B. 分布式数据库
C. 数据挖掘　　D. 用户行为预测

8. 下面不属于大数据发展趋势的是（　　）。

A. 数据资源化　　B. 与计算深度结合
C. 数据生态系统复合化程序加强　　D. 数据泄露得到遏制

二、填空题

1. 大数据包括结构化、半结构化和非结构化数据，__________数据越来越成为数据的主要部分。

2. 大数据的最显著特征是__________ 。

3. 推荐系统由______ 、分析和推荐三部分组成。

第 6 章

物联网

物联网（Internet of things，IoT）即“万物相连的互联网”，是在互联网基础上延伸和扩展的网络，是将各种信息传感设备与互联网结合起来而形成的一个巨大网络，能够实现在任何时间、任何地点，人、机、物的互联互通。

物联网是新一代信息技术的重要组成部分，在 IT 行业又叫泛互联，意指物物相连。由此，“物联网就是物物相连的互联网”。这有两层意思：第一，物联网的核心和基础仍然是互联网，是在互联网基础上延伸和扩展的网络；第二，其用户端延伸和扩展到了任何物品与物品之间，进行信息交换和通信。本章将介绍物联网的初步认识、基本技术及应用举例，为读者深入了解物联网打下基础。

6.1 初识物联网

6.1.1 物联网的起源与发展

物联网概念最早出现于1991年，美国麻省理工学院的Kevin Ashton教授首次提出物联网的概念。

1995年，比尔·盖茨在《未来之路》一书中也已经提及物联网概念，只是当时受限于无线网络、硬件及传感设备的发展，并未引起世人的重视。1998年，美国麻省理工学院创造性地提出了当时被称作EPC系统的“物联网”的构想。1999年，麻省理工学院建立了自动识别中心（Auto-ID），提出“万物皆可通过网络互联”，阐述了物联网的基本含义。过去在中国，物联网被称为传感网。中国科学院早在1999年就启动了传感网的研究，并已取得了一些科研成果，建立了一些适用的传感网。同年，在美国召开的移动计算和网络国际会议提出了“传感网是下一个世纪人类面临的又一个发展机遇”。2003年，美国《技术评论》提出传感网络技术将是未来改变人们生活的十大技术之首。2005年11月17日，在突尼斯举行的信息社会世界峰会（WSIS）上，国际电信联盟（ITU）发布了《ITU互联网报告2005：物联网》，正式提出了“物联网”的概念。该报告对物联网的概念进行了扩展，提出物品的3A化互联，即任何时刻（any time）、任何地点（any where）、任何物体（any thing）之间的互联，这极大地丰富了物联网概念所包含的内容，涉及的技术领域也从RFID技术扩展到传感器技术、纳米技术、智能嵌入技术、智能控制技术、泛在通信技术等。2007年，美国率先在马萨诸塞州剑桥城打造全球第一个全城无线传感网。2009年，奥巴马与美国工商业领袖举行了一次圆桌会议，会议上IBM首席执行官彭明盛先生提出“智慧地球”的概念，建议新政府投资新一代的智慧型基础设施建设，奥巴马政府对此给予了积极的回应。

此外，全球范围内许多国家，尤其是发达国家都非常重视物联网技术的发展。

我国政府对物联网的研究和发展也高度重视。早在1999年，中国科学院就启动了物联网的研究，当时被称作传感网。2009年，温家宝总理向首都科技界发表了题为《让科技引领中国可持续发展》的讲话，指出要着力突破传感网、物联网等关键技术，大力发展物联网产业将成为今后我国具有国家战略意义的重要决策。2009年8月7日，温家宝总理在无锡高新微纳传感网工程技术研发中心视察并发表重要讲话，提出了“感知中国”的理念。“感知中国”是中国发展物联网的一种形象称呼，就是中国的物联网，即通过在物体上植入各种微型感应芯片使其智能化，然后借助无线网络，实现人和物体“对话”，物体和物体之间“交流”。2010年，教育部设立物联网工程本科新专业。2011年3月，《物联网“十二五”发展规划》正式出台，明确指出物联网发展的九大领域，目标是到2015年，我国要初步完成物联网产业体系构建。2014年6月，工业和信息化部印发《工业和信息化部2014年物联网工作要点》，为物联网发展提供了有序指引。2015年3月5日，李克强总理在全国两会上做《政府工作报告》时首次提出“中国制造2025”的宏大计划，加快推进制造产业升级。2016年，《中华人民共和国国民经济和社会发展第十三个五年规划纲要》明确提出“发展物联网开环应用”。2017年，工业和信息化部发布《关于全面推进移动物联网（NB-IoT）建设发展的通知》，提出建设广覆盖、大连接、低功耗移动物联网（NB-IoT）基础设施，发展基于NB-IoT技术的应用；国务院发布《关于深化“互联网+先进制造业”发展工业互联网的指导意见》，提出以先导性应用为引领，组织开展创新应用示范，逐渐探索工业物联网的实施路径和应用模式。

物联网可以广泛应用于经济社会发展的各个领域，引发和带动生产力、生产方式和生活方式的深刻变革，成为经济社会绿色、智能、可持续发展的关键基础和重要引擎。物联网可应用于农业生产、管理和农产品加工，打造信息化农业产业链，从而实现农业的现代化。物联网工业应用可以持续提升工业控制能力与管理水平，实现柔性制造、绿色制造、智能制造和精益生产，推动工业转型升级。另一方面，尽管物联网应用前景广阔，但物联网的发展绝不是一蹴而就的，在这个过程中必然面临很多障碍和挑战。

6.1.2 物联网的定义

尽管物联网经过多年发展，但物联网的确切定义尚未统一。一是由于物联网的理论体系尚未完全建立，对其认识还不够深入，还不能透过现象看出本质；二是由于物联网与互联网、移动通信网等都有密切关系，不同领域的研究者对物联网思考所基于的出发点和落脚点各异，短期内还无法达成共识。

物联网（Internet of things）的定义很简单：把所有物品通过射频识别等信息传感设备与互联网连接起来，实现智能化识别和管理。

也可以说，物联网是通过部署具有一定感知、计算、执行和通信能力的各种设备，获得物理世界的信息，通过网络实现信息的传输、协同和处理，从而实现人与物、物与物之间信息交换的互联的网络。

通过物联网的概念可知，物联网包含以下4方面内容：一是多样化感知，即感知设备多样化，包括传统的温湿度压力、流量位置传感器，新型的智能传感器，以支持物理世界数字化和人员位置的标定；二是电子化身份，即利用电子标签、二维码、视觉和声音进行身份标识，方便信息化系统构建和使用，以支持人员身份识别与跟踪；三是多模式通信，包括各种无线和有线通信手段；四是智能化管理，支持感知数据的深度分析和可视化，方便对物理世界和信息世界进行有效监控和管理。

与传统互联网相比，物联网具备全面感知、可靠传输和智能处理这三个主要特征。

1. 全面感知

全面感知是指利用无线射频识别（RFID）、传感器、定位器和二维码等手段随时随地对物体进行信息采集和获取。全面感知解决的是人对物理世界的数据获取问题，这一特征相当于人的五官和皮肤，其主要功能是识别物体、采集信息，其技术手段是利用条码、射频识别、传感器、摄像头等各种感知设备对物品的信息进行采集获取。物联网“全面感知”这一特征，即将各个传感器采集到的信息进行综合分析和科学判定，最终给出一个全面的结论。

在“全面感知”这一特征中所涉及的技术有物品编码、自动识别和传感器技术。物品编码，即给每一个物品一个“身份”，能够唯一地标识该物体，就像公民的身份证。自动识别，即使用识别装置靠近物品，自动获取识别物品的相关信息。传感器技术用于感知物品，通过在物品上植入感应芯片使其智能化，可以采集到物品的温度、湿度、压力等各项信息。

2. 可靠传输

“可靠传输”是指通过各种电信网络和因特网融合，对接收到的感知信息进行实时远程传送，实现信息的交互和共享，并进行各种有效的处理。

物联网的主要通信技术包括近距离的无线通信技术、移动通信技术，远距离卫星通信技术以及以太网通信技术。

近距离的无线通信技术通过无线局域网、无线个域网等通信技术将传感器、RFID 以及手机的移动感知设备的感知数据进行汇聚，并通过网关传输到上端网络。最常见的近距离无线通信技术主要包括 Wi-Fi、蓝牙、ZigBee、红外等。远距离的无线通信技术通常用于偏远山区、岛屿等有线通信设施可能无法敷设的区域。在地域条件、费用等因素影响的情况下，人员、车辆等移动对象的实时通信需求，使得远距离无线通信技术与因特网技术相结合成为承载物联网的一个有力的支撑。常见的远距离无线通信技术包括卫星、微波、移动通信技术等。有线通信技术包括局域网、城域网、广域网的组网技术，主要的通信媒介包括双绞线、光纤等。

目前，物联网上的无线设备数量迅速增加，规模如此庞大的物与人之间如何实现智能连接？在 Wi-Fi、ZigBee、蓝牙和 NFC 等众多短距离无线方案中，Wi-Fi 扮演着重要的角色，成为目前物联网应用最广泛的一项技术。

3. 智能处理

智能处理是指利用模糊识别、云计算等各种智能计算技术，对随时接收到的跨行业、跨地域、跨部门的海量信息和数据进行分析处理，提升对经济社会各种活动、物理世界和变化的洞察力，实现智能化的决策和控制。

6.1.3 物联网的体系结构

网络体系结构主要研究网络的组成部件以及这些部件之间的关系，物联网体系结构与传统网络系统结构一样，也可采用分层网络体系结构来描述。物联网的 4 层体系结构，从下到上依次是感知识别层、网络层、平台服务层、应用服务层，如图 6-1-1 所示。

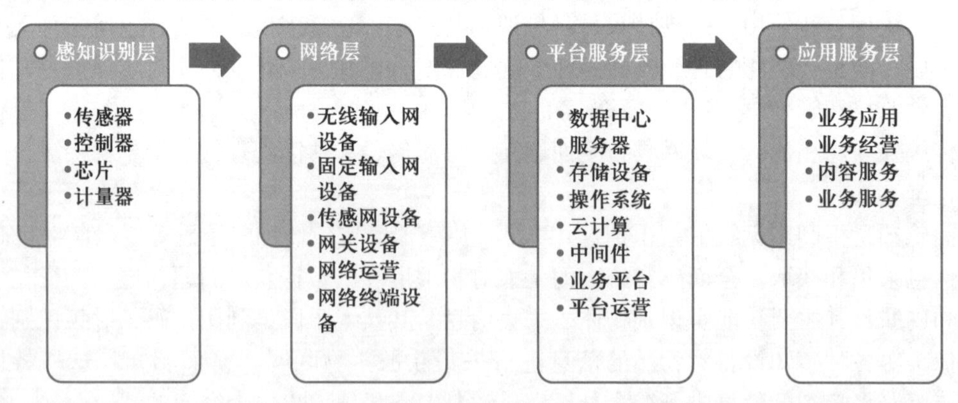

图 6-1-1　物联网 4 层体系结构图

1. 感知识别层

感知识别层位于物联网 4 层模型的底层，是所有上层结构的基础。感知识别层是物联网感知世界的"触手"，包括大量信息生成设备，既包括自动信息生成设备，也包括人工信息生成设备。通过从传感器、计量器等器件获取环境、资产或者运营状态信息，在进行适当的处理之后，通过传感器传输网关将数据传递出去；同时通过传感器接收网关接收控制指令信息，在本地传递给控制器件，达到控制资产、设备及运营的目的。

感知识别层的常用设备有 RFID 标签和读写器、二维码标签和识读器、摄像头、GPS 等，如图 6-1-2 所示，其主要作用是识别物体、采集信息，与人体结构中皮肤和五官的作用相似。物联网感知识别层解决的就是人类世界对物理世界的数据获取问题。

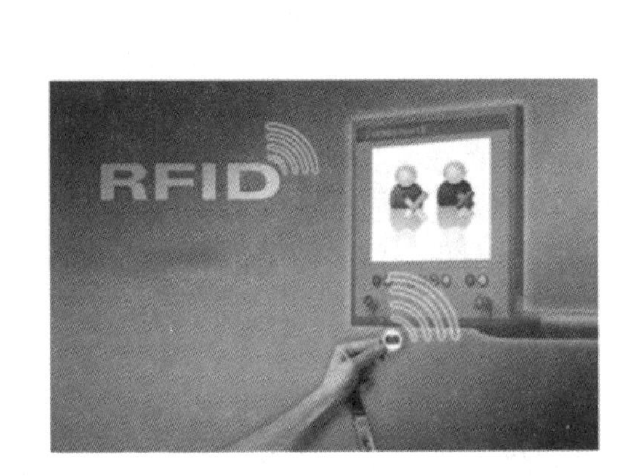

图 6-1-2　多种多样的感知设备

感知识别层的技术包括传感器技术、RFID 技术、二维码技术、ZigBee 技术、蓝牙等。

2. 网络层

网络层在物联网 4 层模型中连接感知识别层和平台服务层，具有强大的纽带功能，高效、稳定、即时、安全地传输上下层数据。其通过公网或者专网以无线或者有线的通信方式将信息、数据与指令在感知识别层、平台服务层、应用服务层之间传递，主要由运营商提供的各种广域 IP 通信网络组成，包括 ATM、xDSL、光纤等有线网络以及 GPRS、3G、4G、NB-IoT 等移动通信网络。

3. 平台服务层

物联网平台是物联网网络架构和产业链条中的重要环节，是物联网智慧的源泉。人们通常把应用物联网技术冠以"智能"的名称，如智能电网、智能交通、智能物流等，其中的智慧就来自这一层。当感知识别层生成的大量信息经过网络层传输汇聚到平台服务层，由平台服务层来完成有效的利用与整合。通过它不仅实现对终端设备和资产的"管、控、营"一体化，向下连接感知识别层，向上面向应用服务提供商提供应用开发能力和统一接口，并为各行各业提供通用的服务能力，如数据路由、数据处理与挖掘、仿真与优化、业务流程和应用整合、通信管理、应用开发、设备维护服务等。

4. 应用服务层

物联网的最终目标是丰富的应用，未来基于政府、企业、消费者三类群体将衍生出多样化的物联网应用，创造巨大的社会价值。根据企业业务需要，在平台服务层之上建立相关的物联网应用，例如，城市交通情况的分析与预测，城市资产状态监控与分析，环境状态监控、分析与预警（如风力、雨量、滑坡），健康状况监测与医疗方案建议等。

6.1.4 物联网未来的发展趋势

独立程序化操作的自动化空调、洗衣机、电视机和各种智能化建筑，电子行业及建筑行业都将是未来物联网发展应该切入的起点和重点。对科技界来说，是第三次信息革命；对商家来说，是无所不在的电子商务；对电信运营商来说，是产业融合带来的信息化应用；对企业来说，是产值上千亿元的“蛋糕”。社会各界对物联网的理解各有不同，说明它的应用范围广泛，挖掘物联网的价值，以电子与建筑行业为切入点，产业链合力做多是未来的发展趋势。

物联网的发展尽管处于各自为战的状态，但技术的成熟度为物联网的快速发展提供了物质基础。目前，电子元器件技术作为传感网发展的基础，工艺已经成熟，且价格便宜，已经得到普及。另外，物联网的产业分工也非常明确，有专门做电子标签和射频识别的企业，也有专门做各种传感元器件的企业等。随着物联网发展的推动，诸多产业链上的企业生产的产品将越来越多地被凝聚在一起，应用将由分散走向统一。电信运营商作为产业链中的重要参与者，将为应用的推广和整合起到非常重要的作用。

达到覆盖全球、万物互联的理想状态是物联网的最终目标，物联网的各个局部网应用可先各自发展，最后形成一个事实的标准，从小网联成中网，再联成大网，逐渐解决遇到的各种问题。届时，物联网的产业链几乎可以包容现在信息技术和信息产业相关的各个领域。

【思考与练习】

1. 物联网与互联网的区别与联系是什么？
2. 为什么说物联网推动了第四次工业革命？
3. 未来物联网发展存在哪些问题？

6.2 物联网关键技术

6.2.1 RFID 技术

RFID 技术作为物联网的重要一员，已发展多年，并在众多的领域中应用。RFID 具有识别环境适应性强、阅读距离远、设备体积小、传输信息量大等优点，可广泛应用于各个行业，如零售、物流、国防等。

1. RFID 技术简介

RFID（radio frequency identification，无线射频识别，俗称电子标签），是一种通信技术，可通过无线电信号识别特定目标并读写相关数据，不需要识别系统与特定目标之间建立机械或光学接触。

带有RFID电子标签的物品经过读写器时，电子标签被读写器激活，并通过无线电波将标签中携带的信息传送到读写器以及计算机系统，完成信息的自动采集工作，计算机应用系统则会根据需要进行相应的信息控制和处理工作。识别工作无须人工干预，可工作于各种恶劣环境。

RFID是继条形码技术之后，变革物流配送、产品跟踪管理模式及商品零售结算的一项新技术。RFID系统主要由RFID标签、RFID读写器、计算机系统及应用组成。RFID系统结构如图6-2-1所示。

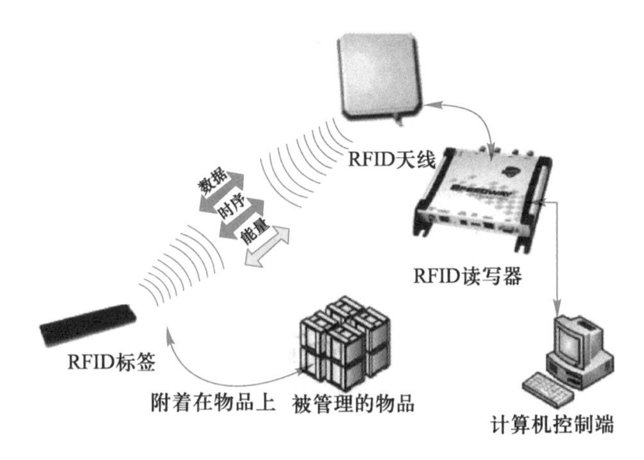

图6-2-1　RFID系统结构图

2. RFID的分类

RFID的分类有多种方式，可以按电子标签工作频率、供电方式、应用范围、数据读写类型等进行分类。

（1）按电子标签工作频率分类

按电子标签工作频率的不同，RFID通常可分为低频、中频和高频系统。

低频系统的标签的特点是成本低，形状多样，同时数据量保存比较少，而且阅读距离相对较短，阅读天线缺乏稳定有效方向，因此主要适用于门禁系统等对技术要求相对不高的环境。

中频系统的标签内存数量比较大，阅读速度中等，但是其标签以及阅读器的成本比较高，同时阅读天线缺乏较强的方向性，因此适合运用于门禁系统以及智能卡的工作环境。

高频系统的标签内存进一步增大，阅读距离比较远而且阅读速度很快，缺点是标签和阅读器的成本很高，目前主要运用于火车车厢监视以及零售系统。

（2）按供电方式分类

按供电方式的不同，RFID可分为无源标签（passive tag）、半有源标签（semi-passive tag）和有源标签（active tag）三种。

无源标签不含电池，它接收到读写器发出的微波信号后，利用读写器发射的电磁波提供能量。无源标签的特点是重量轻、体积小、寿命长、较便宜，而且不需要维护，但阅读距离受到读写器发射能量和标签芯片功能等因素限制。

半有源标签内带有电池，但电池仅为标签内需维持数据的电路或远距离工作时供电，电池能量消耗很少。

有源标签工作需要的能量全部由标签内部电池供应，而且它可用自身的射频能量主动发送数据给读写器，阅读距离很远，可以达到30米，缺点是寿命有限，价格昂贵。

（3）按应用范围分类

按应用范围的不同，RFID可以分为闭环和开环。

闭环主要指在企业内部的应用，类似企业的内部网，不和外界产生联系。

开环是指符合国际标准的大规模应用，简单来说就是用户购买标签并附着在物品上，接着将这些标记物品交付给另外一个用户的应用场景。

（4）按数据读写类型分类

根据数据读写类型的不同，RFID可分为只读式RFID标签与读写式RFID标签。

只读式RFID标签的内容只可读出不可写入。只读式RFID标签又可以进一步分为只读标签、一次性编程只读标签与可重复编程只读标签。

只读标签的内容在标签出厂时已经被写入，在读写器识别过程中只能读出不能写入，只读标签内部使用的是只读存储器（ROM），只读标签属于标签生产厂商受客户委托定制的一类标签。

一次性编程只读标签的内容不是在出厂之前写入，而是在使用前通过编程写入，在读写器识别过程中只能读出不能写入；一次性编程只读标签内部使用的是可编程序只读存储器（PROM）、可编程阵列逻辑（PAL）；一次性编程只读标签可以通过标签编码/打印机写入商品信息。

可重复编程只读标签的内容经过擦除后，可以重新编程写入，但是在读写器识别过程中只能读出不能写入；可重复编程只读标签内部使用的是可擦除可编程只读存储器（EPROM）或通用阵列逻辑（GAL）。

读写式RFID标签的内容在识别过程中可以被读写器读出，也可以被读写器写入；读写式RFID标签内部使用的是随机存取存储器（RAM）或电可擦可编程只读存储器（EEROM）。

有些标签有2个或2个以上的内存块，读写器可以分别对不同的内存块编程写入内容。

3. RFID技术的应用

RFID技术经历几十年的发展应用，技术本身已经非常成熟，在日常生活中随处可见，借助RFID标签的唯一性、高安全性、易验证性和保存周期长的特点，其伴随商品生产、流通、使用各个环节，记录商品各项信息。RFID技术的典型应用范围有交通领域、医疗领域、防伪技术领域、物流领域、安全防护领域、管理与数据统计领域。

（1）交通领域

在高速公路发达的国家中，收费站通常既有半自动收费车道，又有不停车收费车道。在今后很长一段时间内，半自动收费方式尤其是磁卡（IC卡）收费方式，仍将长期存在并发挥重要作用。

（2）医疗领域

兴华提供的RFID药物输送及安全解决方案，成功支持北京协和医院药物信息系统正式上线，在用药安全、特殊药物输送以及库存管理等方面真正建立起信息网络化管理模式。

（3）物流领域

物流系统一般分为4个环节，即入库、库存管理、出库、运输，但RFID物流系统使用RFID标签作为依托，所以RFID标签在商品生产过程中的嵌入显得尤为重要，RFID物流系统中非常关键的一步就是把RFID标签在生产环节中嵌入。

（4）安全防护领域

在中国城市汽车的保有量迅速增加的情况下，车辆的管理已成为一个难题。如何对车辆进行识别是对车辆进行有效管理的核心问题。射频识别技术的门禁系统，将RFID技术应用于门禁的管理，可以有效地实现对车辆快速可靠的识别，使安防中门禁管理实现智能化、高效化。

纵观全球RFID产业，我国已经在高频应用领域占据了世界前列的位置，形成了从芯片设计、制造、封装和读写器设计、制造到应用的成熟的产业链。

4. RFID发展趋势

近年来，为提高企业经济效益、改善人们的生活质量、加强公共安全以及提高社会信息化水平，我国已经将RFID技术应用于身份证和票证管理、铁路车号识别、公共交通、动物标识、特种设备与危险品管理以及生产过程管理等多个领域。

就技术而言，在未来的几年中，RFID技术将继续保持高速发展的势头。电子标签、读写器、系统集成软件、标准化等方面都将取得新的进展。随着关键技术的不断进步，RFID产品的种类将越来越丰富，应用和衍生的增值服务也将越来越广泛。

（1）生物特征识别将成为RFID关键技术

随着嵌入式人脸识别技术的成熟，生物特征识别技术被列为21世纪对人类社会带来革命性影响的十大技术之一。近几年来，国内外已开发应用了人脸识别、掌形识别、声音识别、签字识别、指纹识别、眼虹膜识别等人体生物特征的鉴别技术。这两年，生物识别技术已部分应用到安全、海关、金融、军事、机场、安防等多个重要行业及领域，同时应用到智能门禁、考勤等民用市场。

（2）标签产品多样化

RFID芯片设计与制造技术的发展趋势是芯片功耗更低，作用距离更远，读写速度与可靠性更高，成本不断降低。芯片技术将与应用系统整体解决方案紧密结合。

（3）RFID安全性不断增强

当前广泛使用的RFID系统尚无可靠安全机制，难以对数据进行很好的保密。因此不少RFID开发服务商正全面投入研究，研究和应用强大的密码、编码、身份认证等技术。今后若想对RFID进行破坏、克隆将会非常困难。同时，未来有关RFID的法律将制定实施，RFID数据将会日益受到法律的保护。

（4）与其他产业融合

RFID技术将与条码、生物识别等自动识别技术以及通信、互联网、传感网络等信息技术融合，构建一个无所不在的网络环境。海量RFID信息传输、处理和安全对RFID的系统集成和应用技术提出了新的挑战。RFID系统集成软件将向智能化、嵌入式、可重组方向发展，通过构建RFID公共服务体系，将使RFID信息资源的组织、管理和利用更为深入和广泛。

6.2.2 传感器技术

传感器技术是物联网的基础技术之一，处于物联网体系结构的感知识别层。

传感器是一种能把特定的被测信号，按一定规律转换成某种可用信号输出的器件或装置，以满足信息的传输、处理、记录、显示和控制等要求。

传感器转换后的信号大多为电信号。因而从狭义上讲，传感器是把外界输入的非电物理量转换成电信号的装置。

1. 传感器的组成

国家标准 GB/T 7665—2005 对传感器下的定义是："能感受被测量并按照一定的规律转换成可用输出信号的器件或装置，通常由敏感元件和转换元件组成"。传感器的组成如图 6-2-2 所示。

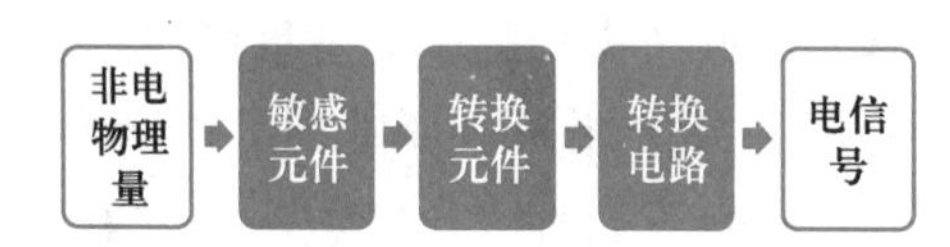

图 6-2-2　传感器的组成

敏感元件直接感受被测物理量，并对被测量进行转换输出。转换元件将敏感元件的输出转换成便于传输和测量的电参量或电信号。

传感器中通常还包括辅助电源，辅助电源为转换电路和转换元件提供稳定的工作电源。转换电路则对转换元件输出的信号进行放大、滤波、运算、调制等，以便于实现远距离传输、显示、记录和控制。

2. 传感器技术的分类

传感器的种类非常多，可根据能量关系、工作机理、输出信号等分门别类。

（1）按能量关系分类

按能量关系可分为能量转换型传感器和能量控制型传感器。能量转换型传感器直接将被测量转换为电信号（电压等）。例如，热电偶传感器、压电式传感器。能量控制型传感器是先将被测量转换为电参量（电阻等），在外部辅助电源作用下才能输出电信号。例如，应变式传感器、电容式传感器。

（2）按工作机理分类

按工作机理可分为结构型传感器和物性型传感器。结构型传感器是基于某种敏感元件的结构形状或几何尺寸（如厚度、位置等）的变化来感受被测量。例如，电容式压力传感器，当被测压力作用在电容器的动极板上时，电容器的动极板发生位移导致电容发生变化。物性型传感器是利用某些功能材料本身具有的内在特性及效应来感受被测量。例如，利用石英晶体的压电效应的压电式压力传感器。

（3）按输出信号分类

按输出信号可分为模拟型传感器和数字型传感器。模拟型传感器输出连续变化的模拟信号。如感应同步器的滑尺相对定尺移动时，定尺上产生的感应电势为周期性模拟信号。数字型传感器输出“1”或“0”两种信号电平。如用光电式接近开关检测不透明的物体，当物体位于光源和光电器件之间时，光路阻断，光电器件截止输出高电平“1”；当物体离开后，光电器件导通输出低电平“0”。

此外，还可按制造工艺、测量目标、作用形式等进行分类，本书不做详述。

3. 传感器技术的应用

随着电子计算机、现代信息、军事、交通、宇航等科学技术的发展，对传感器的需求量与日俱增，其应用的领域已渗入到国民经济的各个领域以及人们的日常文化生活之中。

（1）智能交通

智能交通统一应用平台包括人体传感网、气象传感网、车辆传感网、道路传感网，可以实现人体生理监测、局部气象监测、车辆状态检测以及道路监测。

智能交通实现的前提是全面的感知、及时可靠的传送、智能应用平台的信息聚合处理和应用。

（2）家居生活

人身上可以安装不同的传感器，对人的健康参数进行监控，并且实时传送到相关的医疗保健中心。如果有异常，保健中心通过手机提醒用户去医院检查身体，如图 6-2-3 所示。

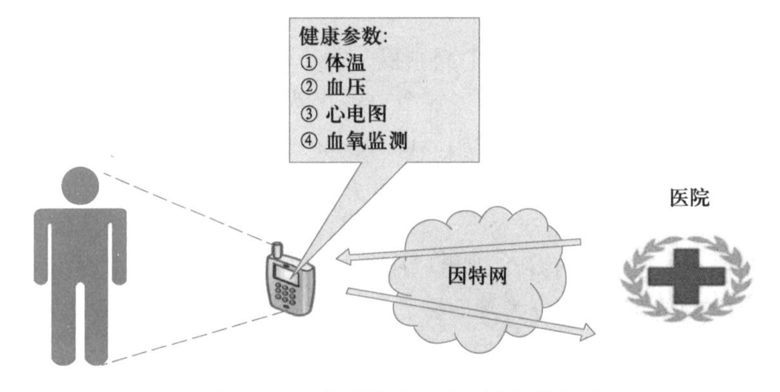

图 6-2-3　传感器在家居生活中的应用

（3）智能农业

智能农业是传感器的典型应用。给每一只放养牲畜都贴上一个二维码，这个二维码会一直保持到超市出售的肉品上，消费者可通过手机阅读二维码知道牲畜的成长历史，确保食品安全，如图 6-2-4 所示。我国已有 10 亿只存栏牲畜贴上了这种二维码。

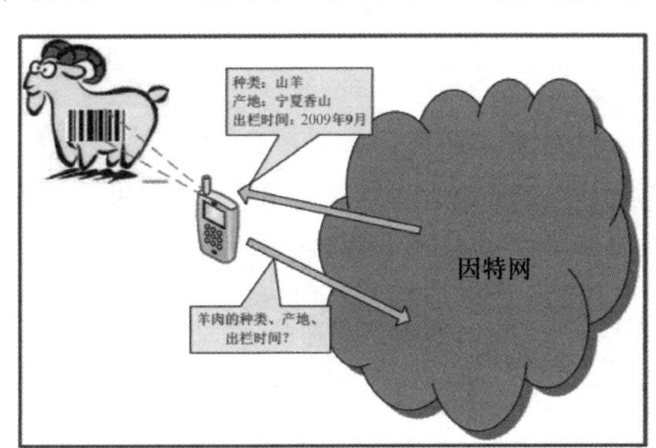

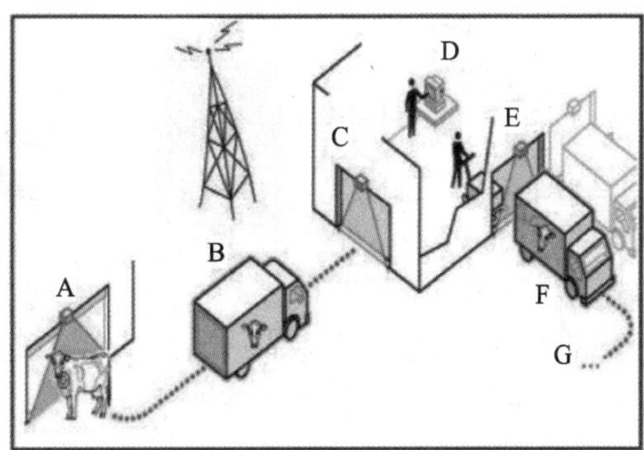

图 6-2-4　传感器在农业中的应用

6.2.3 GPS 技术

GPS 作为最新型的定位技术正在广泛应用于军事、科学、汽车定位、手机定位等，GPS 的诞生使人们的生活发生了巨大的变化，科学研发也有了很大的突破。GPS 使很多事情变得更精准化、工作效率化，其灵活、方便使它的应用范围变得广泛起来。

1. GPS 技术简介

GPS（global position system，全球定位系统）是一种将卫星定位和导航技术与现代通信技术相结合，能够全时空、全天候、高精度、连续实时地提供导航、定位和授时的系统。

目前全球主要有 4 个 GPS：美国的 GPS、欧盟的 Galileo、俄罗斯的 GLONASS 和中国的北斗。

中国正在实施北斗卫星导航系统建设，已成功发射 59 颗卫星。全球范围内已有 137 个国家与北斗卫星导航系统签下合作协议。随着全球组网的成功，北斗卫星导航系统未来的国际应用空间将不断扩展。

2. GPS 的构成

经过 20 余年的实践证明，GPS 是一个高精度、全天候和全球性的无线电导航、定位和定时的多功能系统。GPS 技术已经发展成为多领域、多模式、多用途、多机型的国际性高新技术产业。GPS 由空间部分、地面测控部分和用户设备三部分组成。

地面控制部分由主控站（负责管理、协调整个地面控制系统的工作）、地面天线（在主控站的控制下，向卫星注入寻电文）、监测站（数据自动收集中心）和通信辅助系统（数据传输）组成；GPS 的空间部分由空间 GPS 卫星星座组成。用户装置部分主要由 GPS 接收机和卫星天线组成。GPS 接收机根据型号分为测地型、全站型、定时型、手持型、集成型，根据用途可分为车载式、船载式、机载式、星载式、弹载式。

3. GPS 接收机的分类

（1）按接收机的用途分类

按接收机的用途可分为导航型接收机、测地型接收机和授时型接收机。导航型接收机主要用于运动载体的导航，它可以实时给出载体的位置和速度。测地型接收机主要用于精密大地测量和精密工程测量。这类仪器主要采用载波相位观测值进行相对定位，定位精度高。授时型接收机主要利用 GPS 卫星提供的高精度时间标准进行授时，常用于天文台及无线电通信中的时间同步。

（2）按接收机的载波频率分类

按接收机的载波频率分类，可分为单频接收机和双频接收机。

单频接收机只能接收 L1 载波信号，测定载波相位观测值进行定位，单频接收机只适用于短基线，即小于 15 km 的精密定位，因为不能有效消除电离层延迟影响。

双频接收机可以同时接收 L1、L2 载波信号，利用双频对电离层延迟的不一样，可以消除电离层对电磁波信号的延迟的影响，可用于长达几千公里的精密定位。

4. GPS 技术的应用

GPS 可以用于陆地、海洋、航空航天等应用领域，为船舶、汽车、飞机、行人等运动物体进行定位导航。

陆地应用主要包括工程测量、变形监测、车辆导航、大气物理观测、地壳运动监测、市政规划控制等。

海洋应用主要包括海洋救援、水文地质测量、船只实时调度与导航、进港引水、海洋平台定位与海平面升降监测。

航天航空应用主要包括低轨卫星定轨、飞机导航、航空遥感姿态控制、航空救援和载人航天器防护探测等。

【相关拓展】人民日报：大力弘扬新时代北斗精神

北斗全球卫星导航系统是我国迄今为止规模最大、覆盖范围最广、服务性能最高、与人民生活关联最紧密的巨型复杂航天系统。参研参建的400多家单位、30余万名科研人员合奏了一曲大联合、大团结、大协作的交响曲，孕育了“自主创新、开放融合、万众一心、追求卓越”的新时代北斗精神。这是中国航天人在建设科技强国征程上立起的又一座精神丰碑，是与“两弹一星”精神、载人航天精神既血脉赓续又具有鲜明时代特质的宝贵精神财富，激励着广大科研工作者继续勇攀科技高峰，激扬起亿万人民同心共筑中国梦的磅礴力量。

【思考与练习】

1. 举例说明常见的感知设备有哪些。
2. 查阅资料，阐述我国的北斗导航有哪些优点。

6.3 物联网应用

物联网的应用已经非常广泛，遍及军事国防、交通管理、环境保护、智能家居、能源电力、工业监测、医疗健康、公共安全、物流管理等多个领域。

在物联网时代，电缆将与芯片、钢筋混凝土、宽带整合为统一的基础设施，在此意义上，基础设施更像是一块新的地球工地，世界的运转就在它上面进行，包括社会管理、经济管理、生产运行乃至个人生活。

6.3.1 物联网在生活领域的应用

1. 列车车厢的管理

在每一节车厢都安装一个RFID芯片，在铁路两侧，间隔一段距离放置一个读写器。这样，就能随时掌握全国所有的列车在铁路线路上的位置，便于列车的调度、跟踪和安全控制。

2. 第二代身份证

第一代身份证采用聚酯膜塑封，后期使用激光图案防伪。第二代身份证是非接触式IC芯片卡，有防伪膜、定向光变色“长城”图案、缩微字符串“JMSFZ”（居民身份证的汉语拼音首字母）、光变光存储“中国CHINA”字样、紫外灯光显现的荧光印刷“长城”图案等防伪技术。

第二代身份证内藏非接触式IC芯片，是更具科技含量的RFID芯片。芯片可以存储个人的基本信息，可近距离读取内里资料，需要时在读写器上一扫，即可显示出个人身份的基本信息。而且芯片的信息编写格式等只有特定厂家提供，因此不易被伪造。

3. 高校的学生证

学生证是学生的校园时光中必不可少的证件。学生寒暑假使用学生证购买火车票享受半价优惠，但中国高校众多，为此，相关部门统一采用了可读写的 RFID 芯片，里面存储了该用户列车使用次数信息，每使用一次就减少一次，而且不易伪造，便于管理。

4. 智能家居

智能家居通过物联网技术将家中的各种设备（如音视频设备、照明系统、窗帘控制、空调控制、安防系统、数字影院系统、影音服务器、网络家电等）连接到一起，提供家电控制、照明控制、电话远程控制、室内外遥控、防盗报警、环境监测、暖通控制、红外转发以及可编程定时控制等多种功能和手段。与普通家居相比，智能家居不仅具有传统的居住功能，兼备建筑、网络通信、信息家电、设备自动化，提供全方位的信息交互功能，甚至可为各种能源使用节约资金。

5. ETC 不停车收费系统

在一些高速公路收费站都有不停车收费系统，而且无人值守。车辆只要减速行驶不用停车就可以完成信息认证、计费，从而减少人工成本。这也是物联网技术的一个典型应用。国内较早在首都机场高速做了试点，目前已在全国各地普遍推广应用。

6.3.2 物联网在其他领域的应用

除了和生活息息相关的物联网技术应用，物联网技术还应用在其他多个不同的领域。

1. 设备监控

很多时候无法人工完成像监控或者调节建筑物恒温器这样的事情，就可以应用物联网技术实现远程操作，甚至可以做到节约能源和简化设施维修程序。这种物联网应用的美妙之处在于实施性强，性能基准容易梳理，改进及时。

2. 机器和基础设施维护

传感器可以放置在设备和基础设施材料（如铁路轨道）上，来监控这些部件的状况，并且在部件出现问题时发出警报。一些城市交通管理部门已经采用了这种物联网技术，能够在故障发生之前进行主动维护。

3. 物流查询和追踪

物流查询和追踪技术同样应用到运输业。将传感器安装在移动的卡车和正在运输的各个独立部件上，从一开始中央系统就追踪这些货物直到结束。这样不仅能更好地全程追踪这些运输车辆，掌握物流行程，利于实时更新物流信息，还可以防止货物被盗。

4. 集装箱环境

同样是在物流和运输行业，传感器可以用来监测集装箱环境，集装箱在运送装载易腐货物时，对周围环境要求较高，需要控制在一定的温度或者湿度范围，这使得更好地监测集装箱环境尤为重要。在集装箱安装传感器，如果超出或低于正常温度，传感器会发出警报。另外，当集装箱被弄乱或者密封被破坏时，传感器也会发出警报。这个信息是实时通过中央系统直接发送给决策者的，如果发生上述情况，即使这些货物是在全球各地的运输途中，也可以实时地采取应对方案。

5. 机器管理库存

大厦楼下、地铁站内的自动售卖机，还有路边常见的便携式商店，当某一种商品售空时，大家是否思考过商家是如何补充这些商品的呢？首先，可以判断出商家绝不可能对售卖机逐个巡视，这样浪费时间不说，还不能做到及时补给、服务大众。运用物联网技术可以在特定商品低于再订购水平时发送自动补充库存警报，这种做法可以为零售商节约成本，当收到机器提示后，派遣工作人员进行补货即可。

6. 网络数据用于营销

企业用户可以通过自主数据分析，或者外包给相关公司，追踪客户在网络中的行为，从而统计出系统的数据，可以详细地分析该客户，从而更全面地了解该客户，针对该客户制定相对应的营销方案。交易数据和物联网数据的结合，能丰富用户的营销分析及预测，快速实施精准的营销方案。

7. 识别危险网站

商业公司提供的安全服务可以让网络管理员追踪机器对机器的交流，追踪来自公司计算机的互联网网站访问，揭示公司计算机定期访问的“危险”网站和IP地址。实践表明，这样会降低病毒入侵的风险，并且实施简单，可以随时开始，因为这种“观察”服务是由云厂商提供的。

8. 无人驾驶卡车

在一些边远地区，交通条件和气候条件可能都比较恶劣，给石油和天然气开采行业的施工带来一些不可抗力的影响，此时企业运用物联网技术对应的无人驾驶卡车，可以远程控制和远程通信。这样施工方无须派遣人员进行作业，可减少工程事故的发生，同时减少运营成本。

【相关拓展】物联网与中国制造2025

中国制造2025，是中国政府实施制造强国战略的第一个十年行动纲领。围绕实现制造强国的战略目标，《中国制造2025》明确了9项战略任务和重点，提出了8个方面的战略支撑和保障。

《中国制造2025》提出，坚持“创新驱动、质量为先、绿色发展、结构优化、人才为本”的基本方针，坚持“市场主导、政府引导，立足当前、着眼长远，整体推进、重点突破，自主发展、开放合作”的基本原则，通过“三步走”实现制造强国的战略目标。

第一步，到2025年迈入制造强国行列。

第二步，到2035年中国制造业整体达到世界制造强国阵营中等水平。

第三步，到新中国成立100年时，综合实力进入世界制造强国前列。

“中国制造2025”的基本思路是，借助两个IT的结合（industry technology & information technology，工业技术和信息技术），改变中国制造业现状，令中国到2025年跻身现代工业强国之列。目前，我国在制造领域已取得了诸多显著成果。

中国研究了空中造楼机（如图6-3-1所示），挑战超高层建筑，世界领先。

该造楼机使用诸多传感与控制器，它最厉害的地方就在于，它拥有4 000吨以上的顶升力，使用它在千米高空进行施工作业毫无难度。而且它还能在八级大风中平稳进行施工，4天一层的施工速度更是让人惊叹，这台空中造楼机完美地展现了中国超高层建筑施工技术，在全世界处于领先的地位。

近几年，中国高铁的发展速度令世人瞩目，逢山开路、遇水架桥，中国速度的背后，离不开一种独一无二的机械装备——穿隧道架桥机（图 6-3-2）。架桥机上，前后左右共有上百个传感器，负责转向、防撞、测速等功能。根据这些传感器数据，可以判断架桥机的运行情况，进行精准控制。

图 6-3-1　造楼机

图 6-3-2　穿隧道架桥机

穿隧道架桥机让中国高铁的建设不断提速。2018 年刚刚通车的渝贵铁路，全长 345 公里，桥梁 209 座，历时 5 年修建完成，如果没有穿隧道架桥机，工期将成倍增加。

2015 年 12 月 24 日，我国首台双护盾硬岩隧道掘进机（tunnel boring machine，TBM）研制成功，如图 6-3-3 所示。据悉，由中国生产的全断面双护盾隧道掘进机具有掘进速度快、适合较长隧道施工的特点。每台隧道掘进机上包括使用物联网技术的探测系统和控制系统，如激震系统、接收传感器、破岩震源传感器、噪声传感器等。

图 6-3-3　双护盾硬岩隧道掘进机

现代盾构掘进机采用了类似机器人的技术，如控制、遥控、传感器、导向、测量、探测、通信技术等，集机、电、液、传感、信息技术于一体，具有开挖切削土体、输送土渣、拼装管片、隧道衬砌、测量导向纠偏等功能，是目前最先进的隧道掘进设备之一。

显然，随着物联网的发展，我国智能制造技术不断被激发，呈现出蓬勃生机。

【思考与练习】

1. 谈一谈你身边的物联网应用有哪些。
2. 谈一谈你对物联网的认识。

习题

一、选择题

1. “智慧地球”的概念是（　　）提出的。

A. 无锡研究院　　B. 比尔·盖茨

C. IBM　　D. 奥巴马

2. 1995 年，(　　) 首次提出物联网概念。

A. 沃伦·巴菲特　　B. 乔布斯

C. 保罗·艾伦　　D. 比尔·盖茨

3. RFID 属于物联网的（　　）层。

A. 感知　　B. 网络

C. 业务　　D. 应用

4. 被称为“中国物联网之都”的城市为（　　）。

A. 无锡　　B. 上海

C. 杭州　　D. 北京

5. 传感技术要在物联网中发挥作用，必须具有如下特征：传感部件要敏感、小型、节能。这一特征主要体现在（　　）上。

A. 芯片技术　　B. 微机电系统技术

C. 无线通信技术　　D. 存储技术

6. 利用 RFID、传感器、二维码等随时随地获取物体的信息，指的是（　　）。

A. 可靠传递　　B. 全面感知

C. 智能处理　　D. 互联网

7. 射频识别技术属于物联网产业链的（　　）环节。

A. 标识　　B. 感知

C. 处理　　D. 信息传送

8. 条形码适用于（　　）领域。

A. 流通　　B. 透明跟踪

C. 性能描述　　D. 智能选择

9. 我国物联网的现状是，物联网研究（　　），在部分行业有少量应用的实例。

A. 起步较早　　B. 起步较晚

C. 尚未起步　　D. 成果较少

10. 物联网把我们的生活（　　）了，万物都成了人的同类，在这个物与物相连的世界中，物品（商品）能够彼此进行“交流”，而无须人的干预。

A. 美化　　B. 拟人化

C. 自动化　　D. 电子化

11. 物联网的核心价值是能够实现（　　）。

A. 信息的安全传输　　B. 信息的广泛感知

C. 信息的智慧化分析　　D. 信息的可靠存储

12. 物联网的核心是（　　）。

A. 应用　　B. 产业

C. 技术　　D. 标准

13. 物联网的全球发展形势可能提前推动人类进入“智能时代”，也称为（　　）。

A. 计算时代　　B. 信息时代
C. 互联时代　　D. 物联时代

14. 物联网典型的行业应用领域不包括（　　）。
A. 智能农业　　B. 智能交通
C. 智能手机　　D. 智能医疗

15. 物联网典型的体系架构分为 3 层，自下而上分别是（　　）。
A. 感知层、网络层、应用层　　B. 感知层、网络层、会话层
C. 应用层、数据处理层、会话层　　D. 感知层、数据处理层、网络层

16. 物联网概念的起源最早可以追溯到（　　）。
A. 比尔·盖茨的“未来之路”
B. 美国自动识别技术实验室提出的“物联网”概念
C. IBM 提出的智慧地图
D. 国际电信联盟 ITU 报告

17. 物联网概念的正式普及和使用是在（　　）中明确的。
A. MIT 提出的电子产品代码——EPC
B. 美国 2008 年提出的“智慧地球”
C. 中国 2009 年提出的“感知中国”
D. 国际电信联盟发布的《ITU 互联网报告 2005》

18. 物联网起源于（　　）领域。
A. 人工智能　　B. 数据挖掘
C. 射频识别　　D. 自动识别

19. 物联网 4 层体系架构中，由底向上的顺序为（　　）。
A. 感知控制层、数据传输层、数据处理层、应用决策层
B. 数据传输层、数据处理层、感知控制层、应用决策层
C. 应用决策层、数据处理层、数据传输层、感知控制层
D. 感知控制层、数据处理层、数据传输层、应用决策层

20. 物联网中物与物、物与人之间的通信是（　　）方式。
A. 只利用有线通信　　B. 只利用无线通信
C. 综合利用有线和无线两者通信　　D. 既非有线亦非无线的特殊通信

21. 要获取“物体的实时状态怎么样”“物体怎样了”此类信息，并把它传输到网络上，就需要（　　）。
A. 计算技术　　B. 通信技术
C. 识别技术　　D. 传感技术

22. 以下不属于物联网网络架构组成的是（　　）。
A. 网络层　　B. 物理层
C. 感知层　　D. 应用层

23. 以下不是物联网的特点的是（　　）。
A. 全面感知　　B. 可靠传输

C. 智能处理　　　　　　　　　　　　D. 全面互联

24. 以下不属于物联网的关键技术的是（　　）。

A. 传感器技术　　　　　　　　　　　B. 嵌入式系统技术

C. 比特币技术　　　　　　　　　　　D. 纳米技术

25. 用于“嫦娥 2 号”遥测月球的各类遥测仪器或设备，用于住宅小区安保的摄像头、火灾探头，用于体检的超声波仪器等都可以被看作（　　）。

A. 传感器　　　　　　　　　　　　B. 探测器

C. 感应器　　　　　　　　　　　　D. 控制器

26. 智能家居系统的感知层主要实现的功能是（　　）。

A. 各种家居对象的信息采集或控制

B. 家具对象间的传输

C. 提供各类智能家居应用服务

D. 为各种智能应用提供数据平台支持

二、填空题

1. 物联网的概念最早是由______国提出来的。

2. 感知层是物联网体系架构的第____层。

3. ________是指利用各种信息传感设备对物品信息进行感知、采集，通过网络的可靠传输技术，将信息汇入互联网，进行智能决策、安全保障及管理与服务的信息综合服务平台。

4. 物联网的英文名称为______。

5. 物联网的核心和基础仍然是____。

第7章
5G技术

随着网络与信息技术的迅猛发展，人们对无线移动通信网络传输的数据量要求越来越高，要求移动通信技术提供速度更快、效率更高、智能化的网络技术，促进了新兴智能业务的发展。移动通信技术也从2G、3G、4G，发展到5G。5G移动通信相比之前的通信技术有了明显的技术突破，5G移动通信技术以其特有优势和关键技术将获得广阔的市场发展远景，同时5G移动通信技术的开发也是通信领域的重要成就。

7.1　5G 概述

第五代移动通信技术（5th generation mobile networks，简称 5G 或 5G 技术）是最新一代蜂窝移动通信技术，也是继 4G（LTE-A、WiMAX）、3G（UMTS、LTE）和 2G（GSM）系统之后的延伸。5G 的性能目标是高数据速率、减少延迟、节省能源、降低成本、提高系统容量和大规模设备连接。

7.1.1　中国通信发展史

1. 第一代移动通信系统（1G）

"大哥大"（图 7-1-1）使用的就是 1G，第一代通信技术即模拟通信技术，是指最初的模拟、仅限语音的蜂窝电话标准，表示和传递信息所使用的电信号或电磁波信号往往是对信息本身的直接模拟。例如，语音（电话）、静态图像（传真）、动态图像（电视、可视电话）等信息的传递，用户的语音信息的传输以模拟语音方式出现。

1G 的缺点是容量有限、制式太多、互不兼容、保密性差、通话质量不高、不能提供数据业务和不能提供自动漫游等，也就是只能打电话，无法支持发短信这种数据信息传输。

中国的第一代模拟移动通信系统于 1987 年 11 月 18 日在广东第六届全运会上开通并正式商用，2001 年 12 月底中国移动关闭模拟移动通信网，1G 系统在中国的应用长达 14 年，用户数最高达到了 660 万。

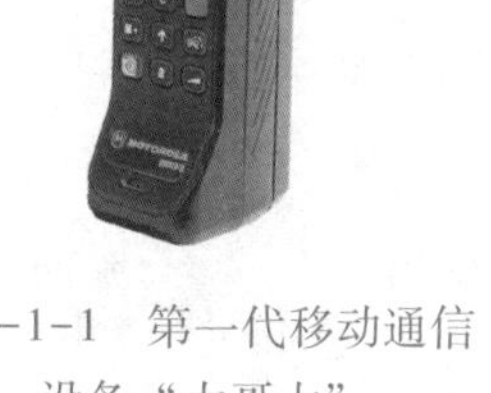

图 7-1-1　第一代移动通信设备"大哥大"

2. 第二代移动通信系统（2G）

除了上述缺点之外，1G 的技术标准各不相同，只有国家标准，没有国际标准，国际漫游是个大问题。第二代移动通信系统（2G）就是要解决这些问题。

2G 以数字语音传输技术为核心，用户体验速率为 10 kbps，峰值速率为 100 kbps。2G 主要以语音通信和短信为主，2G 技术基本分为两种：一种是基于 TDMA；另一种是基于 CDMA。注：bps 也可写为 bit/s 或 b/s，含义相同，均为每秒传输的比特数之意。

2G 技术研发制定过程中尝试了很多技术方式，如时分多址（TDMA）、频分多址（FDMA）、码分多址（CDMA）。

图 7-1-2 所示为世界上第一款支持 GSM 的手机——诺基亚 7110。

国内从 1996 年引进 GSM 商用，主要使用 GSM-800、GSM-900、GSM-1800 频段，139 号段，号码为 10 位，后升为 11 位。

图 7-1-3 所示为第一部进入国内的 2G 手机——爱立信 GH337。

图 7-1-2 世界上第一款支持 GSM 的手机——诺基亚 7110

图 7-1-3 第一部进入国内的 2G 手机——爱立信 GH337

3. 第三代移动通信系统（3G）

3G 与 2G 的主要区别是在传输声音和数据的速度上的提升，它能够在全球范围内更好地实现无线漫游，并处理图像、音乐、视频流等多种媒体形式，是将无线通信与国际互联网等多媒体通信结合的一代移动通信系统。

1985 年，在美国的圣迭戈成立了一个名为“高通”的小公司，这个公司利用美国军方解禁的“展布频谱技术”开发出一种名为“CDMA”的新技术。CDMA 技术直接导致了 3G 的诞生，CDMA 就是 3G 的根本基础原理，而展布频谱技术就是 CDMA 的基础，三大 3G 标准都是基于高通的 CDMA。

3G 的标准有美国的 CDMA2000，由高通主导提出，应用于日本、韩国、北美地区；欧洲的 WCDMA，主要是以 GSM 系统为主的欧洲厂商提出；已有中国提出的 TD-SCDMA。中国联通采用的是 WCDMA，中国移动采用的是 TD-SCDMA，中国电信采用的是 CDMA2000。

4. 第四代移动通信系统（4G）

4G 将 WLAN 技术和 3G 通信技术进行了很好的结合，使图像的传输速度更快，让传输的图像看起来更加清晰。4G 通信技术让用户的上网速率可以高达理论值 100 Mbps，与 3G 通信技术相比，是其 20 倍。4G 带来了高清、视频直播、云计算、手机网游等。

4G 有两大技术根基：LTE 和 IEEE 802.16m（WiMAX2），LTE 全称为 long term evolution，意为长期演进，就是在 3G 基础上通过技术迭代慢慢达到 4G。

5. 第五代移动通信系统（5G）

5G 网络的主要优势是数据传输速率高，最高可达 10 Gbps，比先前的 4G LTE 蜂窝网络快得多；另一个优点是较低的网络延迟，其延迟低于 1 ms，而 4G 的延迟为 30~70 ms。

7.1.2 5G 的三大应用场景

国际组织 3GPP 定义了 5G 的三大应用场景。包括，eMBB：指 3D 超高清视频等大流量移动宽带业务；mMTC：指大规模物联网业务；uRLLC：指如无人驾驶、工业自动化等需要低时延、高可靠连接的业务。

通过3GPP的三大应用场景定义可以看出，对于5G，世界通信业的普遍看法是它不仅应具备高速度，还应满足低时延这样更高的要求，尽管高速度依然是它的一个组成部分。从1G到4G，移动通信的核心是人与人之间的通信，个人的通信是移动通信的核心业务。但是5G的通信不仅仅是人的通信，而且由于物联网、工业自动化、无人驾驶等被引入，开始转向人与物的通信，直至机器与机器之间的通信。

5G的三大应用场景显然对通信提出了更高的要求，不仅要解决一直需要解决的速度问题，把更高的速率提供给用户，而且对功耗、时延等提出了更高的要求，一些方面已经完全超出了我们对传统通信的理解，把更多的应用能力整合到5G中。这就对通信技术提出了更高要求。在这三大应用场景下，5G具有6大基本特点。

7.1.3 5G的六大基本特点

1. 高速度

相对于4G，5G要解决的第一个问题就是传输速度。网络速度提升，用户体验与感受才会有较大提高，网络才能在面对VR超高清业务时不受限制，对网络速度要求很高的业务才能被广泛推广和使用。因此，5G第一个特点就定义了速度的提升。

网速的大幅提升能保证网络体验品质。最开始的网上内容叫新闻组，没有图像，只有文字内容。一个2 MB的视频，下载需要几小时。在3G时代，使用微博等功能时，有图片的被默认为缩略图，需要点击一下才能打开。在4G时代，图片就都是默认打开的，这也是网络速度得到大幅提升的结果。高速度的5G网络承载增强移动宽带（eMBB）的应用场景，最贴近日常生活的就是在家里用智能电视收看超高清视频。与此同时，多样终端产品也在积极研发当中，以迎接5G时代带来的超高速度所成就的大流量应用。

4G用户一般体验的速度可以达到上传6 Mbps、下载50 Mbps。5G理论上可以做到每一个基站的传输速度为20 Gbps，每一个用户使用的实际速度可能接近1 Gbps，如此高的速度不仅是用户下载一部超清电影1 s完成那么简单，它还会给大量的业务和应用带来革命性的改变。

在传统互联网和3G时代，受到网络速度影响，流量是非常珍贵的资源，所有的社交软件都是访问机制，就是用户必须上网，才能收到数据。而4G时代，网络速度提高，带宽不再是极为珍贵的资源，社交应用就变成了推送机制，所有的信息都可以推送到手机上，随时可以看到，这样的改变让用户体验发生了天翻地覆的变化，用户量出现井喷式增长。

5G速度大大提升，也必然会对相关业务产生巨大影响，不仅会让传统的视频业务有更好的体验，同时也会催生出大量新的市场机会与运营机制。直播业务在4G时代已经有了惊人的增长，带来巨大的商业机会，但4G的上传速度只有6 Mbps，而当较多人同时使用时，这个速度还无法保证，卡顿很常见，直播效果受到影响。5G的每个用户上传速度可达100 Mbps，网络切片技术还可以保证某些用户不受拥堵的影响，直播的效果会更好。在此背景下，每一个用户都有可能成为一个直播电视台，当下火爆的新媒体和传统的电视直播节目势必面临全新的竞争。

2. 泛在网

随着业务的发展，网络业务需要无所不包，广泛存在。只有这样才能支持更加丰富的业务，才能在复杂的场景上使用。泛在网有两个层面的含义：一是广泛覆盖；二是纵深覆盖。

广泛是指我们社会生活的各个地方，需要广覆盖，以前高山峡谷就不一定需要网络覆盖，因为生活的人很少，但是如果能覆盖5G，可以大量部署传感器，进行环境、空气质量甚至地貌变化、地震的监测，这就非常有价值。5G可以为更多这类应用提供网络。

纵深是指生活中，虽然已经有网络部署，但是需要进入更高品质的深度覆盖。目前家中已经有了4G网络，但是家中的卫生间可能网络质量不是太好，地下停车库基本没信号，现在是可以接收的状态。5G的到来，可把以前网络品质不好的卫生间、地下停车库等都用很好的5G网络广泛覆盖。

一定程度上，泛在网比高速度还重要，只是建一个少数地方覆盖、速度很高的网络，并不能保证5G的服务与体验，而泛在网才是5G体验的一个根本保证。3GPP对于三大应用场景没有讲泛在网，但是泛在的要求是隐含在所有场景中的。

3. 低功耗

5G要支持大规模物联网应用，就必须要有功耗的要求。这些年，可穿戴产品有一定发展，但是遇到很多瓶颈，最大的瓶颈是体验较差。以智能手表为例，每天充电，甚至不到一天就需要充电。所有物联网产品都需要通信与能源，虽然如今通信可以通过多种手段实现，但是能源的供应只能靠电池。通信过程若消耗大量的能量，就很难让物联网产品被用户广泛接受。如果能把功耗降下来，让大部分物联网产品一周充一次电，甚或一个月充一次电，就能大大改善用户体验，促进物联网产品的快速普及。

低功耗主要采用两种技术手段来实现，分别是美国高通等主导的eMTC和中国华为主导的NB-IoT。

eMTC基于LTE协议演进而来，为了更加适合物与物之间的通信，也为了成本更低，对LTE协议进行了裁剪和优化。eMTC基于蜂窝网络进行部署，其用户设备通过支持1.4 MHz的射频和基带带宽，可以直接接入现有的LTE网络。eMTC支持上下行最大1 Mbps的峰值速率。

NB-IoT的构建基于蜂窝网络，只消耗大约180 kHz的带宽，可直接部署于GSM网络、UMTS网络或LTE网络，以降低部署成本、实现平滑升级。

NB-IoT不需要像5G的核心技术一样重新建设网络。虽然NB-IoT的传输速率只有20 kbps，但可以大幅降低功耗，使得设备有很长的时间不用换电池。这一特点对于各种设备的大规模部署都是有好处的，也能满足5G对于物联网应用场景低功耗的要求。NB-IoT和eMTC一样，是5G网络体系的一个组成部分。

低功耗的要求非常广泛，例如，对于河流的水质监测，几十公里或几公里设立一个监测点，监测结果不够准确，要找到污染源非常困难，而设立大量常规的监测点，成本又太高，这就需要设立大量成本低的监测点，及时回传数据。如果采用低功耗技术，将监测器布置在河流沿线，半年换一次电池，维护的成本就很低，从而形成有价值的应用。

4. 低时延

5G的新场景是无人驾驶、工业自动化的高可靠连接。人与人之间进行信息交流，140 ms的时延是可以接受的，但是如果这个时延用于自动驾驶、工业自动化就无法接受。5G对于时延的最低要求是 1 ms，甚至更低，这就对网络提出严酷的要求，而 5G 是这些新领域应用的必然要求。

无人驾驶汽车需要中央控制中心和汽车进行互联，车与车之间也应进行互联，在高速度行驶中，一个制动需要瞬间把信息送到车上做出反应，100 ms 左右的时间，车就会冲出几十米，这就需要在最短的时延中，把信息送到车上，进行制动与车控反应。

无人驾驶飞机更是如此。例如，数百架无人驾驶飞机编队飞行，极小的偏差就会导致碰撞和事故，这就需要在极小的时延中，把信息传递给飞行中的无人驾驶飞机。工业自动化过程中，一个机械臂的操作，如果要做到极精细化，保证工作的高品质与精准性，也是需要极小的时延，最及时地做出反应。这些特征，在传统的人与人通信，甚至人与机器通信时，要求都不那么高，因为人的反应是较慢的，也不需要机器那么高的效率与精细化。而无论是无人驾驶飞机、无人驾驶汽车，还是工业自动化，它们都是高速度运行的，还需要在高速中保证及时的信息传递和及时反应，这就对时延提出了极高要求。

要满足低时延的要求，需要在 5G 网络建构中找到各种办法以减少时延。边缘计算这样的技术也会被采用到 5G 的网络架构中。

5. 万物互联

传统通信中，终端是非常有限的。固定电话时代，电话是以人群定义的；而手机时代，终端数量有了巨大爆发，手机是按个人应用来定义的。到了 5G 时代，终端不是按人来定义，因为每人可能拥有数个，每个家庭可能拥有数个终端。

2018 年，中国移动终端用户已经达到 14 亿，其中以手机用户为主。而通信业对 5G 的愿景是每平方公里可以支撑 100 万个移动终端。未来接入到网络中的终端，不仅是我们今天的手机，还会有更多千奇百怪的产品。可以说，生活中每一个产品都有可能通过 5G 接入网络。眼镜、手机、衣服、腰带、鞋子都有可能接入网络，成为智能产品。家中的门窗、门锁、空气净化器、新风机、加湿器、空调、冰箱、洗衣机都可能进入智能时代，也通过 5G 接入网络。

社会生活中大量以前不可能联网的设备也会进行联网工作，更加智能。汽车、井盖、电线杆、垃圾桶这些公共设施，以前管理起来非常难，也很难做到智能化，5G 可以让这些设备都成为智能设备。

在 5G 网络中，网络容量、频谱效率需要进一步提升，更丰富的通信模式以及更好的终端用户体验也是 5G 的演进方向。设备到设备通信（device-to-device communication，D2D）具有潜在的提升系统性能、增强用户体验、减轻基站压力、提高频谱利用率的前景。因此，D2D 是未来 5G 网络中的关键技术之一。

6. 重构安全

安全问题似乎并不是 3GPP 讨论的基本问题，但是它也应该成为 5G 的一个基本特点。

传统的互联网要解决的是信息快速、无障碍的传输，自由、开放、共享是互联网的基本精神，但是在 5G 基础上建立的是智能互联网。智能互联网不仅要实现信息传输，还要建立起一个社会和生活的新机制与新体系。智能互联网的基本精神是安全、管理、高效、方便。安全是 5G 之后智能互联网第一位的要求。假设 5G 建设起来却无法重新构建安全体系，那么会产生巨大的破坏力。

如果无人驾驶系统很容易被攻破，就会像电影上展现的那样，道路上汽车被黑客控制，智能健康系统被攻破，大量用户的健康信息被泄露，智慧家庭被攻破，家中安全根本无保障。这种情况不应该出现，出了问题也不是修修补补可以解决的。

在5G的网络构建中，在底层就应该解决安全问题。从网络建设之初，就应该加入安全机制，信息应该加密，网络并不应该是开放的，对于特殊的服务需要建立起专门的安全机制。网络不是完全中立、公平的。例如在网络保证方面，普通用户上网，可能只有一套系统保证其网络畅通，用户可能会面临拥堵。但是智能交通体系需要多套系统保证其安全运行，保证其网络品质，在网络出现拥堵时，必须保证智能交通体系的网络畅通。而这个体系也不是一般终端可以接入实现管理与控制的。

7.1.4 5G发展历程

2013年2月，欧盟宣布，将拨款5 000万欧元，加快5G移动技术的发展，计划到2020年推出成熟的标准。

2013年5月13日，韩国三星电子有限公司宣布，已成功开发第5代移动通信（5G）的核心技术。

2014年5月8日，日本电信营运商NTT DoCoMo正式宣布将与爱立信、诺基亚、三星等6家厂商共同合作，开始测试凌驾现有4G网络1 000倍网络承载能力的高速5G网络，传输速率可望提升至10 Gbps。

2017年2月9日，3GPP发布了5G的官方Logo。

2017年11月下旬，中国工信部发布通知，正式启动5G技术研发试验第三阶段工作，并力争于2018年年底前实现第三阶段试验基本目标。

2017年12月，中国国家发展改革委发布《关于组织实施2018年新一代信息基础设施建设工程的通知》，要求2018年将在不少于5个城市开展5G规模组网试点，每个城市5G基站数量不少于50个、全网5G终端不少于500个。

2018年2月23日，在世界移动通信大会召开前夕，沃达丰和华为宣布，两公司在西班牙合作采用非独立的3GPP 5G新无线标准和Sub 6 GHz频段完成了全球首个5G通话测试。

2018年2月27日，中国华为在MWC 2018大展上发布了首款3GPP标准5G商用芯片巴龙5G01和5G商用终端，支持全球主流5G频段，包括Sub 6 GHz（低频）、mmWave（高频），理论上可实现最高2.3 Gbps的数据下载速率。

2018年6月13日，3GPP 5G NR标准SA（standalone，独立组网）方案在3GPP第80次TSG RAN全会正式完成并发布，这标志着首个真正完整意义的国际5G标准正式出炉。

2018年6月28日，中国联通公布了5G部署：将以SA为目标架构，前期聚焦eMBB，5G网络计划2020年正式商用。

2018年11月21日，中国重庆首个5G连续覆盖试验区建设完成，5G远程驾驶、5G无人机、虚拟现实等多项5G应用同时亮相。

2018年12月1日，韩国三大运营商SK、KT与LG U+同步在韩国部分地区推出5G服务，这也是新一代移动通信服务在全球首次实现商用。

2018年12月18日，AT & T宣布，将于12月21日在全美12个城市率先开放5G网络服务。

2019 年 2 月 20 日，韩国副总理兼企划财政部部长洪南基提到，2019 年 3 月末，韩国将在全球首次实现 5G 的商用。

2019 年 6 月 6 日，工信部正式向中国电信、中国移动、中国联通、中国广电发放 5G 商用牌照，中国正式进入 5G 商用元年。

2019 年 10 月，5G 基站入网正式获得了工信部的开闸批准。工信部颁发了国内首个 5G 无线电通信设备进网许可证，标志着 5G 基站设备将正式接入公用电信商用网络。

2019 年 10 月 31 日，中国三大运营商公布 5G 商用套餐，并于 11 月 1 日正式上线 5G 商用套餐。

2020 年 9 月 15 日，以“5G 新基建，智领未来”为主题的 5G 创新发展高峰论坛在重庆举行。中国 5G 用户超过 1.1 亿，计划 2020 年底 5G 基站将超过 60 万个，覆盖全国地级以上城市。

【思考与练习】

1. 阐述我国 5G 技术发展情况，思考是否处在世界领先位置。
2. 5G 技术有哪些特点？

7.2 5G 关键技术

5G 作为新一代的移动通信技术，它的网络结构、网络能力和要求都与过去有很大不同，有大量技术被整合在其中。

7.2.1 毫米波

毫米波（millimeter wave），波长为 1～10 mm 的电磁波称毫米波，它位于微波与远红外波相交叠的波长范围，因而兼有两种波谱的特点。与光波相比，毫米波利用大气窗口传播时的衰减小，受自然光和热辐射源影响小。

毫米波有极宽的带宽。通常认为毫米波的频率范围为 26.5～300 GHz，带宽高达 273.5 GHz，超过从直流到微波全部带宽的 10 倍。即使考虑大气吸收，在大气中传播时只能使用 4 个主要窗口，但这 4 个窗口的总带宽也可达 135 GHz，为微波以下各波段带宽之和的 5 倍。这在频率资源紧张的今天无疑极具吸引力。

毫米波的波束窄。在相同天线尺寸下毫米波的波束要比微波的波束窄得多。例如，一个 12 cm 的天线，在 9.4 GHz 时波束宽度为 18°，而在 94 GHz 时波束宽度仅 1.8°。因此可以分辨相距更近的小目标或者更为清晰地观察目标的细节。

与激光相比，毫米波的传播受气候的影响要小得多，可以认为其具有全天候特性。和微波相比，毫米波元器件的尺寸要小得多。因此，毫米波系统更容易小型化。

要实现更快的数据传输速率，增加频谱带宽是简单而又直接的方法，毫米波是实现 5G 超高速率的杀手锏。毫米波通信具有高传输速率、可短距高频应用等特点，但也有其局限性，如信号衰减快、绕射能力弱、易受阻挡、覆盖距离短等。即使通过自由空间传输，信号的衰减也会随着频率的增大而增加，因此毫米波的可用路径长度很短，一般为100~200 m。毫米波相比于传统6 GHz以下频段还有一个特点，就是天线的物理尺寸可以比较小。这是因为天线的物理尺寸正比于波段的波长，而毫米波波段的波长远小于传统6 GHz以下频段，相应的天线尺寸也比较小。毫米波技术通过提升频谱带宽来实现超高速无线数据传播，从而成为5G通信中的关键技术之一。

7.2.2 大规模MIMO

为了满足话务需求的急速增长，4G和5G时代增加天线的数目不可避免。大规模天线技术势必是未来5G时代的核心技术之一。

大规模天线技术使4G能够保持连续演进。采用大规模天线，可以显著增加频谱效率，尤其在容量需求较大或者覆盖范围较广时，它可以使4G网络满足网络增长需求。从运营商的角度看，这项技术具有较好的前景，因此应当提前在5G硬件中实施，并通过软件升级来提供5G空中接口功能，以促进5G的部署。

作为4G时代的大规模天线技术，大规模MIMO（massive MIMO）已经被广泛认为是4G部署以来最有效的技术。它利用LTE TDD频谱的无可比拟的优势，在网络性能方面获得了革命性突破，这种革新技术是未来网络大发展的前奏。

当前，数据业务量的特点就是在20%的热点区域内产生超过70%的流量，如市区CBD、商业中心、交通枢纽、居民区、大学校园等，都具有同样的特点，即人流集中、话务负荷高、容量不足等。MIMO可以提供较高的空间复用增益和较强的波束赋形能力，从而满足这些区域内的容量需求。

高层建筑内，网络覆盖通常较差，且覆盖增强面临多项挑战，例如：

① 需要采用多个天线提供高层覆盖，但是站点难以获取。

② 信号穿透墙壁后会变得很弱。

③ 上行信号传输增加了建筑物中的小区间干扰。

7.2.3 同时同频全双工

根据通信双方的分工和信号传输方向可将通信分为三种方式：单工、半双工与全双工。

1. 单工（simplex）方式

通信双方设备中发送器与接收器分工明确，只能在由发送器向接收器的单一固定方向上传送数据。采用单工通信的典型发送设备如早期计算机的读卡器，典型的接收设备如打印机、电视、广播。

2. 半双工（half duplex）方式

通信双方设备既是发送器，也是接收器，两台设备可以相互传送数据，但某一时刻只能向一个方向传送数据。例如，步话机是半双工设备，因为在一个时刻只能有一方说话。

3. 全双工（full duplex）方式

通信双方设备既是发送器，也是接收器，两台设备可以同时在两个方向上传送数据。例如，电话是全双工设备，因为双方可同时说话。

同时同频全双工技术是指同时、同频进行双向通信的技术。具体而言，该项技术是指系统中的发射机和接收机使用相同的时间和频率资源，使通信双方可以在相同的时间使用相同的频率来接收和发送信号，突破了现有的频分双工和时分双工模式，被认为是一项有效提高频谱效率的技术，是5G移动通信的关键技术之一。

7.2.4 D2D

传统的蜂窝通信系统的组网方式是以基站为中心实现小区覆盖，而基站及中继站无法移动，其网络结构在灵活度上有一定的限制。

在5G网络中，网络容量、频谱效率需要进一步提升，更丰富的通信模式以及更好的终端用户体验也是5G的演进方向。设备到设备通信（device-to-device communication，D2D）具有潜在的提升系统性能、增强用户体验、减轻基站压力、提高频谱利用率的前景。因此，D2D是未来5G网络中的关键技术之一。

D2D通信是一种基于蜂窝系统的近距离数据直接传输技术。D2D会话的数据直接在终端之间进行传输，不需要通过基站转发，而相关的控制信令，如会话的建立、维持，无线资源分配，以及计费、鉴权、识别、移动性管理等，仍由蜂窝网络负责。蜂窝网络引入D2D通信，可以减轻基站负担，降低端到端的传输时延，提升频谱效率，降低终端发射功率。当无线通信基础设施损坏，或者在无线网络的覆盖盲区，终端可借助D2D实现端到端通信甚至接入蜂窝网络。在5G网络中，既可以在授权频段部署D2D通信，也可以在非授权频段部署。

【思考与练习】

1. D2D、M2M分别是什么？它们的不同之处是什么？
2. 5G网络的发展方向是什么？

7.3 应用领域

7.3.1 自动驾驶

实现“汽车的自动驾驶”需要相关技术、道路环境等方面的结合与改变。但想要实现这一目标，最重要的一环无疑是搭建网络基础设施。

1. 5G和自动驾驶的关系

想要实现自动驾驶技术，首先需要在车辆上安装一系列传感器，这些传感器不断接收、反馈周围信息，再将信息数据进行整合，进而做出安全性决策。在实际应用上，这些传感器的应用时常受到外界各种环境因素的影响，传输效果大打折扣。为了弥补传感器所欠缺的感知能力，便需要借助C-V2X（车与外界的信息交换）。基于蜂窝网络的车联网技术，可将汽车与网络、车辆、道路基础设施、行人等之间的信息相互连接。通过5G移动通信技术可以加强自动驾驶感知、决策和执行三个层面的能力。

实际上，实现自动驾驶是解决“我是谁，我在哪儿，我有什么危险”的问题。可以通过V2V（车与车的连接）技术，将车辆感知范围扩大到视距之外，及时了解车辆间的相互位置等其他状态信息，可以提前对道路进行判断。同时，利用V2I（车与基础设施）通信，车辆可以获得如信号灯和路口的行人等信息，形成完整的对道路环境的感知，进而使车辆能够实现眼观六路、耳听八方的技能。即便传感器、摄像头失灵，通过5G高频信息传输也能规避一定风险。

随着5G技术的应用，车载计算单元的硬件成本也会降低。云计算将取代原本的计算方式，很多计算的负载需求可以转移到路两侧的边缘计算节点。随着5G网络的崛起，其通信运营商可提供部分网络切片，为汽车安全应用提供异常迅速的响应速度。

由此来看，5G对于车联网的重要意义不言而喻，而车联网则是自动驾驶应用的重要手段。因此，想要实现自动驾驶就必须借助5G网络技术。

5G时代，延时的标准会从秒级进入到毫秒级，也就是延时会低于1 ms。而自动驾驶汽车正需要这种高速、低延时的5G网络。5G技术将对自动驾驶带来极大的帮助。现在主流的自动驾驶技术路线完全依赖车辆自身的感知能力，车上必须搭载价值数十万元的激光雷达等一系列传感器，然而探测的距离和精度依然有待提升。同时，视野盲区和其他车辆的不可预估性都意味着风险的存在。

2. 我国的5G自动驾驶

中国的第一个5G自动驾驶示范区于2021年9月在北京建立，目前设有10个5G基站、4套智能交通控制系统、32个车路协同（V2X）信息采集点位、115个智能感知设备，可提供5G智能化汽车试验场环境。

世界各汽车强国对5G自动驾驶应用的推进，将助力“智能+网联”的自动驾驶汽车加速发展，但从应用、测试、示范的角度看，覆盖面还有待提升。

2019年1月16日，5G自动驾驶应用示范公共服务平台启动仪式在重庆召开，由中国汽研、中国电信重庆公司、中国信科集团大唐移动三家企业签订平台共建战略协议，推出我国首个5G自动驾驶应用示范公共服务平台，以实现基于5G通信的自动驾驶落地示范应用，使自动驾驶有条件在5G通信环境下开展测试研究。

重庆5G自动驾驶应用示范公共服务平台特色突出，它拥有3大场地覆盖5G通信，满足车辆6大场景应用，通过5G网络建设支撑自动驾驶业务应用，拟在大足双桥封闭试验场、重庆半封闭公园、礼嘉开放道路等区域开展5G试点，充分利用C-V2X车路协同技术、智能路侧检测技术和天翼云MEC边缘计算能力等，支撑包括危险场景预警、连续信号灯下的绿波通行、路侧智能感知、高精度地图下载、5G视频直播和基于5G的车辆远程控制六大场景应用。

7.3.2 智慧医疗

【相关拓展】福建成功实施全球首例5G远程外科手术（新华网）

2019年，在福州长乐区的中国联通东南研究院内，北京301医院肝胆胰肿瘤外科主任刘荣作为主刀医生，坐在机器人前，通过实时传送的高清视频画面，利用5G技术操纵机器人的机械臂，远程控制手术钳和电刀，为位于福州鼓楼区的福建医科大学孟超肝胆医院中的一只小猪切除了一片肝小叶。整个手术持续了近1小时，手术创面整齐，全程出血量极少。这只小猪在手术完成半小时后，逐渐从麻醉中苏醒，各项生命体征保持稳定，手术宣告成功。

据了解，这台手术由福建联通、北京301医院、福建医科大学孟超肝胆医院三方联合开展，手术两地相距约50公里。手术的成功实施，标志着全球首例在5G环境下进行的远程外科手术测试取得圆满成功，为今后5G远程外科手术的临床应用创造了条件。

远程手术对无线通信的延时、带宽、可靠性和安全性有极高的要求，核心是要保障信号实时互联互通。“5G技术大带宽、低延时、大连接的优势，与手术机器人相结合，可以实现信号实时互联互通，打破时间和空间的限制，给远程手术提供了可能。”福建医科大学孟超肝胆医院院长刘景丰说。此次手术的成功，说明了5G技术在远程医疗方面是完全可行的。他表示，在不远的将来，5G技术将实现临床运用，还可能实现远程查房、远程B超等，让更多的优质医疗资源能迅速普及偏远地区，让患者不出远门也能享受省级、国家级，甚至国际级专家的诊疗。

当前，我国医疗领域仍存在优质医疗资源区域分布不均衡、医疗人才稀缺等问题。患者通常愿意选择大城市的三级甲等医院或专科医院就诊，造成大医院人满为患、中小城市的医院却相对空置。当智慧医疗与5G技术相结合，5G的高速率、低时延、高可靠等特性将成为推动我国医疗及健康产业发展的重要抓手之一。智慧医疗及医疗健康领域也将直接受益于5G网络和技术，并且随着5G与AIoT的深度融合，将发掘出更多智慧医疗、智慧健康的应用场景，使高清视频远程会诊、远程手术、紧急救援、AI辅助诊断、远程医疗教学等新业务的应用落地变为可能，为智慧医疗的发展带来新的机遇。2020年年初暴发的新冠疫情也对5G的应用和普及起到了推动作用，5G结合4K/8K、AR/VR等技术助力各地医疗机构抗击疫情。

1. 智慧医疗技术架构

医院及相关设施作为5G智慧医疗的主要承载单位和运营方，在智慧医院的设计、建造和运营的过程中，以“端、边、管、云+应用”为技术架构，将医院及院区的各类仪器设备、系统、云平台形成合力，通过感知、计算、应用等技术生态，以实现多元化的功能。智慧医疗技术架构进一步可以分为感知层、传输层、平台层（数据中台和业务中台）及应用层4部分。

（1）感知层

感知层由智慧医疗体系中不同应用场景的各种传感器、仪器、终端和车辆等组成，针对不同医疗场景及监测对象的需求，对相关数据和信息进行采集。随着AIoT、5G的快速发展和对感知层的融合，感知层相关传感装置和终端设备在计算能力、传输能力方面有显著提升，感知层具备更强大的边缘计算能力和传输能力，不仅具备对数据、信息的持续、快速的采集能力，还具备更强大的实时数据分析和业务处理能力，典型代表产品有无线医疗设备、医用机器人、医护类手持终端设备等。

（2）传输层

在实现智慧医疗体系中，传输层的功能是将由不同应用场景的各种传感器、终端设备等所获取的数据向平台层传输。传输层因为应用场景差异较大，分为室内、室外、高速运动过程及中低速运动过程等，各种通信技术对应不同的应用场景和需求。随着5G的快速发展，以5G技术为基础，为智慧医疗提供了高速、高可靠、低时延、安全稳定的接入网络，实现了智慧医疗不同应用场景的信息交互和传输。

（3）平台层

随着5G网络的商用，5G网络重点应用的紧急救援、省际病患运输、远程诊疗等场景将产生海量数据，平台层对数据的承载、存储、分析面临很大的压力，数据中台的作用变得更加重要。数据中台将成为医院实现数字化转型的重要基础，核心是打破医院内部的组织壁垒和信息孤岛，构建面向医院运营、管理的数据平台，重构医院的信息化结构体系和业务架构。通过多源数据的采集、汇总能力的构建、医院数据仓库体系的建设、基于医院不同科室业务特征的数据建模能力、数据分析能力以及数据可视化能力等，构成医院的数据中台，为智慧医院业务中台的运营提供可靠、稳定的数据支撑。

（4）应用层

AIoT+5G与智慧医疗结合后，实现多样化、定制化、人性化服务的集中体现。5G的三大业务特征及切片网络、大规模MIMO等技术特点可支撑不同的应用场景，如紧急救援、远程手术、医疗设备监管等。

5G技术与大数据、人工智能等深度融合，从而进一步加速生态联动发展。从智慧医疗应用场景来看，目前5G在医疗中的部分应用场景如下。

在医疗健康领域，5G网络所具备的大带宽、高速率、高可靠、低时延、边缘计算、大规模MIMO和网络切片等5G关键技术，为智慧医疗的众多应用场景提供了可行性。国际电信联盟无线电通信组定义了5G应用的三大业务类型，包括增强移动宽带（eMBB）、海量机器类通信（mMTC）、超高可靠低时延通信（uRLLC）。eMBB适用于对带宽需求较高的业务场景，mMTC适用于对连接密度要求高的业务场景，uRLLC适用于对时延极为敏感的业务场景。

2. 5G技术在智慧医疗领域的应用场景

5G技术与智慧医疗融合后，衍生出的应用场景主要分为3类：一是基于新型智能终端的远程操控类场景，包括机器人远程手术等；二是基于高清视频、影像的远程指导和诊疗类场景，包括远程查房、远程会诊、远程急救指导、远程教学和远程超声诊断等；三是基于医疗健康传感器和设备数据的远程监控类场景，包括患者实时定位、远程输液监控、慢病远程监控等。5G技术在智慧医疗领域三大应用场景的分类如表7-3-1所示。

表7-3-1　5G技术在智慧医疗领域的应用场景分类

远程操控类场景	5G技术	远程指导类场景	5G技术	远程监测类场景	5G技术
远程手术	eMBB/uRLLC	远程会诊	uRLLC/eMBB	输液智能监测	mMTC
远程急救	eMBB/uRLLC/网络切片	移动查房	mMTC/NB-IoT	智慧临床护理	mMTC/NB-IoT
健康检查	eMBB/uRLLC	智能重症监护	mMTC/uRLLC/网络切片	无人机航拍监测	uRLLC/MIMO/eMBB/网络切片
药品/疫苗冷链运输	eMBB/uRLLC	远程音视频互动	uRLLC/MIMO/eMBB	远程健康监护	uRLLC/eMBB
无人机药品输送	uRLLC/MIMO/网络切片	远程示教（VR/AR）	eMBB	位置追踪服务	mMTC/uRLLC/NB-IoT

（1）增强移动带宽

在5G的三大应用场景中，优先商用的是增强移动带宽（eMBB）。eMBB主要围绕个人应用，侧重多媒体类应用场景，对于带宽有极高需求的、超大流量的移动宽带业务，主要用于连续广域覆盖和热点高容量场景。在广域覆盖场景下，支持实现用户体验速率达 100 Mbps、移动性 500 km/h。此类使用场景是 5G 网络建设初期的核心业务类型。

eMBB 在 5G 智慧医疗领域的主要应用场景包括病患急救转运过程中的信息传递。在急救车运输病患的过程中，可以通过 5G 网络将患者的体征信息、高清视频和图像实时传送到定点医院或医疗智慧中心，某些患者信息，如超声波检查必须是实时、动态、高清的，一旦在传输过程中出现画面卡顿或丢失，均有可能造成漏诊和误诊。基于 5G 高速率和低时延的特性，将急诊部分工作关口前移，力争实现上车即入院，争取到宝贵的救治时间。

对于来不及转运必须进行就地急救或手术的患者，可以通过 5G 网络将移动急救记录仪、移动急救设备、移动工作站进行连接，实时传输高清音视频、多媒体病历、急救地图等。还可以在现场搭建临时急救站，通过架设高清、全景视角的摄像系统，将现场的影像数据实时无损地传送到千里之外的医院急救中心。急救中心的专家可以通过远程会诊平台或佩戴 AR 眼镜或 VR 头盔等设备了解病人信息，为现场救护人员提供实时指导。

2019 年 5 月，由中国移动（成都）产业研究院自主研发的 5G 应急救援系统在四川省人民医院急救中心正式投入临床应用，既为急救车加装了医疗急救的助推器，同时也依靠 5G 网络的高速率特性，实现对货仓内重要物资（包括疫苗、毒株等）在转运过程中的实时监测。

2020 年 1 月，四川省卫生健康委将 5G+双千兆网络技术首次应用于新型冠状病毒感染肺炎的临床诊治。四川大学华西医院和成都市公共卫生临床医疗中心的多位专家一起，进行了肺炎急重症患者的远程会诊并为患者的治疗提出了指导意见。此次远程诊疗充分利用了 5G 网络大带宽、低时延的技术特性，在新冠疫情防控的关键时期，让医护人员的诊治变得更加高效便捷。

（2）大规模机器类通信

大规模机器类通信（mMTC），即低功耗、大连接，支持连接数密度 100 万个/km^2，针对连接密度较高、连接规模较大的物联网业务领域，适用场景为所需连接的终端或传感器数量大，但每个终端或传感器所需传输的数据量较少，且对时延要求较低的场景，真正实现万物互联。

mMTC 场景分为医院建筑物内场景和医院建筑物外场景。三甲医院一般有门诊楼、住院楼、行政办公楼、后勤保障中心等基本楼宇，这些建筑物内有数千种医疗仪器设备、大量医护人员电子终端设备，医院和各科室对以上医疗设备的位置追踪、使用监管存在实际需求。医院建筑物外场景包括院区出入口、急救车停车位、社会车辆停车位、路灯、井盖等。为了提高医院运营效率，提升安全应对水平，对室内外场景的监测和数据采集可以通过 5G 的统一接入方式，打通室内的 Wi-Fi 网络或专网环境，实现医院的数据中台对医疗设备、医疗器械的统一管理，实现对所有设备的数据联网。通过制订具备边缘计算能力的医疗物联网解决方案，把非核心数据和需求传输到云端进行处理，将部分应用场景的计算需求通过边缘网关在本地计算进行处理，大大降低对带宽的占用。

医院内的医疗废物是重要的潜在污染源，对医疗垃圾桶的存放、称重、清运和处置等环节进行有效监管和追踪的重要性不言而喻，尤其是对污染性废物、损伤性废物、药物性废物和化学性废物的追踪。通过与 5G 结合，可以将上述 4 类废物的处置过程进行全程监测和数据采集，通过打通医院、医疗废物处置中心、环保部门3方的数据管理平台，对医疗废物的管理和处置实现可视化、规范化管理，数据更加规范、准确、统一，并能够对医疗废物的意外泄漏、非法倾倒等行为进行及时发现和处置。

（3）超高可靠低时延通信

超高可靠低时延通信（uRLLC）主要针对时延、可靠性等要求极高的场景，这类场景是为机器到机器（M2M）的实时通信而设计的。uRLLC低时延、高可靠的通信技术，能够让生活变得更高效、更便捷、更安全、更智能，尤其是在医疗领域具备更广泛的应用前景。

uRLLC在智慧医疗领域的典型应用场景包括院内无线监护、远程监测和远程手术等。无线监护收集大量病患生命体征信息，在管理后台进行统一监管，提升了现有ICU病房医护人员的效率。远程手术包括远程B超等对于监测技术有较高要求，能有效消除远程监测医生与患者间的物理距离，实现远在千里之外的实时监测和手术。另外，在交通条件落后或路况不佳的医疗应用场景，无人机结合5G技术可以部分解决关键货物的配送问题，某些无人机的飞行半径达到了120 km，速度达到了100 km/h，能够为偏远或陆路交通不便到达的诊所提供血液、药品的配送服务。

在抗击新冠疫情期间，无人机系统作为疫情防控的措施之一被广泛应用。各种类型的无人机充分发挥了高速、灵活、跨地形作业的特点，实现了包括定点区域巡逻、疫情宣传喊话、消杀、防控检测等工作，为抗疫提供了有力的支持。

5G的通信模组进一步成熟之后，结合边缘计算应用，无人机的飞行控制、高清图像和视频等各种数据和信息的进一步整合将成为可能，无人机可以飞抵疫情暴发地，及时将实景传送到千里之外的疾病管控中心。

智慧医疗与5G的结合，将加速远程医疗的发展和落地，有利于优质医疗资源向地方医院、隔离区或交通不畅的地方输出，有效缓解地方医院或诊所尖端医疗人才和高端医疗仪器不足的现状。同时，获取不同健康应用场景的数据，对实现互联互通，推动智慧医疗、智慧医院、智慧健康领域的云化，起着至关重要的作用。

【思考与练习】

1. 列举5G技术在生活中的实际应用场景。
2. 未来5G技术还会用于哪些领域和生活场景？

7.4 发展现状及趋势

目前，5G时代正加速到来，全球主要经济体加速推进5G商用落地。在政策支持、技术进步和市场需求驱动下，中国5G产业快速发展，在各个领域也已取得不错的成绩。

1. 政策支持中国5G战略地位

中国政府高度重视5G产业的发展，在相关政策方面为5G产业的发展指明方向，《中国制造2025》指出要全面突破第五代移动通信（5G）技术；《国家信息化发展战略纲要》指出5G要在2020年取得突破性进展；《中华人民共和国国民经济和社会发展第十三个五年规划纲要》

要求加快构建高速、移动、安全、泛在的新一代信息基础设施，积极推进5G商用；《关于进一步扩大和升级信息消费持续释放内需潜力的指导意见》要求进一步扩大和升级信息消费，力争2020年启动5G商用。

2. 中国5G产业发展现状

预计2025年中国5G连接数将超4亿个。据中国信息通信研究院数据，自2020年正式商用起，中国5G连接数随着时间的推移将迅速增加，到2025年预计达4.28亿个。艾媒咨询分析师认为，5G网络初期作为热点技术的部署，将对现网容量进行补充和扩展。

中国5G产业发展前景广阔，提供百万就业机会。据中国信息通信研究院数据，自2020年正式商用起，至2025年，预计5G带动直接经济产出3.3万亿元，间接经济产出达6.3万亿元；至2030年，预计5G带动直接经济产出6.3万亿元，间接经济产出达10.6万亿元。在就业机会方面，预计2025年、2030年5G商用将分别直接贡献三百万个、八百万个就业机会。

目前中国5G产业已形成规划、建设、运营和应用四大产业链环节，产业发展前景广阔。

3. 中国5G产业发展趋势

5G拉动相关产业经济价值，不同产业链环节企业发展态势良好。在政策扶持和5G技术日益成熟的影响下，中国5G产业发展稳步推进，企业发展态势良好，从规划环节、建设环节、运营环节到应用环节，各个不同产业链相关企业营收不断增长，智能制造、车联网、无线医疗等5G技术应用领域频获资本青睐。分析师认为，随着5G临时牌照发放和商用步伐的加快，未来中国5G产业在带动中国经济产出、提供就业机会等方面将发挥重要作用。

5G融入多项技术，驱动传统产业变革，智能制造、智慧出行或成最新战场。高性能、低延时、大容量是5G网络的突出特点，5G技术的日益成熟开启了互联网万物互联的新时代，融入人工智能、大数据等多项技术。5G已成为推动交通、医疗、传统制造等传统行业向智能化、无线化等方向变革的重要参与者。分析师认为，作为新一代移动通信技术，5G的发展切合了传统制造业智能制造转型的无线网络应用需求，其高性能、低延时的特点也满足了无人驾驶等垂直领域的发展要求，智能制造、智慧出行将成为5G技术发展的最新战场。

5G个人应用或将率先起步，行业应用后成5G应用收入的主要场景。中国基础运营商和其他5G生态系统的参与者在5G建设初期阶段的重点大多是增强宽带业务，支撑5G个人应用场景，具体包括高清视频、增强现实（AR）、虚拟现实（VR）等，但5G个人应用场景的落地在产业营收方面存在不确定性，如增强现实和虚拟现实缺乏足够丰富的内容和应用，在设备成本和可用性方面也存在一定的难题。随着5G生态系统的成熟，更广泛的网络部署或将带来更清晰的商业模式和营收机会。

技术发展和创新或成支撑内容提供商和垂直行业领域价值链进一步成熟的关键。世界主要经济体正在加速推进5G商用落地，然而，5G标准和产业链还需完善，5G的长期多样化服务需求也要求5G技术不断发展和创新。广泛的5G普及路径为终端到接入网，进而到内容提供商和垂直行业领域，无论是从网络连接、个人应用场景的内容提供，还是大规模的行业应用场景支撑，5G技术的改进和创新都是推动相关领域价值链进一步成熟的关键。

习题

一、选择题

1. （　　）年，3GPP 5G NR标准SA方案在3GPP第80次TSG RAN全会正式完成并发布，这标志着首个真正完整意义的国际5G标准正式出台。

A. 2016　　B. 2017　　C. 2018　　D. 2019

2. （　　）年，工信部正式向中国电信、中国移动、中国联通、中国广电发放5G商用牌照，中国正式进入5G商用元年。

A. 2016　　B. 2017　　C. 2018　　D. 2019

3. 2020年6月，中国5G用户超过（　　）。

A. 100万　　B. 1 000万　　C. 1.1亿　　D. 5亿

4. 4K、8K超高清视频业务属于对5G三大类应用场景网络需求中的（　　）。

A. 增强移动宽带　　B. 海量大连接　　C. 低时延高可靠　　D. 低时延大带宽

5. 5G NR的信道带宽利用率最高可达（　　）。

A. 98.28%　　B. 90.28%　　C. 92.55%　　D. 97.32%

6. 5G的“G”是指（　　）。

A. Great　　B. Generation　　C. Gb/s　　D. GB

7. 5G的含义是无所不在、超宽带的无线接入。下列不符合5G无线接入特点的是(　　)。

A. 高密度　　B. 低时延　　C. 高可靠　　D. 高可信

8. 5G的理论传输速率可达到（　　）。

A. 50 Mb/s　　B. 100 Mb/s　　C. 500 Mb/s　　D. 1 Gb/s

9. 应用5G技术可在28 GHz超高频段以（　　）以上的速率传输数据，且最长传输距离可达2 km。

A. 1 Gb/s　　B. 10 Gb/s　　C. 100 Mb/s　　D. 75 Mb/s

10. 应用5G技术下载一部高画质（HD）电影只需（　　）。

A. 10 s　　B. 100 s　　C. 1 000 s　　D. 10 min

二、填空题

1. 无人驾驶场景属于对应5G三大类应用场景网络需求中的________。

2. 5G中Sub-6 GHz频段能支持的最大带宽为________。

3. 5G组网模式是以________划分的。

4. 5G网络正朝着网络多元化、宽带化、综合化、________的方向发展。

第8章

区块链技术及应用

2009年，比特币系统诞生，区块链技术也随之发展起来。区块链具有去中心化、防篡改、可追溯等特性，可以较低的成本实现高效的多方协同，在不同应用中为多个相互不信任的参与者建立分布式信任。近年来，区块链技术和产业在全球范围内快速发展，应用已延伸到数字金融、物联网、智能制造、供应链管理、数字资产交易等多个领域，展现出了广阔的应用前景。2019年10月24日，习近平总书记在中央政治局第十八次集体学习时强调，“要把区块链作为核心技术自主创新的重要突破口，明确主攻方向，加大投入力度，着力攻克一批关键核心技术，加快推动区块链技术和产业创新发展”。随着区块链技术的不断成熟及向各领域的渗透，一个将如“互联网+”一样为各行业注入新活力的“区块链+”时代即将到来。

8.1 区块链技术原理与特性

8.1.1 区块链与比特币

1. 比特币的诞生

2008 年，美国发生了次贷危机，进而引发了波及全球的金融危机。2008 年 11 月，一个化名为中本聪的人在密码学论坛 metzdowd. com 发表了一篇题为《比特币：一种点对点的电子现金系统》（*Bitcoin*：*A Peer-to-Peer Electronic Cash System*）的研究报告，首次提出了一个基于密码学原理而不是基于信用，不需要第三方中介参与的电子支付系统——比特币。他希望通过这个系统可以使任何达成一致的双方直接进行支付，从而杜绝伪造货币并解决重复支付的问题。

研究报告发表之后，中本聪开始着手开发比特币的发行、交易和账户管理系统。2009 年 1 月 3 日，比特币系统正式运行，中本聪构造出被称为“创世区块”的第一个区块，最初的 50 个比特币宣告问世。

比特币的诞生，意味着一种新型、去中心化、无固定发行方的数字货币的诞生。本章所述数字货币，均指类似比特币的新型数字货币，并以比特币为例介绍区块链的相关技术原理与特性。

截至 2022 年，比特币系统已经运行了整整 14 年。比特币系统软件全部开源，系统本身分布在全球各地，无中央管理服务器，无任何负责的主体，无外部信用背书。在比特币运行期间，有大量黑客无数次尝试攻克比特币系统，然而神奇的是，这样一个“三无”系统，十几年来一直都在稳定运行，没有发生过重大事故，由此可见比特币系统背后技术的可靠性和完备性。随着比特币在全球的风靡，现在越来越多的人开始关注其背后的区块链技术，并致力于将这样一种支持去中心化的稳定系统技术应用到其他各类社会领域之中。

2. 比特币的“价格”

除了其背后的技术所具有的价值，比特币作为一种虚拟货币，也逐渐与现实世界的法币建立起了“兑换”关系，其本身有了狭义的“价格”。现实世界中第一笔比特币交易发生在 2010 年 5 月 22 日，美国佛罗里达州程序员拉斯洛·豪涅茨（Laszlo Hanyecz）用 1 万个比特币，换回了比萨零售店棒约翰（Papa Johns）的一个价值 25 美元的比萨，这是比特币作为加密数字货币首次在现实世界的应用。比特币自诞生之日起，经历了多次的暴涨暴跌，其价格的变动犹如过山车一般。从比特币近年来的价格走势可以看出，未来，数字加密货币市场的大起大落还将继续上演。

【相关拓展】在 2013 年印发的《中国人民银行 工业和信息化部 中国银行业监督管理委员会 中国证券监督管理委员会 中国保险监督管理委员会关于防范比特币风险的通知》中明确：“比特币具有没有集中发行方、总量有限、使用不受地域限制和匿名性四个主要特点。虽然比特币被称为‘货币’，但由于其不是由货币当局发行，不具有法偿性与强制性等货币属性，并不是真正意义的货币。从性质上看，比特币应当是一种特定的虚拟商品，不具有与货币等同的法律地位，不能且不应作为货币在市场上流通使用。”

“现阶段，各金融机构和支付机构不得以比特币为产品或服务定价，不得买卖或作为中央对手买卖比特币，不得承保与比特币相关的保险业务或将比特币纳入保险责任范围，不得直接或间接为客户提供其他与比特币相关的服务，包括：为客户提供比特币登记、交易、清算、结算等服务；接受比特币或以比特币作为支付结算工具；开展比特币与人民币及外币的兑换服务；开展比特币的储存、托管、抵押等业务；发行与比特币相关的金融产品；将比特币作为信托、基金等投资的投资标的等。”

3. 比特币与区块链

比特币通过“区块+链”的分布式账本完美地形成了一个不依赖任何中间人即可完成记账的自动运行系统。如图 8-1-1 所示，其中具有“区块+链”不可篡改账本、多方参与、结果共识的技术，就是比特币背后的区块链技术。

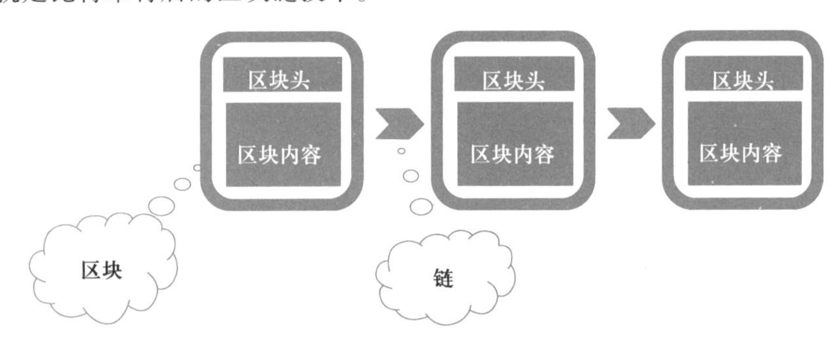

图 8-1-1 “区块+链”的账本结构

8.1.2 区块链的概念

工信部指导发布的《区块链技术和应用发展白皮书 2016》对区块链的解释如下：狭义来讲，区块链是一种按照时间顺序将数据区块以顺序相连的方式组合成的一种链式数据结构，并以密码学方式保证的不可篡改和不可伪造的分布式账本。广义来讲，区块链技术是利用块链式数据结构来验证和存储数据、利用分布式节点共识算法来生成和更新数据、利用密码学的方式保证数据传输和访问的安全性、利用由自动化脚本代码组成的智能合约来编程和操作数据的一种全新的分布式基础框架与计算范式。

区块链（block chain），顾名思义，是一种以区块（block）为单位产生和存储数据，并按照时间顺序首尾相连形成链式（chain）结构，同时通过密码学保证不可篡改、不可伪造及数据传输访问安全的去中心化分布式账本。

要了解区块链的本质，首先要了解区块链的数据结构，即这些交易信息以怎样的结构保存在账本中。

区块链的基本数据单元是区块，用于存储所有交易相关信息，主要由区块头和区块体两部分构成，区块头一般包含父区块哈希值和默克尔树根等信息，区块体则包含一串交易的列表。通过每个区块头中保存的父区块的哈希值唯一指定该区块的父区块，在区块间构成连接关系，从而组成了区块链的基本数据结构。区块链系统的参与者将一组交易打包成一个区块，并使用哈希算法和数字签名等技术将新的区块链接到已有的区块序列之后，由此形成一个链。区块链的数据结构示意图如图 8-1-2 所示。

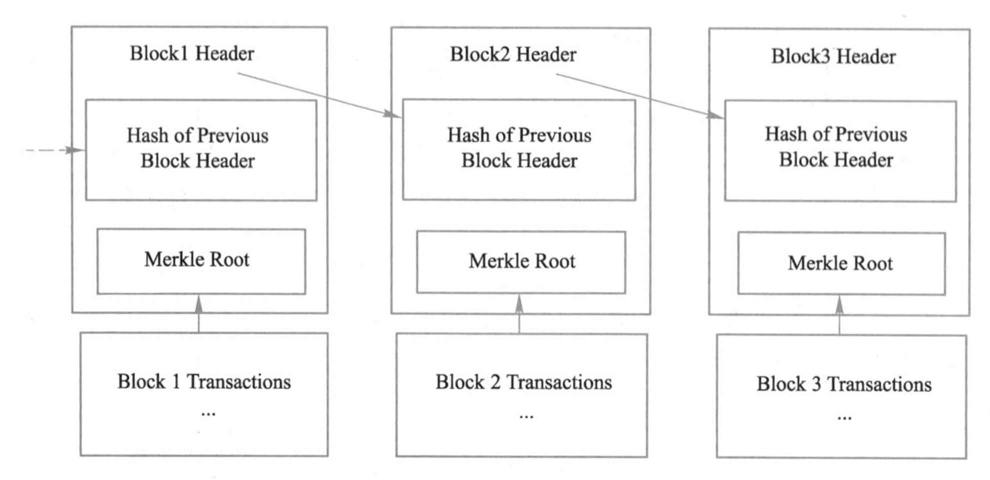

图 8-1-2　区块链数据结构示意图

8.1.3　区块链基础技术

区块链虽然是一个刚刚诞生十几年的新兴概念，但它用到的基础技术都是当前非常成熟的技术，在区块链兴起之前就已经在各种互联网应用中被广泛使用，但区块链绝不是新瓶装旧酒，而是一个充满创意和无限生命力的新技术。本小节主要探讨这些技术的原理及在区块链系统中的作用。

1. 哈希运算

区块链账本数据主要通过父区块哈希值组成链式结构来保证不可篡改性。下面分别介绍哈希运算、哈希运算的特性以及默克尔树。

（1）哈希运算

哈希算法（hash algorithm）即散列算法的直接音译。它的基本功能概括来说，就是把任意长度的输入（如文本等信息）通过一定的计算，生成一个固定长度的字符串，输出的字符串称为该输入的哈希值。下面以常用的 SHA-256 算法为例对一个简短的句子进行哈希运算。

输入：This is a hash example!

哈希值：f7f2cf0bcbfbc11a8ab6b6883b03c721407da5c9745d46a5fc53830d4749504a

对于任意长度的消息，SHA-256 都会产生一个 256 个二进制位长的哈希值，称作数字摘要。这个摘要通常用一个长度为 64 的十六进制字符串来表示。

（2）哈希运算的特性

通过哈希运算构建区块链的链式结构，实现防篡改。每个区块头包含了上一个区块数据的哈希值，这些哈希值层层嵌套，最终将所有区块串联起来，形成区块链。区块链里包含了自该链诞生以来发生的所有交易，因此，要篡改一笔交易，意味着它之后的所有区块的父区块哈希值全都要篡改一遍，这需要进行大量的运算。如果想要篡改数据，必须靠伪造交易链实现，即保证在正确的区块产生之前能快速地运算出伪造的区块。同时在以比特币为代表的区块链系统要求连续产生一定数量的区块之后，交易才会得到确认，即需要保证连续伪造多个区块。只要网络中节点足够多，连续伪造的区块运算速度都超过其他节点几乎是不可能实现的。

（3）默克尔树

除上述防篡改特性，基于哈希算法组装出的默克尔树也在区块链中发挥了重要作用。默克尔树本质上是一种哈希树。在区块链中默克尔树就是当前区块所有交易的一个哈希值。但是这个哈希值并不是直接将所有交易内容计算得到的哈希值，而是一个哈希二叉树。首先对每笔交易计算哈希值；然后进行两两分组，对这两个哈希值再计算得到一个新的哈希值，两个旧的哈希值就作为新哈希值的叶子节点；然后重复上述计算，直至最后只剩一个哈希值，作为默克尔树的根，最终形成一个二叉树结构。

在区块链中，只需要保留对自己有用的交易信息，删除或者在其他设备备份其余交易信息。如果需要验证交易内容，只需验证默克尔树即可。若根哈希验证不通过，则验证两个叶子节点，再验证其中哈希验证不通过的节点的叶子节点，最终可以准确识别被篡改的交易。

2. 数字签名

（1）数字签名的作用

日常生活中手写的签名大家都不陌生，作为确定身份、责任认定的重要手段，各种重要文件、合同等均需要签名确认。同一个字，不同的人写出来的字迹是完全不同的，刻意模仿也能通过专业的手段进行鉴别。因为签名具有唯一性，所以可以通过签名来确定身份及定责。

区块链网络中包含大量的节点，不同节点的权限不同。就像现实生活中只能将自己的钱转给他人，而不能将别人的钱转给自己，区块链中的转账操作，必须由转出方发起。区块链主要使用数字签名来实现权限控制，识别交易发起者的合法身份，防止恶意节点身份冒充。

（2）数字签名的效力

数字签名也称作电子签名，是通过一定算法实现类似传统物理签名的效果。目前已经有包括欧盟、美国和中国等在内的20多个国家和地区认可数字签名的法律效力。1999年我国实施的《中华人民共和国合同法》首次确认了电子合同、数字签名的法律效力。2005年4月1日，中国首部《电子签名法》正式实施。数字签名在ISO 7498-2标准中定义为："附加在数据单元上的一些数据，或是对数据单元所做的密码变换，这种数据和变换允许数据单元的接收者用以确认数据单元来源和数据单元的完整性，并保护数据，防止被人（如接收者）进行伪造。"

（3）数字签名的原理

数字签名并不是指通过图像扫描、电子版录入等方式获取物理签名的电子版，而是通过密码学领域相关算法对签名内容进行处理，获取一段用于表示签名的字符。在密码学领域，一套数字签名算法一般包含签名和验签两种运算，数据经过签名后，非常容易验证完整性，并且不可抵赖。只需要使用配套的验签方法验证即可，不必像传统物理签名一样需要专业手段鉴别。数字签名通常采用非对称加密算法，即每个节点需要一对私钥、公钥密钥对。所谓私钥即只有本人可以拥有的密钥，签名时需要使用私钥。不同的私钥对同一段数据的签名是完全不同的，类似物理签名的字迹。数字签名一般作为额外信息附加在原消息中，以此证明消息发送者的身份。公钥即所有人都可以获取的密钥，验签时需要使用公钥。因为公钥人人可以获取，所以所有节点均可以校验身份的合法性。

数字签名的流程如下。

① 发送方 A 对原始数据通过哈希算法计算数字摘要，使用非对称密钥对中的私钥对数字摘要进行加密，这个加密后的数据就是数字签名。

② 数字签名与 A 的原始数据一起发送给验证签名的任何一方。

验证数字签名的流程如下。

① 签名的验证方一定要持有发送方 A 的非对称密钥对的公钥。

② 在接收到数字签名与 A 的原始数据后，使用公钥对数字签名进行解密，得到原始摘要值。

③ 对 A 的原始数据通过同样的哈希算法计算摘要值，进而比对由解密得到的摘要值与重新计算的摘要值是否相同，如果相同，则签名验证通过。

A 的公钥可以解密数字签名，保证了原始数据确实来自 A；解密后的摘要值与原始数据重新计算得到的摘要值相同，保证了原始数据在传输过程中未经过篡改。

在区块链网络中，每个节点都拥有一份公钥、私钥密钥对。节点发送交易时，先利用自己的私钥对交易内容进行签名，并将签名附加在交易中。其他节点收到广播消息后，首先对交易中附加的数字签名进行验证，完成消息完整性校验及消息发送者身份合法性校验后，该交易才会触发后续处理流程。

8.1.4 分布式共识

区块链的核心就是达成分布式共识、维护一致性账本的一种技术。

1. 为什么要共识

区块链通过全民记账来解决信任问题，但是所有节点都参与记录数据，那么最终以谁的记录为准？或者说，怎么保证所有节点最终都记录一份相同的正确数据，即达成共识？在传统的中心化系统中，因为有权威的中心节点背书，因此可以中心节点记录的数据为准，其他节点仅简单复制中心节点的数据即可，很容易达成共识。然而在区块链这样的去中心化系统中，并不存在中心权威节点，所有节点对等地参与到共识过程中。由于参与的各个节点的自身状态和所处网络环境不尽相同，而交易信息的传递又需要时间，并且消息传递本身不可靠，因此，每个节点接收到的需要记录的交易内容和顺序也难以保持一致。更不用说，由于区块链中参与的节点的身份难以控制，还可能会出现恶意节点故意阻碍消息传递或者发送不一致的信息给不同节点，以干扰整个区块链系统的记账一致性，从而从中获利的情况。因此，区块链系统的记账一致性问题，或者说共识问题，是一个十分关键的问题，它关系着整个区块链系统的正确性和安全性。

2. 共识算法主要类型

当前区块链系统的共识算法有许多种，主要可以归类为如下 4 大类。

（1）工作量证明（proof of work，PoW）类的共识算法

PoW 类的共识算法主要包括区块链鼻祖比特币所采用的 PoW 共识及一些类似项目（如莱特币等）的变种 PoW，即为大家所熟知的“挖矿”类算法。这类共识算法的核心思想实际是所有节点竞争记账权，而对于每一批次的记账（或者说，挖出一个区块）都赋予一个“难题”，要求只有能够解出这个难题的节点挖出的区块才是有效的。同时，所有节点都不断地通过试图解决难题来产生自己的区块并将自己的区块追加在现有的区块之后，但全网络中只有最长的链才被认为是合法且正确的。

PoW类的共识算法所设计的“难题”一般都是需要节点通过进行大量的计算才能够解答的，为了保证节点愿意进行如此多的计算从而延续该区块链的生长，这类系统都会给每个有效区块的生成者以一定的奖励。比特币中解决的难题即寻找一个符合要求的随机数（nonce）。

比特币中每个区块产生时，需要把上一个区块的哈希值、本区块的交易信息的默克尔树根、一个未知的随机数（nonce）拼在一起计算一个新的哈希值。为了保证10 min产生一个区块，该工作必须具有一定难度，即哈希值必须以若干0开头。哈希算法中，输入信息的任何微小改动即可引起哈希值的巨大变动，且这个变动不具有规律性。因为哈希值的位数是有限的，通过不断尝试随机数nonce，总可以计算出一个符合要求的哈希值，且该随机数无法通过寻找规律计算出来。这意味着，该随机数只能通过暴力枚举的方式获得。比特币系统“挖矿”中计算数学难题即为寻找该随机数的过程。

某个矿工成功计算出该随机数后，则会进行区块打包并全网广播。其他节点收到广播后，只需对包含随机数的区块按照同样的方法进行一次哈希运算即可，若哈希值以“0”开头的个数满足要求，且通过其他合法性校验，则接受这个区块，并停止本地对当前区块随机数的寻找，开始下个区块随机数的计算。

不得不承认的是，PoW类算法给参与节点带来的计算开销，除了延续区块生长外无任何其他意义，却需要耗费巨大的能源，并且该开销会随着参与的节点数目的上升而上升，是对能源的巨大浪费。

（2）Po*的凭证类共识算法

鉴于PoW的缺陷，人们提出了一些PoW的替代者——Po*类算法。这类算法引入了“凭证”的概念（即Po*中的*代表各种算法所引入的凭证类型）：根据每个节点的某些属性（拥有的币数、持币时间、可贡献的计算资源、声誉等），定义每个节点进行出块的难度或优先级，并且取凭证排序最优的节点，或取凭证最高的小部分节点进行加权随机抽取某一节点，进行下一段时间的记账出块。

（3）BFT类算法

无论是PoW类算法还是Po*类算法，其中心思想都是将所有节点视作竞争对手，每个节点都需要进行一些计算或提供一些凭证来竞争出块的权利（以获取相应出块的好处）。BFT类算法则采取了不同的思路，它希望所有节点协同工作，通过协商的方式来产生能被所有诚实节点认可的区块。

具体地，BFT类共识算法一般都会定期选出一个领导者，由领导者来接收并排序区块链系统中的交易，领导者产生区块并递交给所有其他节点对区块进行验证，进而其他节点“举手”表决时接受或拒绝该领导者的提议。如果大部分节点认为当前领导者存在问题，这些节点也可以通过多轮的投票协商过程将现有领导者推翻，再以某种预先定好的协议协商产生出新的领导者节点。

（4）结合可信执行环境的共识算法

上述三类共识算法均为纯软件的共识算法。除此之外，还有一些共识算法对硬件进行了利用，如一些利用可信执行环境（trusted execution environment，TEE）的软硬件结合的共识算法。

可信执行环境是一类能够保证在该类环境中执行的操作绝对安全可信、无法被外界干预修改的运行环境，它与设备上的普通操作系统（Rich OS）并存，并且能给Rich OS提供安全服务。可信执行环境所能够访问的软硬件资源是与 Rich OS 完全分离的，从而保证了可信执行环境的安全性。

利用可信执行环境，可以对区块链系统中参与共识的节点进行限制，很大程度上可以清除恶意节点的不规范或恶意操作，从而能够减少共识算法在设计时需要考虑的异常场景，一般来说能够大幅提升共识算法的性能。

8.1.5 区块链的特性

区块链是多种已有技术的集成创新，主要用于实现多方信任和高效协同。通常，一个成熟的区块链系统具备如下 4 种特性。

1. 透明可信

在去中心化的系统中，网络中的所有节点均是对等节点，大家平等地发送和接收网络中的消息。所以，系统中的每个节点都可以完整观察系统中节点的全部行为，并将观察到的这些行为在各个节点进行记录，即维护本地账本，整个系统对应每个节点都具有透明性。这与中心化的系统是不同的，中心化的系统中不同节点之间存在信息不对称的问题。中心节点通常可以接收到更多信息，而且中心节点也通常被设计为具有绝对的话语权，这使得中心节点成为一个不透明的黑盒，而其可信性也只能借由中心化系统之外的机制来保证，如图 8-1-3 所示。

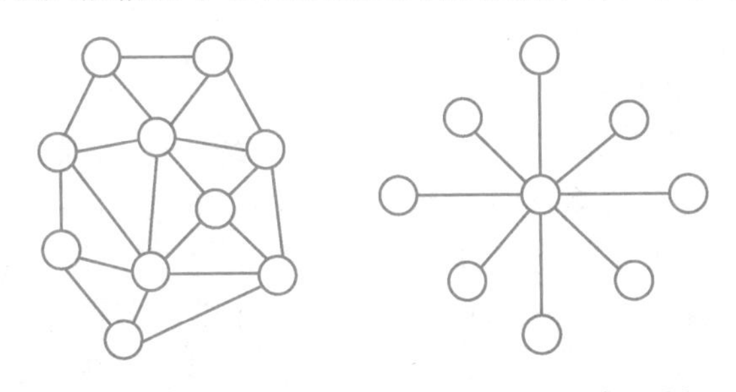

(a) 去中心化网络，全网可见　(b) 中心化网络，中心黑盒

图 8-1-3　网络架构对比

区块链系统是典型的去中心化系统，网络中的所有交易对所有节点均是透明可见的，而交易的最终确认结果也由共识算法保证了所有节点间的一致性，所以整个系统对所有节点均是透明、公平的，系统中的信息具有可信性。

2. 防篡改可追溯

现在很多区块链应用都利用了防篡改可追溯这一特性，使得区块链技术在物品溯源等方面得到了大量应用。

防篡改可追溯可以被拆开来理解。

“防篡改”是指交易一旦在全网范围内经过验证并添加至区块链，就很难被修改或者抹除。一方面，当前联盟链所使用的如 PBFT 类共识算法，从设计上保证了交易一旦写入即无法被篡改；另一方面，以 PoW 作为共识算法的区块链系统的篡改难度及花费都是极大的。若要对此类系统进行篡改，攻击者需要控制全系统超过 51%的算力，且若攻击行为一旦发生，区块链网络虽然最终会接受攻击者计算的结果，但是攻击过程仍然会被全网见证，当人们发现这套区块链系统已经被控制以后便不再会相信和使用这套系统，这套系统也就失去了价值，攻击者为购买算力而投入的大量资金便无法收回，所以一个理智的个体不会进行这种类型的攻击。

在此需要说明的是，“防篡改”并不等于不允许编辑区块链系统上记录的内容，只是整个编辑的过程被以类似“日志”的形式完整记录了下来，且这个“日志”是不能被修改的。

“可追溯”是指区块链上发生的任意一笔交易都是有完整记录的，可以针对某一状态在区块链上追查与其相关的全部历史交易。“防篡改”特性保证了写入到区块链上的交易很难被篡改，这为“可追溯”特性提供了保证。

3. 隐私安全保障

区块链的去中心化特性决定了区块链的“去信任”特性：由于区块链系统中的任意节点都包含了完整的区块链校验逻辑，所以任意节点都不需要依赖其他节点完成区块链中交易的确认过程，也就是无须额外信任其他节点。“去信任”的特性使得节点之间不需要互相公开身份，因为任意节点都不需要根据其他节点的身份进行交易有效性的判断，这为区块链系统保护用户隐私提供了前提。

区块链系统中的用户通常以公私钥体系中的私钥作为唯一身份标识，用户只要拥有私钥即可参与区块链上的各类交易，至于谁持有该私钥则不是区块链所关注的事情，区块链也不会去记录这种匹配对应关系，所以区块链系统知道某个私钥的持有者在区块链上进行了哪些交易，但并不知晓这个持有者是谁，进而保护了用户隐私。

从另一个角度来看，快速发展的密码学为区块链中用户的隐私提供了更多保护方法。同态加密、零知识证明等前沿技术可以让链上数据以加密形态存在，任何不相关的用户都无法从密文中读取到有用信息，而交易相关用户可以在设定权限范围内读取有效数据，这为用户隐私提供了更深层次的保障。

4. 系统高可靠

区块链系统的高可靠体现在以下方面。

① 每个节点对等地维护一个账本并参与整个系统的共识。也就是说，如果其中某一个节点出故障了，整个系统能够正常运转，这就是为什么用户可以自由加入或者退出比特币系统网络，而整个系统依然工作正常。

② 区块链系统支持拜占庭容错。传统的分布式系统虽然也具有高可靠特性，但是通常只能容忍系统内的节点发生崩溃现象或者出现网络分区的问题，而系统一旦被攻克（甚至只有一个节点被攻克），或者说修改了节点的消息处理逻辑，则整个系统都将无法正常工作。

通常，按照系统能够处理的异常行为可以将分布式系统分为崩溃容错（crash fault tolerance，CFT）系统和拜占庭容错（Byzantine fault tolerance，BFT）系统。CFT 系统，顾名思义，就是指可以处理系统中节点发生崩溃（crash）错误的系统，而 BFT 系统则是指可以处理系统中节点发生拜占庭（Byzantine）错误的系统。拜占庭错误来自著名的“拜占庭将军问题”，现在通常是指系统中的节点行为不可控，可能存在崩溃、拒绝发送消息、发送异常消息或者发送对自己有利的消息（即恶意造假）等行为。

【思考与练习】

1. 比特币系统为什么能够保持长期稳定运行？
2. 简要说明区块链的 4 种特性。

8.2 区块链发展历程及分类

8.2.1 区块链发展历程

区块链的发展先后经历了加密数字货币、企业应用和价值互联网3个阶段。

1. 区块链1.0：加密数字货币

2009年1月，在比特币系统论文发表两个月之后，比特币系统正式运行并开放了源码，标志着比特币网络的正式诞生。通过其构建的一个公开透明、去中心化、防篡改的账本系统，比特币开展了一场规模空前的加密数字货币实验。在区块链1.0阶段，区块链技术的应用主要聚集在加密数字货币领域，典型代表即比特币系统以及从比特币系统代码衍生出来的多种加密数字货币。

2. 区块链2.0：企业应用

针对区块链1.0存在的专用系统问题，为了支持如众筹、溯源等应用，区块链2.0阶段支持用户自定义的业务逻辑，即引入了智能合约，从而使区块链的应用范围得到了极大拓展，开始在各个行业迅速落地，极大地降低了社会生产消费过程中的信任和协作成本，提高了行业内和行业间的协同效率，典型的代表是2013年启动的以太坊系统。针对区块链1.0阶段存在的性能问题，以太坊系统从共识算法的角度也进行了提升。

智能合约的引入可谓区块链发展的一个里程碑。区块链从最初单一数字货币应用，至今天融入各个领域，智能合约可谓功不可没。这些金融、政务服务、供应链、游戏等各种类别的应用，几乎都是以智能合约的形式运行在不同的区块链平台上。

智能合约是一种在满足一定条件时，就自动执行的计算程序。例如，自动售货机，就可以被视为一个智能合约系统。客户需要选择商品，并完成支付，这两个条件都满足后售货机就会自动吐出商品。

随着区块链2.0阶段智能合约的引入，其“开放透明”“去中心化”“不可篡改”的特性在其他领域逐步受到重视。各行业专业人士开始意识到，区块链的应用也许不仅局限在金融领域，还可以扩展到任何需要协同共识的领域中去。于是，在金融领域之外，区块链技术又陆续被应用到了公证、仲裁、审计、域名、物流、医疗、邮件、签证、股票等其他领域，应用范围逐渐扩大到各个行业。

3. 区块链3.0：价值互联网

从技术的角度来看，应用CA认证、电子签名、数字存证、生物特征识别、分布式计算、分布式存储等技术，区块链可以实现一个去中心、防篡改、公开透明的可信计算平台，从技术上为构建可信社会提供了可能。区块链与云计算、大数据和人工智能等新兴技术交叉演进，将重构数字经济发展生态，促进价值互联网与实体经济的深度融合。

价值互联网是一个可信赖的实现各个行业协同互联，实现人和万物互联，实现劳动价值高效、智能流通的网络，主要用于解决人与人、人与物、物与物之间的共识协作、效率提升问题，将传统的依赖人或依赖于中心的公正、调节、仲裁功能自动化，按照大家都认可的协议交给可信赖的机器来自动执行。通过对现有互联网系统进行变革，区块链技术将与 5G 网络、机器智能、物联网等技术创新一起承载着人们的智能化、可信赖梦想飞向价值互联网时代。

【相关拓展】2018 年 5 月 28 日，中共中央总书记、国家主席习近平在中国科学院发表讲话："进入 21 世纪以来，全球科技创新进入空前密集活跃的时期，新一轮科技革命和产业变革正在重构全球创新版图、重塑全球经济结构。以人工智能、量子信息、移动通信、物联网、区块链为代表的新一代信息技术加速突破应用" 表明区块链是"新一代信息技术"的一部分。2019 年 10 月 24 日，习近平总书记在主持中共中央政治局就区块链技术发展现状和趋势进行的第十八次集体学习时强调：区块链技术的集成应用在新的技术革新和产业变革中起着重要作用。我们要把区块链作为核心技术自主创新的重要突破口，明确主攻方向，加大投入力度，着力攻克一批关键核心技术，加快推动区块链技术和产业创新发展。习近平总书记的讲话对中国区块链产业带来重大影响，不仅让区块链产业热度重燃，还坚定了产业的发展方向，有助于行业正本清源，促进区块链应用加速落地。

8.2.2 区块链分类

根据网络范围及参与节点特性，区块链可被划分为公有链、联盟链和私有链三类。这三类区块链的特性对比如表 8-2-1 所示。

表 8-2-1　区块链的类型及其特性

属　　性	公 有 链	联 盟 链	私 有 链
参与者	任何人自由进出	联盟成员	个体或公司内部
共识机制	PoW/PoS/DPoS 等	分布式一致性算法	分布式一致性算法
记账人	所有参与者	联盟成员协商确定	自定义
激励机制	需要	可选	可选
中心化程度	去中心化	多中心化	（多）中心化
突出特点	信用的自建立	效率和成本优化	透明和可追溯
承载能力/(笔/秒)	3~20	1 000~1 万	1 000~20 万
典型场景	加密数字货币、存证	支付、清算、公益	审计、发行

表中部分术语简要介绍如下。

共识机制：在分布式系统中，共识是指各个参与节点通过共识协议达成一致的过程。

去中心化：相对于中心化而言的一种成员组织方式，每个参与者高度自治，参与者之间自由连接，不依赖任何中心系统。

多中心化：介于去中心化和中心化之间的一种组织结构，各个参与者通过多个局部中心连接在一起。

激励机制：鼓励参与者参与系统维护的机制，例如比特币系统对于获得相应区块记账权的节点给予比特币奖励。

1. 公有链

公有链中的“公有”就是任何人都可以参与区块链数据的维护和读取，不受任何单个中央机构的控制，数据完全开放透明。

公有链的典型案例是比特币系统。使用比特币系统，只需下载相应的客户端，创建钱包地址、转账交易、参与挖矿这些功能都是免费开放的。比特币开创了去中心化加密数字货币的先河，并充分验证了区块链技术的可行性和安全性。

为了解决比特币的扩展性问题，以太坊应运而生。以太坊通过支持一个图灵完备的智能合约语言，极大地扩展了区块链技术的应用范围。以太坊系统中也有以太币地址，当用户向合约地址发送一笔交易后，合约被激活，然后根据交易请求，合约按照事先达成共识的契约自动运行。

公有链系统完全没有中心机构管理，依靠事先约定的规则来运作，并通过这些规则在不可信的网络环境中构建起可信的网络系统。通常来说，需要公众参与、需要最大限度地保证数据公开透明的系统，都适合选用公有链，如数字货币系统、众筹系统等。

2. 联盟链

联盟链通常应用在多个互相已知身份的组织之间构建，例如多个银行之间的支付结算、多个企业之间的物流供应链管理、政府部门之间的数据共享等。因此，联盟链系统一般都需要严格的身份认证和权限管理，节点的数量在一定时间段内也是确定的，适合处理组织间需要达成共识的业务。联盟链的典型代表是 Hyperledger Fabric 系统。

3. 私有链

私有链与公有链是相对的概念，所谓私有就是指不对外开放，仅仅在组织内部使用。私有链是联盟链的一种特殊形态，即联盟中只有一个成员，例如，企业内部的票据管理、账务审计、供应链管理，或者政府部门内部管理系统等。私有链通常具备完善的权限管理体系，要求使用者提交身份认证。

【思考与练习】

简要介绍区块链的三种类型。

8.3 区块链的应用场景

随着区块链技术的逐步发展，其应用潜力正得到越来越多行业的认可。从最初的加密数字货币到金融领域的跨境清算，再到供应链、政务、数字版权等领域，甚至已经有初创公司在探索基于区块链的电子商务、社交、共享经济等应用。只要涉及多方协同、不存在一个可信中心的场景，区块链均有用武之地。当前区块链应用处于发展初期，主流的区块链应用均是利用了区块链的特性在原有业务模式下进行的改进式创新，区块链作为从协议层面解决价值传递的技术理应有更广阔的应用场景。相信下一个基于区块链技术的“爆款”应用将会带来巨大的模式创新，并将颠覆原有的产业模式。

现阶段适合区块链技术的场景有三个特性：第一，存在去中心化、多方参与和写入数据需求；第二，对数据真实性要求高；第三，存在初始情况下相互不信任的多个参与者建立分布式信任的需求。下面以区块链在医疗、版权和公益领域的应用为例介绍区块链的主要应用场景。

8.3.1　区块链+医疗

区块链可以与各个领域融合，当然也包括医疗领域。据相关资料显示，国外的很多医疗机构都已经引入了区块链。

1. 利用 DNA 钱包存储基因和识别医疗数据

如果用区块链来存储基因和医疗数据，就可以形成一个 DNA 钱包，而该 DNA 钱包也可以通过设置私钥的方式来保证基因和医疗数据的安全性与保密性。在 DNA 钱包出现以后，医疗机构可以更好地对基因和医疗数据进行存储、统计、分享，从而缩短医药企业研制一款新药物的时间。

2. 通过电子病历使医疗数据由患者控制

包含大量信息的电子病历可以让医生快速、可靠、安全地对患者的病历进行访问和查询，帮助医生减少医疗失误，从而大幅度提升医生的服务质量，同时，患者的治疗时间也可以被极大缩短，临床结果也会更好。但由于大部分电子病历系统的整体结构和应用流程都非常不直观，而且缺乏互操作性，根本无法实现不同电子病历之间的相互连接，因此医生想要对患者的电子病历进行访问和查询需要花费比较多的时间和精力，也很难对来自其他医疗机构的电子病历进行访问和查询。同时，患者的电子病历信息是不全面的，并且是由医生或医疗机构来掌握的，不能由患者本人控制和随意支配。当患者需要由多名医生共同治疗时，这些医生根本无法在第一时间获取并共享患者的病历信息。因此，当前电子病历系统的主要受益方并不是患者，而是制造商和供应商。

在这种情况下，一个十分有效并且非常具有可行性的解决方案就是使用区块链电子病历系统。区块链可以将患者的病历信息记录和存储下来。只要是区块链上的相关方，就可以记录和存储病历信息，并获得相同的权利，这样，恶意篡改病历信息的行为将不会再出现，进而最大限度地保证病历信息的安全性。

当患者到医疗机构就诊时，医疗机构会把患者的病历信息上传到区块链上，并为其打上时间戳再进行加密，这样患者的病历信息就被记录和存储在区块链中。区块链电子病历的密钥由患者自己持有和保管，其他人根本没办法随意查看，病历信息的保密性和安全性都可以得到很大程度的提高。此外，只要征得了患者的同意，每一个医疗机构都可以获取相同的病历信息，从而对患者进行更好的治疗。

通过一致性算法，区块链可以在很大程度上保证病历信息的准确性。例如，如果某医疗机构的病历信息显示患者血型为 O 型，但其他医疗机构对相同患者的血型记录是 B 型，那么患者血型为 O 型的信息就不会被记录和存储在区块链中，同时还会在系统中提示信息不匹配。这种方式不仅可以保护患者的病历信息，还可以让患者不必在每次去新的医疗机构就诊时都重新记录病历信息。

当前，区块链电子病历还没有得到全面推广，需要解决的问题还很多，但已有一些相关试点项目被陆续推出并应用到一些底层技术构架系统中，部分医疗机构之间也因此实现了病历信息的互联互通。

3. 助力药品防伪追溯确保药品真实性

“问题疫苗”“假冒止疼药”等社会热点事件不断发生以后，人们越来越希望找到一个有能力确保药品真实性的解决方案。该解决方案的前提和基础是严格监管，必须建立一个统一的技术标准，这个标准就是区块链。

如果把区块链和物联网结合在一起，每个药品就可以通过物联网的方式记录和存储到区块链中。此外，因为区块链具有不可篡改的特性，还可以提供验证服务，所以，如果把条形码、二维码、视频识别等印刷或粘贴在药品外包装上，那么无论是药品供应链上的所有节点，还是价值链上的所有节点，都可以被查询和追溯，供应链或价值链上任何环节出现的问题，其源头都可以在第一时间被发现并找到。

从目前的实际情况来看，致力于药品防伪追溯的企业正在变得越来越多，以药品防伪追溯为基础的区块链产品也出现了不少，如助力解决药品假冒问题的“MediLedger 项目”、实现药品追溯的“紫云药安宝药品追溯服务平台”、大力开展药品追溯工作的中药追溯专业委员会、“阿里健康”与十余家医药企业组成的中国药品安全追溯联盟等。此外，京东已利用区块链、大数据、物联网等前沿技术成功建成了“区块链防伪追溯平台”，并通过与政府、科研机构、设备制造商等达成的密切合作，打造出了“京东品质溯源防伪联盟”，把全链信息整合到了一起，同时还建立了跨品牌商、渠道商、零售商、消费者的全流程正品追溯平台，并已精细到“一物一码”的程度，得到了广大消费者的喜爱和信任。

8.3.2 区块链+版权

长期以来，版权保护都是每一个国家所必须探讨与研究的课题。区块链可以为版权领域的问题提供良好的解决方案，进而推动版权领域不断发展。版权领域面临保护困难、维权困难、举证困难三个主要问题。区块链可以使版权保护变得越来越简单，主要方法如下。

1. 通过时间戳记录保护

版权领域的时间戳就是一个可以证明作者的作品在一个时间点已经存在、真实、可验证、具有法律效力的电子凭证。如果利用区块链为作品加盖时间戳，就可以证明作品的创作时间。与作品登记书相同，以时间戳写入的区块链版权声明也具备法律效力。申请时间戳保护不需要经历烦琐复杂的流程，从而使保护版权过程中所需要的时间大幅度减少。无论是在作品的创作过程中，还是作品已经创作完成之后，作者都可以向相关平台自动申请或下载时间戳证书。这种方式不仅便捷、迅速，而且不需要花费太高的成本，省去了亲自去版权登记中心申请版权的烦琐流程。对于广大作者而言，时间戳可以对外宣示作品的版权，有效震慑那些想要抄袭作品的不法分子，同时可以作为日后举证的重要利器。目前很多企业和个人都在使用时间戳证书来保护版权。申请完时间戳保护后，每个作品都会获得唯一的凭证并记录和存储在区块链上，一旦发生侵犯版权的行为，作者就可以凭借该凭证保护自己的利益。与此同时，还可以为作品生成唯一的二维码，只要扫描该二维码，就可以获得作者资料及作品的相关信息，进而为作品营销提供便利。

2. 对版权内容和版权作者信息进行加密

在区块链中，版权内容、版权作者信息这两个非常重要的因素可以合并加密上传，从而形成版权拥有的区块链唯一 ID。因为区块链具有去中心化、不可篡改等特性，所以登记过的版权就会永久有效且无法篡改，并且也在一定程度上解决了作者在什么时间创作了什么作品的版权取证问题。目前很多企业都希望利用区块链来保护版权，其中比较有代表性的小犀版权链就是与版权局、公证处、产业基金共同组成的版权链联盟。小犀还推出了小犀版权云交易平台，在该平台中，作者可以自由管理、交易自己的作品。作者只要将自己的作品提交到网上，再由后台审核通过后，该作品就会生成数据并记录和存储在区块链中，最终形成证书。此外，在小犀版权链登记过的所有作品都可以获得一个唯一且不能篡改的数字指纹，该数字指纹可以有效保护作品的版权及作者的利益。小犀版权链的系统是与公证处直接相连的，一方面，可以使作品的版权受到司法保护，另一方面，可以使版权保护变得更加方便、快捷。此外，只要是经过小犀版权链确权的作品，都可以进入到版权商城中交易，从而实现版权的价值变现。

另外，昂贵的版权登记费用和烦琐的版权登记流程给作者带来了很多不便。有了区块链以后，无论是文字、图片，还是视频，任何形式的作品都可以生成一串特殊的字符，并在该字符上记录与作品相关的所有信息。以区块链为基础的版权登记不需要花费高昂的成本，而且也非常方便、快捷。除此以外，区块链的分布式结构还可以有效避免单点崩溃的风险。更重要的是，只要作品的版权被记录和存储在区块链中，就不可能被篡改或者删除。

在区块链的助力下，文化产业的全产业链周期已经实现了可溯源，这就为司法取证提供了强大的技术保障和可信的结论依据，从而在诉讼中保护作者的合法权益。另外，区块链的智能合约也可以让作者在不通过第三方的情况下，从版权分发中获得丰厚利润。

8.3.3　区块链+公益

随着社会的不断发展，公益行为也变得越来越普遍，很多人都曾作为一个捐赠人为那些需要帮助的人捐赠善款。在这一过程中，捐赠人最不能忍受的就是自己的善款被不法分子拿来消费，却没有真正用到受助方的身上。而区块链的兴起和发展可以使公益领域的现状得到进一步改善，在一个区块链平台上，每一笔善款都可以被查询和追踪，完全公开透明，而且还可以将大量的公益组织纳入进来，一站式完成公益活动的各个环节。

1. 公益去中心化

目前，公益领域存在的比较严重的问题是善款筹集不透明、捐赠不定向等。有了区块链，让捐赠人与受捐方直接沟通，这些问题就可以得到很好的解决。一方面，区块链的公开透明特性有利于让善款筹集变得更加透明；另一方面，区块链的可追溯特性有利于帮助捐赠人掌握善款的用途和去向。

区块链具有公开透明的特性，因此只要是记录和存储在区块链上的信息就都是公开透明的，都可以被查询和追踪。另外，因为区块链还有去中心化的特性，所以在极其需要去中心化的公益领域，该技术可以得到非常好的应用。

把区块链应用到公益领域可以使善款筹集的透明化得以实现。区块链的智能合约可以为公益组织筹集善款提供一套新的解决方案，另外，利用区块链的去中心化特性，捐赠人与受捐方之间还可以直接进行联系，而不再需要第三方中介机构的支持和帮助，这样既可以增加捐赠人对中国公益事业的信任，又可以使善款筹集变得越来越透明。

在以区块链为基础的公益平台上，每一个捐赠人都可以看到自己捐赠的善款究竟去了哪里。同时，利用区块链的加密技术，捐赠人还可以追踪到自己的善款的使用明细。更重要的是，与善款有关的这些信息都会被记录和存储在区块链上，任何人都无法对其进行删除或篡改。

2. 捐赠可定向

随着互联网的逐渐普及和不断发展，“互联网+”已经成为公益的一条快车道。与寻求公益组织相比，在网上发起众筹的方式更加简单，获得善款所用的时间也会更短。众筹者只要把患者身份证、医院诊断证明、医药费账单等重要信息发布到网上，然后再附带一些足以打动人心的表述，就可以向广大网友发起求助，并得到一笔众筹来的善款。现在，准入门槛低、把关不严、监管不力是所有公益众筹平台的通病，区块链的引入可以使公益账目变得更加自动化、透明化、共享化。很多专家认为，完整的公益区块链不应该只包括公益组织，还应该包括医院、学校、法院、保险、银行等公益组织之外的角色。只有多个角色并存，才可以实现公益领域中各类信息的公开，从而帮助捐赠人掌握善款的去向。

区块链是由多个节点构成的，各个节点之间相互独立，这也就表示即使某一个节点中的信息出现了问题，其他节点中的信息也不会受到任何影响，因此可以在很大程度上保证信息的安全。

近年来，多家著名企业都不约而同开展了公益项目。2016 年，蚂蚁金服宣布试点“公益账本”透明化，并为支付宝爱心捐赠平台的公益行为盖上“邮戳”；2017 年，工商银行通过区块链进行精准扶贫；2018 年，IBM 在区块链中引入公益属性，提升社会福祉。由此可见，公益似乎已经成为各大著名企业关注的一个重点，这些企业不仅在公益领域做出了非常出色的成绩，而且也承担了越来越多的社会责任。

【思考与练习】

现阶段适合区块链技术的场景有哪三个特性？

习题

一、选择题

1. 区块链作为一种新技术，下面不是各种应用都十分需要具备的特性是（　　）。

A. 去中心化　　B. 可追溯

C. 封装性　　D. 防篡改

2. 比特币系统在（　　）开始运行。

A. 2008 年　　B. 2009 年

C. 2010 年　　D. 2021 年

3. 关于比特币的性质描述错误的是（　　）。

A. 比特币是一种特定的虚拟商品　　B. 比特币不具有与货币等同的法律地位

C. 比特币可以作为货币在市场上流通使用　　D. 不得将比特币纳入保险责任范围

4. 区块链的主要共识算法不包括（　　）。

A. PoW 类算法　　B. Po 类算法

C. BFT 类算法
D. 结合可信执行环境的共识算法

5. 下列选项中在区块链 2.0 阶段出现的是（　　）。

A. 加密数字货币
B. 数字经济
C. 价值互联网
D. 以太坊系统

6. 各种类别的应用几乎都需要以（　　）的形式运行在不同的区块链平台上。

A. 加密数字货币
B. 智能合约
C. 数字签名
D. 大数据

7. 区块链中去中心化程度最高的是（　　）。

A. 比特币系统
B. Hyperledger Fabric 系统
C. 企业内部的票据管理系统
D. 政府部门内部管理系统

8. 联盟链的典型应用场景是（　　）。

A. 加密数字货币
B. 存证
C. 公益
D. 审计

9. 现阶段适合区块链技术的场景不包括的特性是（　　）。

A. 对数据真实性要求高
B. 存在去中心化、多方参与和写入数据需求
C. 存在初始情况下相互不信任的多个参与者建立分布式信任的需求
D. 需要处理大量数据

10. 区块链在医疗领域的应用不涉及（　　）。

A. DNA 钱包
B. 电子病历
C. 远程医疗
D. 药品防伪追溯

二、填空题

1. 区块链技术利用________式数据结构来验证和存储数据。
2. 数字签名时需要使用________，验签时需要使用________。
3. 区块链的主要特性包括透明可信、________、隐私安全保障和系统高可靠。
4. 区块链的发展先后经历了________、企业应用和价值互联网三个阶段。
5. 区块链分为公有链、私有链和________三种类型。

第 9 章

文字处理软件高效办公

Microsoft Office Word 是微软公司开发的一个文字处理应用程序，它最初是由 Richard Brodie 为了运行基于 DOS 的 IBM 计算机而在 1983 年编写的。随后的版本可运行于 Apple Macintosh（1984 年）、SCO UNIX 和 Microsoft Windows（1989 年），并成为了 Microsoft Office 的一部分。

Word 为用户提供了用于创建专业而优雅的文档的工具，帮助用户节省时间，并得到美观的效果。作为 Office 套件的核心程序，Word 提供了许多易于使用的文档创建工具，同时也提供了丰富的功能集供创建复杂的文档使用。哪怕只使用 Word 进行少量的文本格式化操作或图片处理，也可以使简单的文档变得比只使用纯文本更具吸引力。

使用 Word 制作文档的一般流程如图 9-0-1 所示。

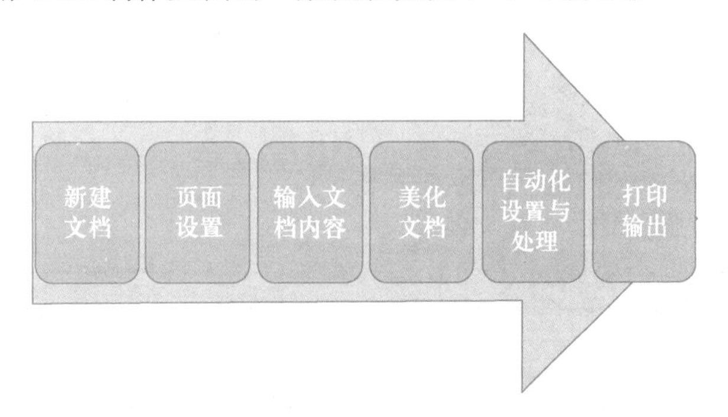

图 9-0-1　使用 Word 制作文档的一般流程

在整个流程中可能不需要某些步骤，但了解整个流程并灵活利用，就能制作出美观的文档。本章中将通过实例分别介绍流程中各个步骤的具体操作方法，使读者学会利用 Word 实现高效办公。

9.1 图文并茂，一键美化

9.1.1 初识 Word

1. Word 窗口组成

Word 主要用于完成文字处理和文档编排工作。Word 2019 的工作界面由标题栏、功能区、快速访问工具栏、用户编辑区等部分构成，如图 9-1-1 所示。Word 2019 工作界面中部分元素的名称和功能如表 9-1-1 所示。

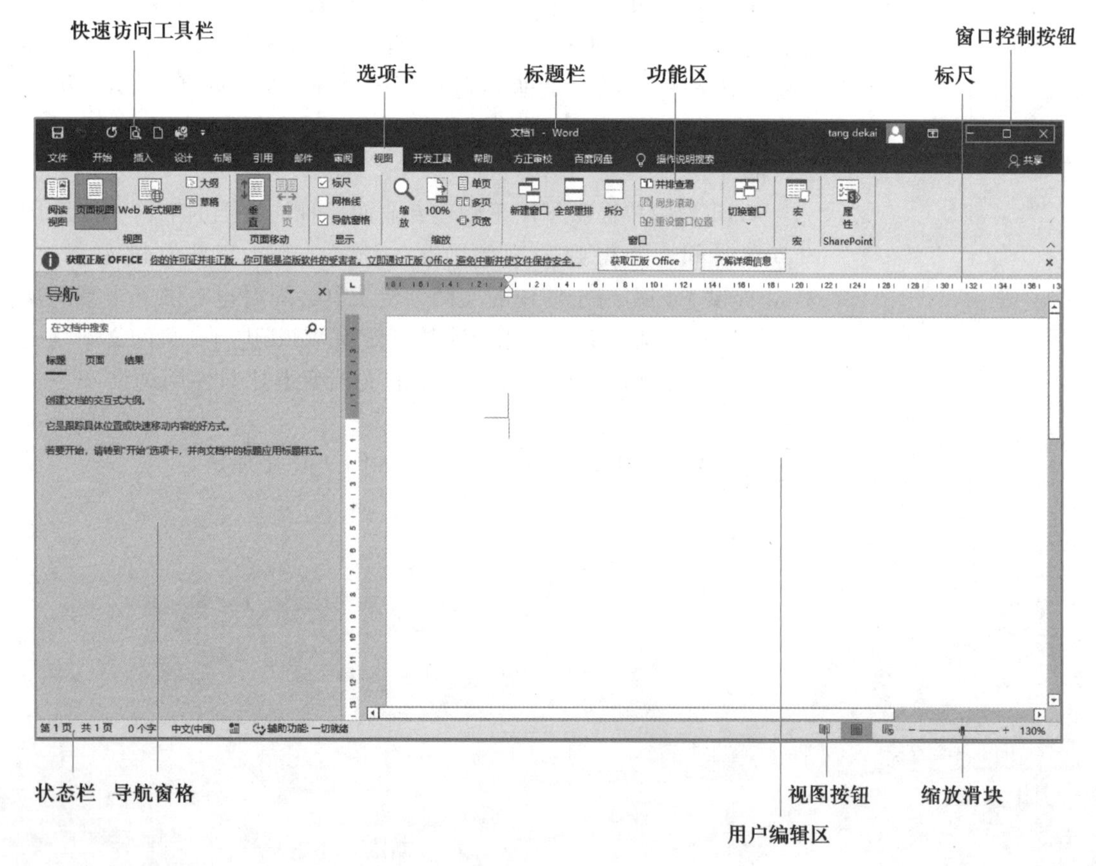

图 9-1-1 Word 窗口组成

表 9-1-1 Word 2019 窗口部分元素及功能简介

名称	功能
快速访问工具栏	用于放置常用的按钮，如“撤销”“保存”等
标题栏	用于显示当前文档的名称
窗口控制按钮	可对当前窗口进行最大化、最小化及关闭等操作以及控制功能区的显示方式

续表

名　称	功　能
功能区	显示各个功能区的名称
选项卡	包含大部分功能按钮，并分组显示，方便用户使用
标尺	用于手动调整页边距或表格列宽等
用户编辑区	用于输入和编辑文档内容
状态栏	用于显示当前文档的信息
视图按钮	用于切换当前文档的不同视图模式
缩放滑块	用于更改当前文档的显示比例

2. Word 文件保存

无论是新建的文档，还是已有的文档，对 Word 文档进行相应的编辑后，可通过 Word 的保存功能将其存储到计算机中，以便以后查看和使用。如果不保存，编辑的文档内容就会丢失。

在新建的文档中，单击快速访问工具栏中的“保存”按钮，此时可自动切换到“另存为”界面，在界面右侧可看到最近使用的文件夹，若没有需要保存的路径，单击下方的“浏览”按钮，弹出“另存为”对话框，设置好文档的保存路径和文件名，然后单击“保存”按钮即可。

除了上述操作方法之外，还可通过以下两种方式保存文档。

① 切换到“文件”选项卡，然后选择左侧窗格的“保存”命令。

② 按 Ctrl+S 或 Shift+F12 键。

对于已经存在的文档，用户保存时覆盖修改前的内容，方法同保存新建文档。用户保存时不想覆盖修改前的内容，可利用“另存为”命令保存，选择“文件”→“另存为”命令，选择保存位置，输入文件名，单击“保存”按钮即可。

3. Word 文稿编辑方法

（1）编辑对象的选定

Word 遵循先选定后操作的原则，即先通过键盘鼠标操作选定文字内容，再进行格式设定。

编辑对象的快速选定方法如下。

① 拖动鼠标可实现任意范围的选择。

② 对字词的选择：双击字词。

③ 对一行的选择：单击行首。

④ 对一个段落的选择：三击段落。

⑤ 对整个文档的选择：按 Ctrl+A 键。

（2）文档格式化的一般方法

Word 文字、段落的基本格式设定可以通过功能区和对话框两种常用方式实现。

例如，为一段 Word 文字设置格式为宋体、三号、加粗、行间距 20 磅。

① 通过功能区进行字体设置。

如图 9-1-2 所示，可以利用“开始”选项卡“字体”组为文字设置字体为“宋体”、字号为“三号”、加粗格式。

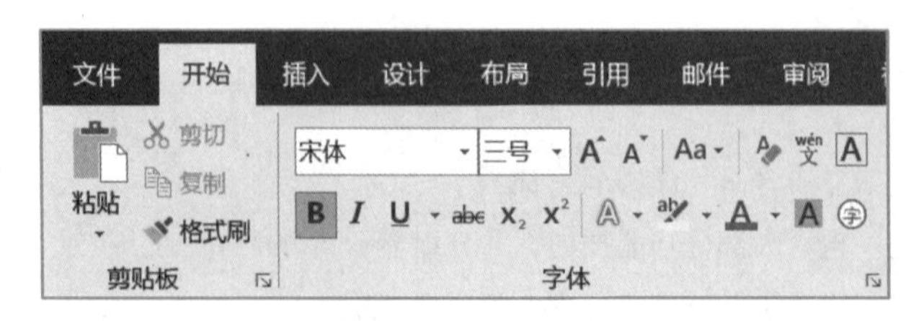

图 9-1-2 “开始”选项卡

将光标定位至功能区对应的按钮上，则会弹出该按钮的功能介绍菜单，通过此方法可以查看功能区选项卡的各个选项组中按钮的功能。

② 通过对话框设置段落格式。

单击功能区“开始”选项卡“段落”组右下角的按钮，可弹出如图 9-1-3 所示的“段落”对话框，在对话框中“行距”下拉列表中选择“固定值”选项，设置值为“20 磅”，设置后单击“确定”按钮即可。

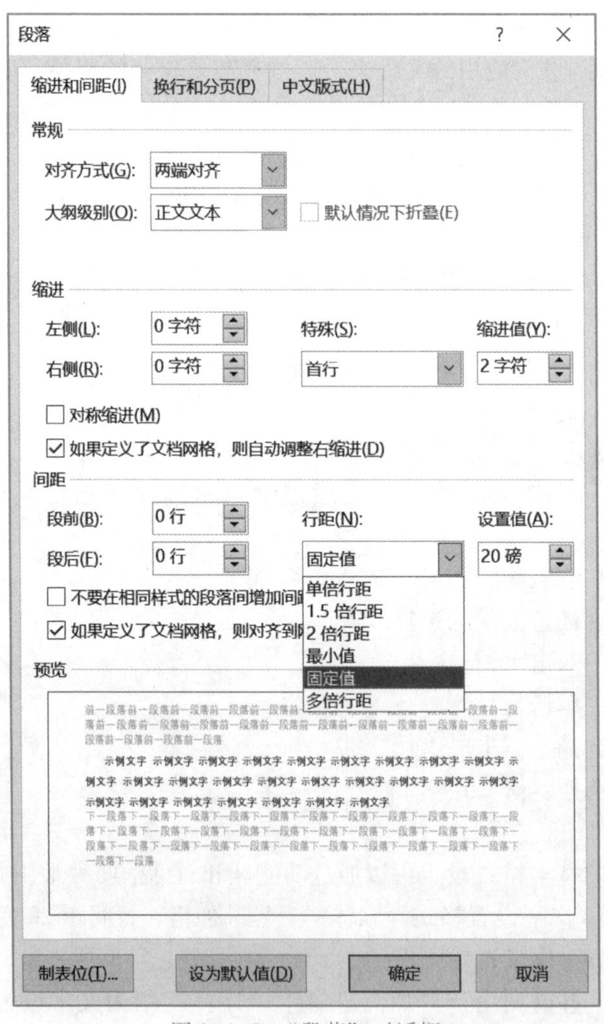

图 9-1-3 “段落”对话框

9.1.2　格式刷

格式刷的功能为格式复制。在一篇文档中若要将多处设置为相同的格式，可以通过格式复制的方法来实现。在 Word 2019 中格式化文档时，使用格式刷能够大大提高工作效率。

如图 9-1-4 所示，打开文件内容为李白《将进酒》诗文。

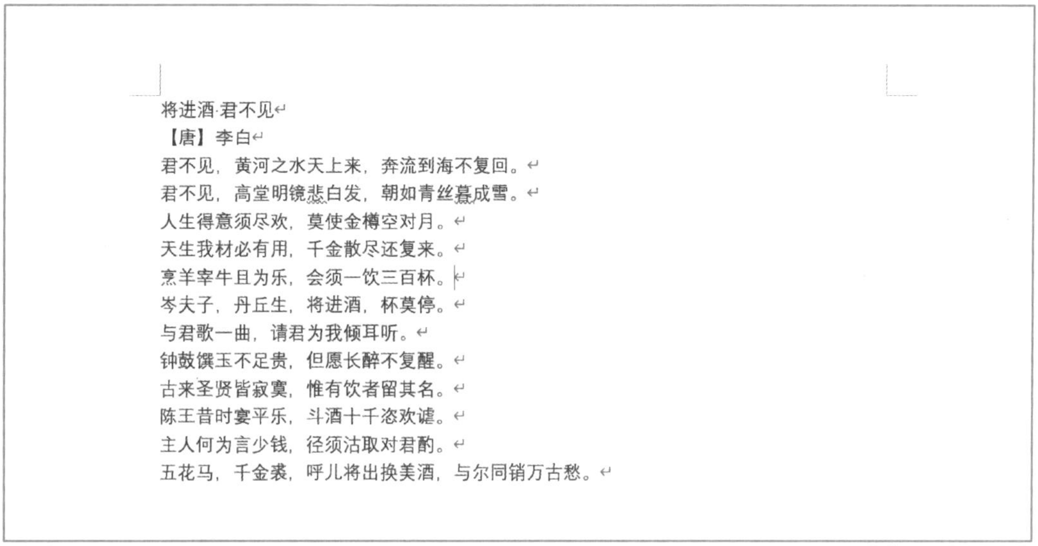

将进酒·君不见
【唐】李白
君不见，黄河之水天上来，奔流到海不复回。
君不见，高堂明镜悲白发，朝如青丝暮成雪。
人生得意须尽欢，莫使金樽空对月。
天生我材必有用，千金散尽还复来。
烹羊宰牛且为乐，会须一饮三百杯。
岑夫子，丹丘生，将进酒，杯莫停。
与君歌一曲，请君为我倾耳听。
钟鼓馔玉不足贵，但愿长醉不复醒。
古来圣贤皆寂寞，惟有饮者留其名。
陈王昔时宴平乐，斗酒十千恣欢谑。
主人何为言少钱，径须沽取对君酌。
五花马，千金裘，呼儿将出换美酒，与尔同销万古愁。

图 9-1-4　李白《将进酒》

将诗文第一句设置为楷体、四号字、蓝色、居中、2 倍行距，效果如图 9-1-5 所示。在 Word 文档中，用鼠标选中已经设置好格式的文本或将光标定位至文字中的任意位置。

剪切
复制
粘贴
格式刷
剪贴板
楷体
四号
字体
段落
AaBbCcDc
正文
AaBbCcDc
无间隔
AaBl
标题 1
AaBbC
标题 2
AaBbC
标题
AaBbC
副标题
样式
查找
替换
选择
编辑
将进酒·君不见
【唐】李白
君不见，黄河之水天上来，奔流到海不复回。
君不见，高堂明镜悲白发，朝如青丝暮成雪。
人生得意须尽欢，莫使金樽空对月。
天生我材必有用，千金散尽还复来。
烹羊宰牛且为乐，会须一饮三百杯。
岑夫子，丹丘生，将进酒，杯莫停。
与君歌一曲，请君为我倾耳听。
钟鼓馔玉不足贵，但愿长醉不复醒。
古来圣贤皆寂寞，惟有饮者留其名。
陈王昔时宴平乐，斗酒十千恣欢谑。
主人何为言少钱，径须沽取对君酌。
五花马，千金裘，呼儿将出换美酒，与尔同销万古愁。

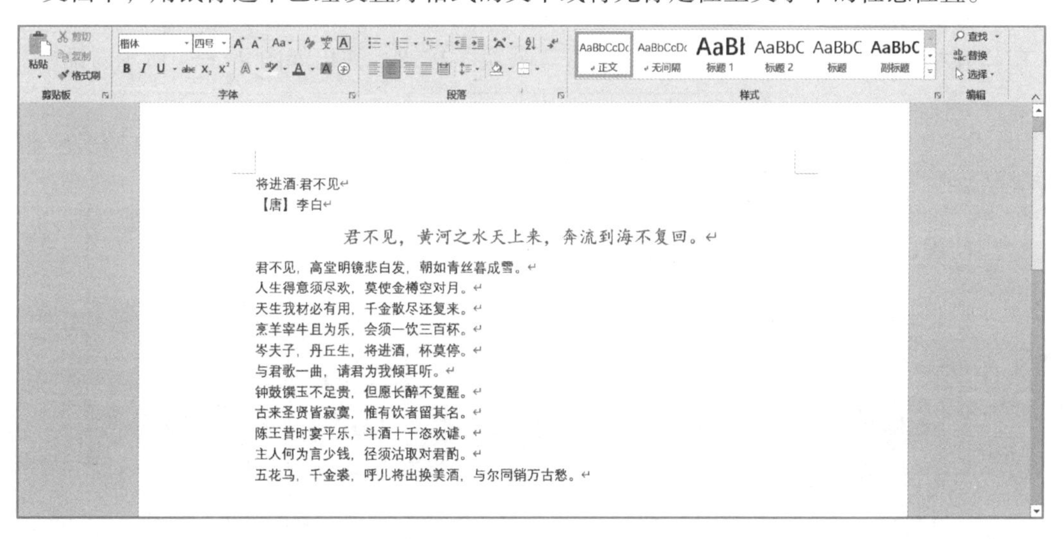

图 9-1-5　李白《将进酒》文字格式设置

再用鼠标单击“开始”选项卡“剪贴板”组中的“格式刷”按钮，这时鼠标指针形状会变成一把刷子，用这个刷子去拖曳选中其他要设为该格式的文本。

被格式刷刷过的区域就变成要复制格式的样子，效果如图 9-1-6 所示。

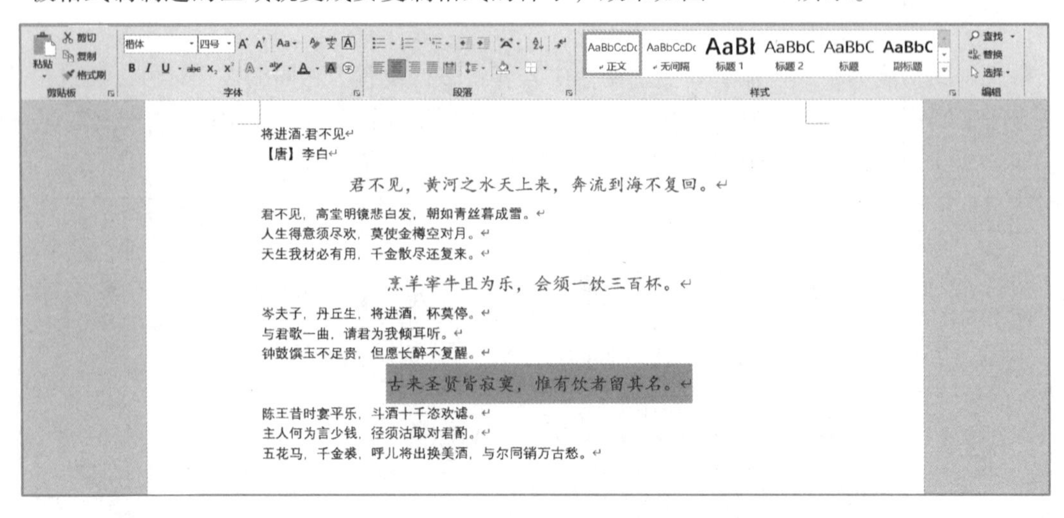

图 9-1-6　格式刷设置效果

注意，用这种方法设置的格式刷只能进行一次格式复制。如果想进行多次格式复制，则可以双击“格式刷”按钮。

如果要退出格式刷，只需用鼠标再次单击“格式刷”按钮或者按 Esc 键退出即可。

9.1.3　查找和替换

如果需要在一个内容较多的 Word 文档中快速地查看某项内容，可输入内容中包含的一个词组或一句话，进行快速查找。在 Word 2019 文档中发现错误后，如果要修改多处相同内容，可以使用替换功能。

在“开始”选项卡的“编辑”组中单击“替换”按钮，弹出如图 9-1-7 所示对话框。

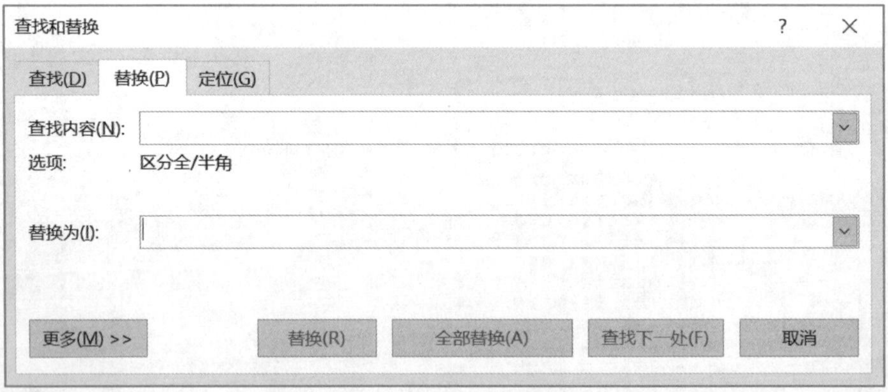

查找和替换
查找(D)　替换(P)　定位(G)
查找内容(N):
选项:　区分全/半角
替换为(I):
更多(M) >>　替换(R)　全部替换(A)　查找下一处(F)　取消

图 9-1-7　“查找和替换”对话框

切换到“查找”选项卡，在“查找内容”文本框中输入需要查找的内容“君不见”，单击“查找下一处”按钮，则可让光标迅速定位到文档含有查找内容的位置，如图 9-1-8 所示。通过这样的方法输入查找内容，可以迅速查找到文档中含有该内容的位置。

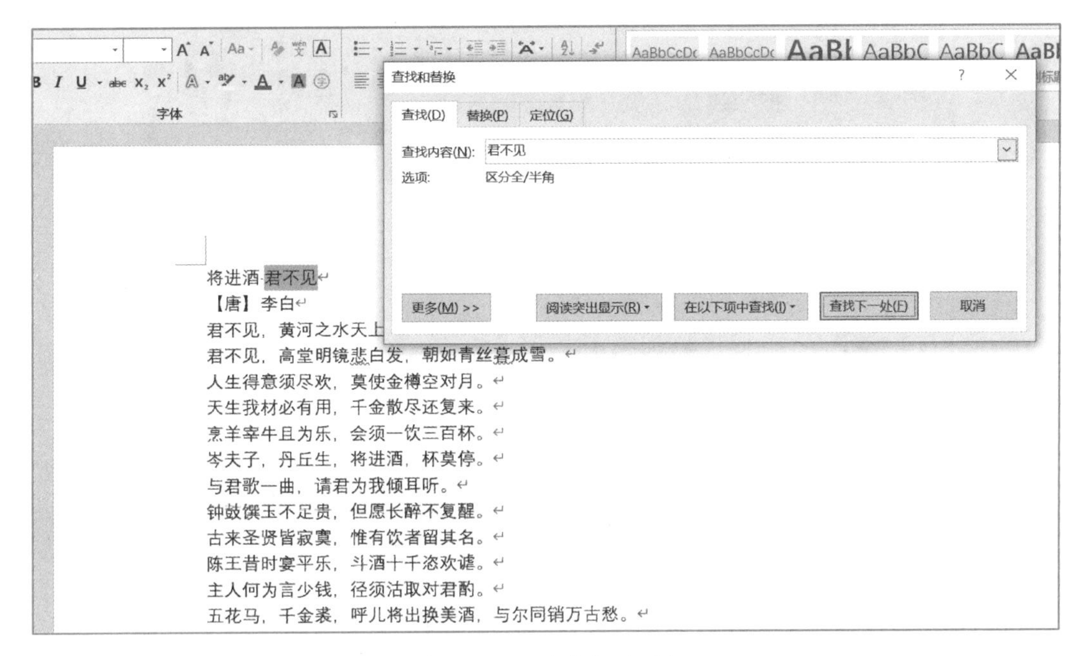

图 9-1-8　“查找”选项卡

为了方便用户查看文档中的所有“君不见”文本内容，可以将内容突出显示。在“查找和替换”对话框中单击“阅读突出显示”按钮，在展开的下拉列表中单击“全部突出显示”选项，如图 9-1-9 所示。此时所有“君不见”文本内容都被加上黄色背景。

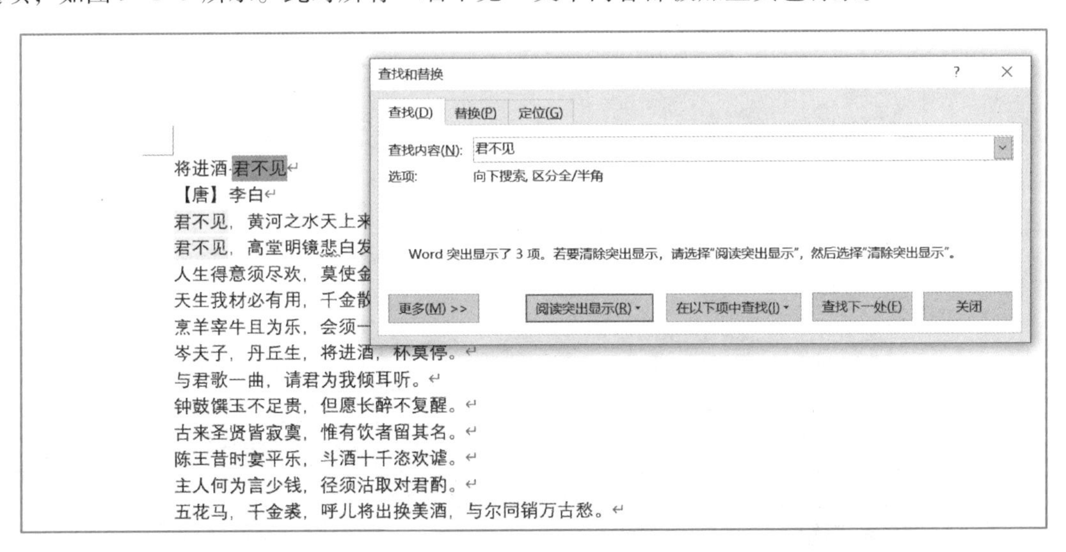

图 9-1-9　阅读突出显示效果

若要改变多处的文字内容或格式，也可通过查找和替换功能来实现。如将文档中所有“君不见”的格式都替换为“三号”“倾斜”“红色”并加“着重号”。如图 9-1-10 所示，在“替换”选项卡中单击“更多”按钮，再单击“格式”按钮，在弹出的菜单中按要求设置“字体”，确定后单击“全部替换”按钮，最终效果如图 9-1-11 所示。

查找和替换

查找(D) 替换(P) 定位(G)

查找内容(N): 君不见

选项: 向下搜索, 区分全/半角

格式:

替换为(I): 君不见

格式: 字体: 三号, 倾斜, 字体颜色: 红色, 点

<< 更少(L) 替换(R) 全部替换(A) 查找下一处(F) 取消

搜索选项

搜索: 向下

区分大小写(H)

全字匹配(Y)

使用通配符(U)

同音(英文)(K)

查找单词的所有形式(英文)(W)

Microsoft Word

替换了 3 处。

是否从头继续搜索?

是(Y) 否(N)

替换

格式(O) 特殊格式(E) 不限定格式(T)

图 9-1-10 替换格式

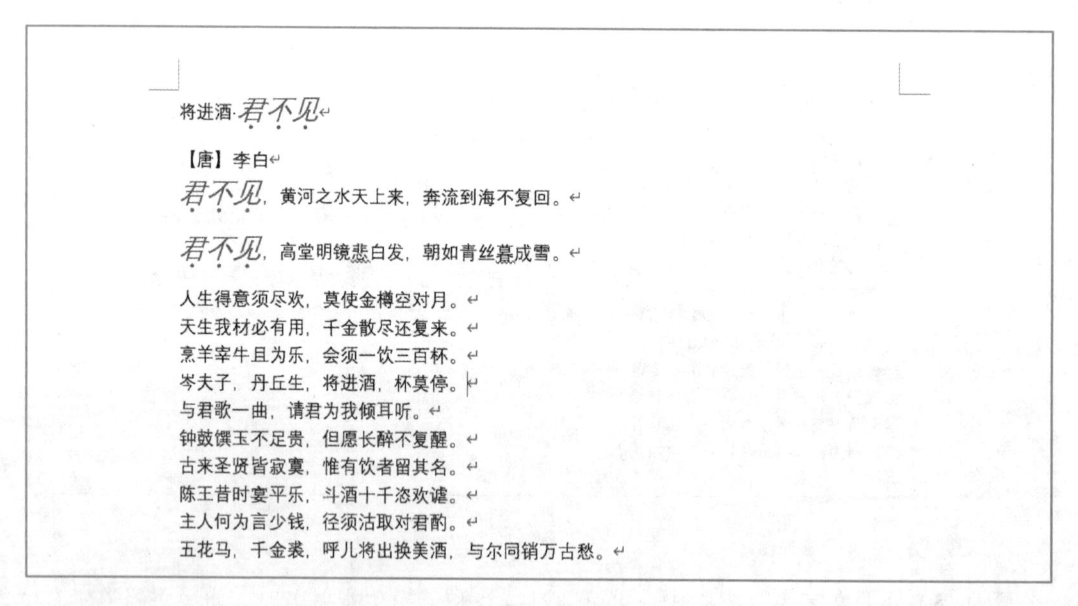

将进酒·君不见

【唐】李白

君不见，黄河之水天上来，奔流到海不复回。

君不见，高堂明镜悲白发，朝如青丝暮成雪。

人生得意须尽欢，莫使金樽空对月。

天生我材必有用，千金散尽还复来。

烹羊宰牛且为乐，会须一饮三百杯。

岑夫子，丹丘生，将进酒，杯莫停。

与君歌一曲，请君为我倾耳听。

钟鼓馔玉不足贵，但愿长醉不复醒。

古来圣贤皆寂寞，惟有饮者留其名。

陈王昔时宴平乐，斗酒十千恣欢谑。

主人何为言少钱，径须沽取对君酌。

五花马，千金裘，呼儿将出换美酒，与尔同销万古愁。

图 9-1-11 替换效果图

将改变的文字放入“替换为”文本框中，即可实现文字内容的替换，在“更多”选项组中可设置格式与特殊格式的替换。灵活掌握 Word 的查找替换功能对于提高办公效率起到十分

重要的作用。

9.1.4　首字下沉

首字下沉是在段落开头创建一个大号字符。该效果有两种方式：首字悬挂与首字下沉。首字悬挂是将首字下沉后，悬挂于页边距之外，而首字下沉则是将首字下沉后，放置于页边距之内。

1. 直接设置首字下沉

打开原始文件，选中要设置下沉的文字，单击“插入”选项卡下“文本”组中的“首字下沉”按钮，在展开的下拉列表中选择“下沉”命令，如图 9-1-12 所示。

文件
开始
插入
设计
布局
引用
邮件
审阅
视图
帮助
操作说明搜索
首字下沉
无
下沉
悬挂
首字下沉选项(D)...
实现伟大目标需要伟大思想。《宣言》“所阐述的一般原理整个说来直到现在还是完全正确的”，但对这些原理的实际运用要随时随地以当时的条件为转移。习近平新时代中国特色社会主义思想既是对马克思主义一般原理的运用，又从理论和实践结合上系统回答了新时代坚持和发展什么样的中国特色社会主义、怎样坚持和发展中国特色社会主义这个重大时代课题，是当代中国的马克思主义、21 世纪马克思主义。在实现中华民族伟大复兴的新征程上，坚持习近平新时代中国特色社会主义思想，就是坚持马克思主义思想，就是对《宣言》的光大和弘扬。
--摘自《共产党宣言》的时代价值 牛先锋 来源：光明日报

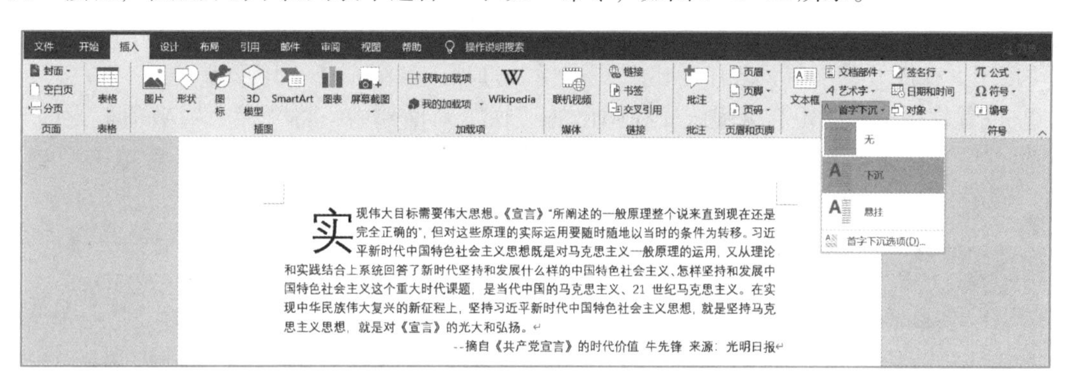

图 9-1-12　单击“首字下沉”按钮

2. 设置“首字下沉”选项

选择“首字下沉选项”命令，弹出“首字下沉”对话框，在“位置”组中单击“下沉”选项，然后设置字体为“华文行楷”，“下沉行数”默认为 3 行，设置后单击“确定”按钮，如图 9-1-13 所示。

3. 查看设置效果

经过以上操作，可看见所选的文字下沉了 3 行，效果如图 9-1-14 所示。

首字下沉
位置
无(N)
下沉(D)
悬挂(M)
选项
字体(F):
华文行楷
下沉行数(L):
3
距正文(X):
0 磅
确定
取消

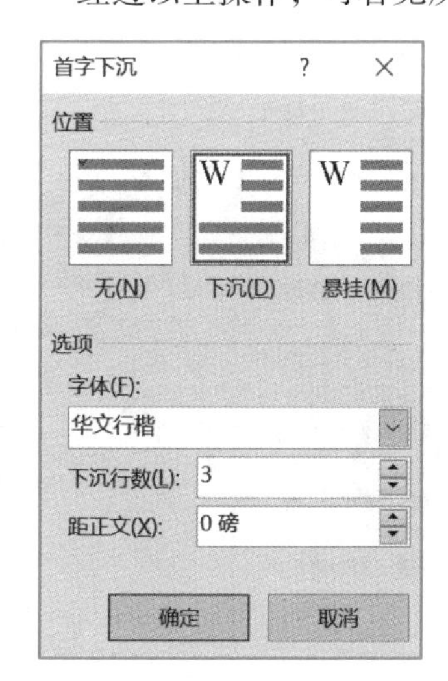

图 9-1-13　“首字下沉”对话框

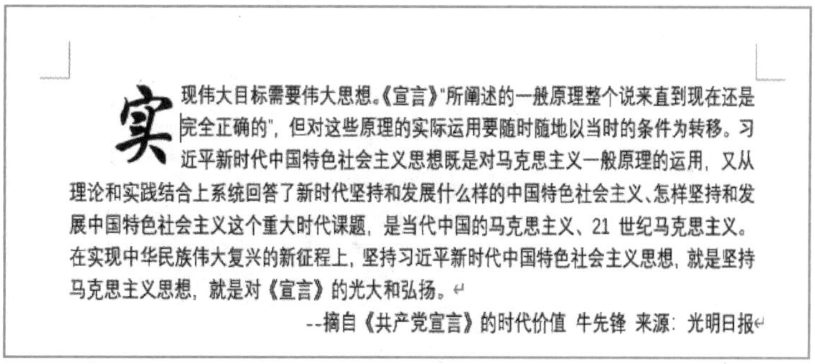

实现伟大目标需要伟大思想。《宣言》“所阐述的一般原理整个说来直到现在还是完全正确的”，但对这些原理的实际运用要随时随地以当时的条件为转移。习近平新时代中国特色社会主义思想既是对马克思主义一般原理的运用，又从理论和实践结合上系统回答了新时代坚持和发展什么样的中国特色社会主义、怎样坚持和发展中国特色社会主义这个重大时代课题，是当代中国的马克思主义、21 世纪马克思主义。在实现中华民族伟大复兴的新征程上，坚持习近平新时代中国特色社会主义思想，就是坚持马克思主义思想，就是对《宣言》的光大和弘扬。
--摘自《共产党宣言》的时代价值 牛先锋 来源：光明日报

图 9-1-14　首字下沉效果

9.1.5 分栏

分栏经常用于排版报纸、杂志和词典，它有助于版面的美观、便于阅读，同时对段落较多的版面起到节约纸张的作用。分栏将一个页面分为几个竖栏，Word 程序中预设了一栏、两栏、三栏、偏左、偏右 5 种样式。设置方法如图 9-1-15 所示。打开“栏”下拉列表后，直接单击相应选项即可应用这些样式，选择“更多栏”选项，也可以自定义分栏设置，手动对每个栏的距离进行设置，并且可以选择是否显示分隔线。

具体步骤如下。

① 打开原始文件，选中文字部分，切换至“布局”选项卡，单击“页面设置”组中的“栏”按钮，在展开的下拉列表中单击“更多栏”选项，如图 9-1-15 所示。

② 设置栏数、栏间距与分隔线。在弹出的“栏”对话框中，将“栏数”数值框内的数值调整为“3”，勾选“分隔线”复选框，设置“应用于”为“所选文字”，最后单击“确定”按钮，如图 9-1-16 所示。

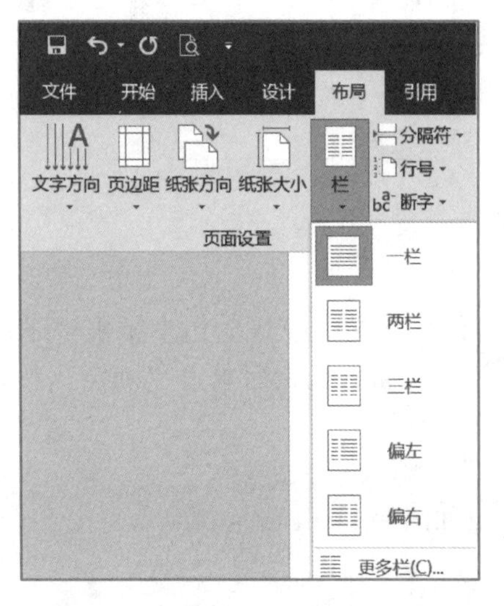

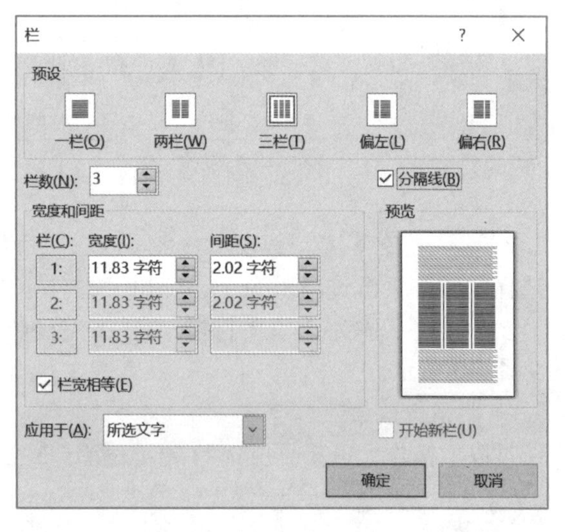

图 9-1-15 设置分栏

图 9-1-16 “栏”对话框

③ 显示分栏效果。经过以上操作，就完成了分栏的设置，返回文档中，适当调整文本位置，查看设置后的效果，如图 9-1-17 所示。

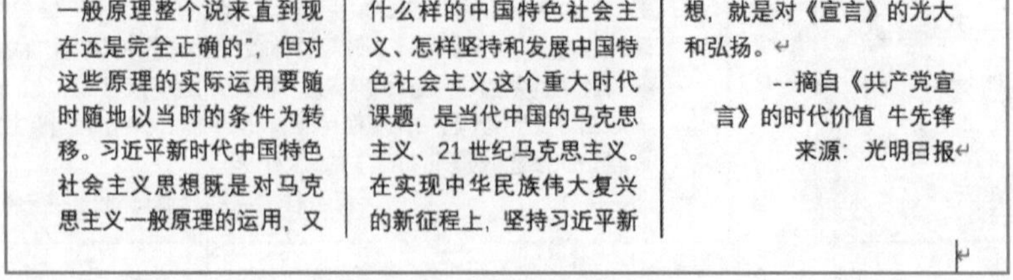

实现伟大目标需要伟大思想。《宣言》“所阐述的一般原理整个说来直到现在还是完全正确的”，但对这些原理的实际运用要随时随地以当时的条件为转移。习近平新时代中国特色社会主义思想既是对马克思主义一般原理的运用，又从理论和实践结合上系统回答了新时代坚持和发展什么样的中国特色社会主义、怎样坚持和发展中国特色社会主义这个重大时代课题，是当代中国的马克思主义、21 世纪马克思主义。在实现中华民族伟大复兴的新征程上，坚持习近平新时代中国特色社会主义思想，就是坚持马克思主义思想，就是对《宣言》的光大和弘扬。

--摘自《共产党宣言》的时代价值 牛先锋

来源：光明日报

图 9-1-17 分栏效果

④ 取消分栏。要取消分栏，只需单击“栏”按钮，在展开的下拉列表中单击“一栏”选项即可。

⑤ 分别设置每个栏的宽度。对文档进行分栏时，如果需要为每个栏设置不同的宽度，可打开“栏”对话框，取消勾选“栏宽相等”复选框，然后在“宽度和间距”组中每个栏的数值框中设置“宽度”与“间距”即可。

9.1.6　图文混排

在 Word 2019 中插入图片时，主要有三种渠道：插入存储设备（如硬盘、U 盘、移动硬盘）中的图片、插入联机图片和获取屏幕截图。

1. 插入存储设备中的图片

存储设备中的图片是指保存在计算机或移动存储设备中的图片，Word 2019 支持插入 EMF、JPG、TIF、PNG、BMP 等十多种格式的图片。

打开原始文件，将光标定位在要插入图片的位置，切换至“插入”选项卡，单击“插图”组中的“图片”按钮，选择“此设备”，如图 9-1-18 所示。

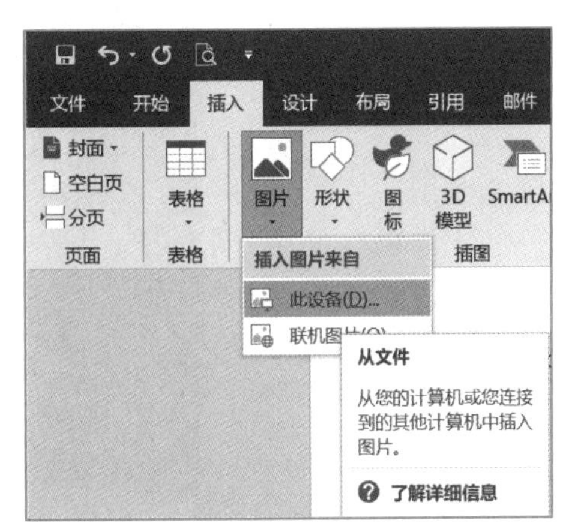

图 9-1-18　“插入”选项卡

在弹出的“插入图片”对话框中选择要插入的图片文件的存储路径，选中目标图片文件“共产党宣言 .jpg”，如图 9-1-19 所示，单击“插入”按钮。

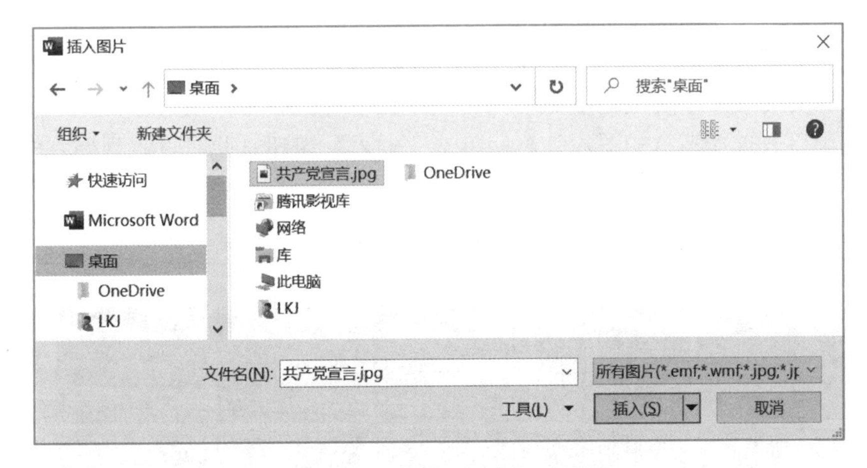

图 9-1-19　“插入图片”对话框

经过上述操作，就完成了为文档插入图片的操作，效果如图 9-1-20 所示。

2. 插入联机图片

在 Word 2019 中，除了可以插入保存在计算机中的图片，还可以插入网络中的图片，即联机图片，使用该功能可以方便地插入互联网上的图片，而不用提前下载到本地计算机上。

图 9-1-20　图片插入效果

打开原始文件，将光标定位至要插入图片的位置，切换至“插入”选项卡，单击“插图”组中的“图片”按钮，选择“联机图片”，弹出“联机图片”对话框，如图 9-1-21 所示。在文本框中输入想要搜索图片的关键字如“共产党宣言”，然后单击“搜索”按钮，待对话框中显示搜索的结果后，选择满意的图片，然后单击“插入”按钮，此时可看到插入的图片效果。

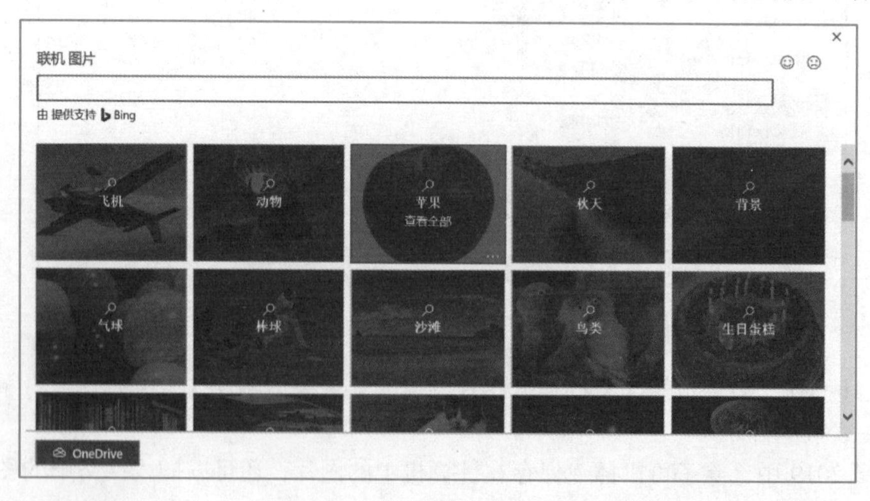

图 9-1-21　“联机图片”对话框

3. 获取屏幕截图

屏幕截图是 Word 2019 非常实用的一个功能，它可以将未最小化的窗口截取为图片并插入到文档中，获取屏幕截图包括截取可用的视窗和屏幕剪辑两种方式。

（1）截取可用的视窗

截取可用的视窗时，只要选择了要截取的程序窗口，Word 就会自动执行截取整个程序窗口的操作，并且截取的图像会自动插入到文档中光标所在位置。

打开两个原始文件，将光标定位在 Word 文档中需要插入图片的位置，切换至“插入”选项卡，单击“插图”组中的“屏幕截图”按钮，如图 9-1-22 所示，在展开的下拉列表中单击要插入的窗口截图，即可将所选窗口截图插入到当前文档中。

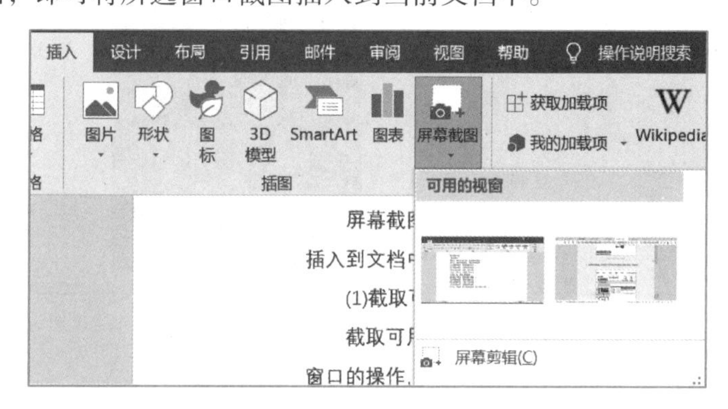

图 9-1-22　“屏幕截图”命令

（2）屏幕剪辑

屏幕剪辑可以对屏幕截取的范围进行自定义设置，屏幕剪辑的图像内容同样会自动插入到当前文档中光标所在的位置。

打开原始文件，将光标定位在要插入截图的位置，切换至“插入”选项卡，单击“插图”组中的“屏幕截图”按钮，在下拉列表中单击“屏幕剪辑”选项，自动跳转到剪辑界面，屏幕中的画面呈半透明的白色效果，鼠标指针为十字形状，按住鼠标左键并拖动，经过要截取的画面区域，拖动至合适位置后释放鼠标，截取的图像自动插入到文档中。

4. 设置图片格式与布局

方法一：单击图片，可以通过图片右上角的布局按钮设置图片的布局选项，如图 9-1-23 所示。例如，要让文字环绕在图片四周，则选择“四周型”选项；要让文字在图片上、下方，则选择“上下型环绕”选项；要让图片作为文字背景，则可选择“衬于文字下方”选项等。根据文档的排版需要，一键设置图文混排，可使文档更加美观大方。通过图片上方的按钮可以设置图片旋转的角度，通过四周 8 个控制点可以调整图片大小。通过移动鼠标可以拖动图片到合适的位置。设置结果如图 9-1-24 所示。

方法二：当文档中增加了图片对象时，功能区会增加“格式”选项卡，通过“格式”选项卡可以对图文的格式进行详细的设置。

图文混排是 Word 的特色之一。Word 的图文混排功能不仅可以通过图片来实现，还可以通过插入形状绘制自己需要的图形，另外，文本框、艺术字等功能也可以通过设置布局选项的方法实现图文混排，从而起到配合文字说明和美化文档的作用。

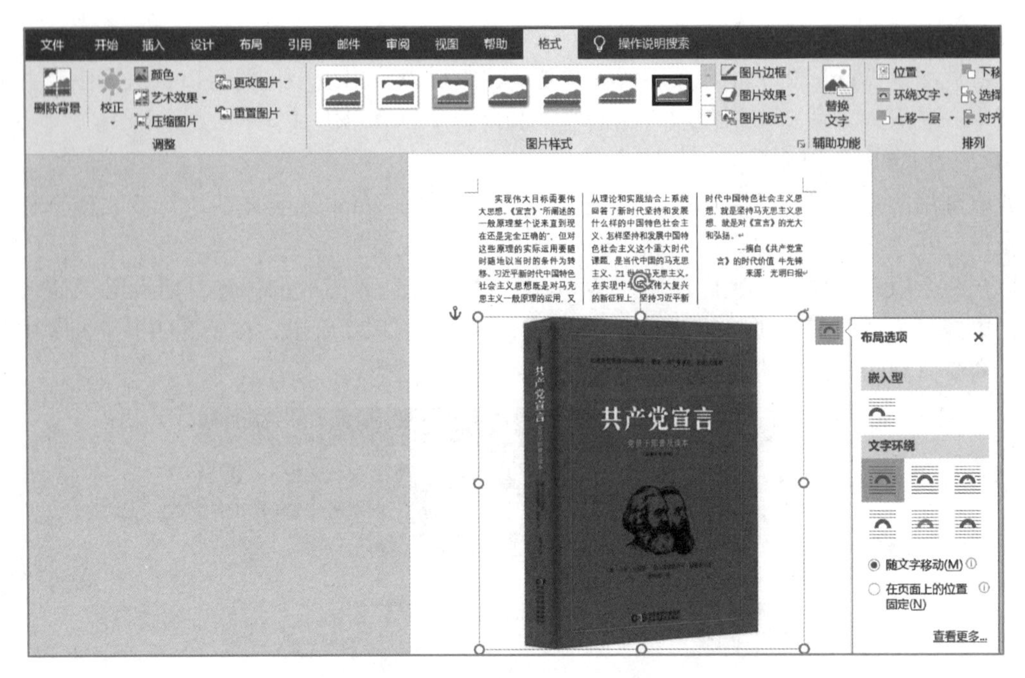

图 9-1-23 “布局选项”对话框

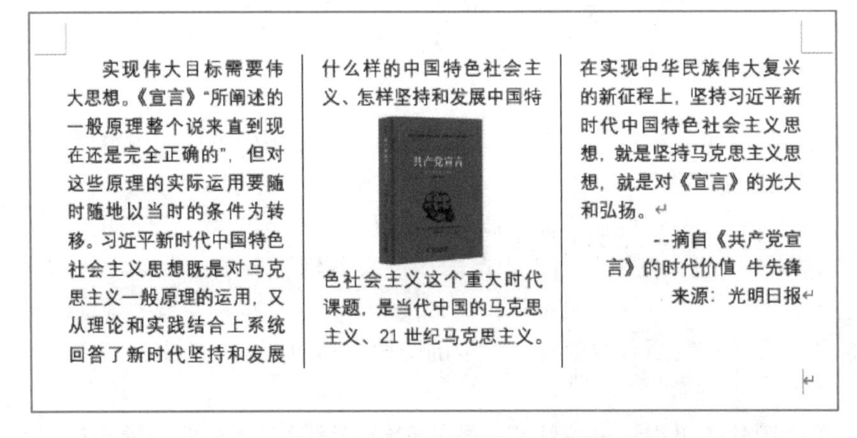

实现伟大目标需要伟大思想。《宣言》“所阐述的一般原理整个说来直到现在还是完全正确的”，但对这些原理的实际运用要随时随地以当时的条件为转移。习近平新时代中国特色社会主义思想既是对马克思主义一般原理的运用，又从理论和实践结合上系统回答了新时代坚持和发展什么样的中国特色社会主义、怎样坚持和发展中国特色社会主义这个重大时代课题，是当代中国的马克思主义、21 世纪马克思主义。在实现中华民族伟大复兴的新征程上，坚持习近平新时代中国特色社会主义思想，就是坚持马克思主义思想，就是对《宣言》的光大和弘扬。

--摘自《共产党宣言》的时代价值 牛先锋

来源：光明日报

图 9-1-24 “图文混排”效果

9.1.7 项目符号

项目符号用于强调文本的条目。常见的项目符号有圆点、圆圈、方块、箭头等。应用项目符号可以使条目较多的文档看起来清晰美观。

1. 添加项目符号库中的符号

Word 2019 的项目符号库中预设了几种经典的项目符号，用户可以直接选择使用。

选中要添加项目符号的文本。打开原始文件，拖动鼠标选中要添加项目符号的文本，单击“开始”选项卡下“段落”组中“项目符号”右侧的下三角按钮，在展开的下拉列表中单击“项目符号库”组中合适的符号样式，如图 9-1-25 所示，显示应用项目符号的效果。经过以上操作，就为所选文本添加了项目符号。使用相同的方法为其他文本添加项目符号。

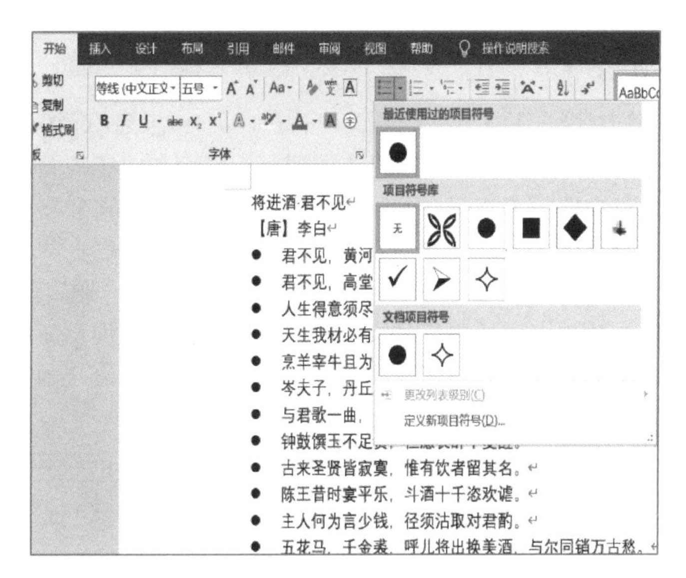

图 9-1-25 “项目符号”设置

2. 添加自定义项目符号

除了项目符号库中的符号，还有许多符号可用作项目符号，但是需要用户自行添加。

选中要添加项目符号的文本。打开原始文件，拖动鼠标选中要添加项目符号的文本，单击“开始”选项卡下“段落”组中的“项目符号”右侧的下三角按钮，在展开的下拉列表中单击“定义新项目符号”选项，弹出“定义新项目符号”对话框，单击“符号”按钮，在弹出的“符号”对话框中单击要用作项目符号的符号，如图 9-1-26 所示，然后单击“确定”按钮，完成自定义项目符号的设置。

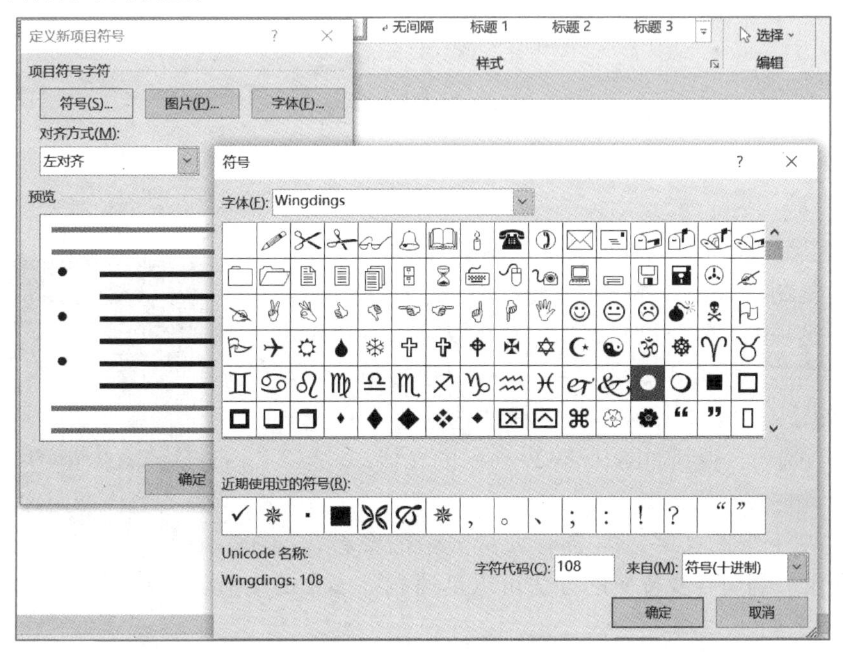

图 9-1-26 自定义项目符号

9.1.8 案例：宣传海报制作——《国家宝藏》第三季 赤子归来，壮哉中华！

【实战场景】《国家宝藏》是由中央广播电视总台、央视纪录国际传媒有限公司制作的文博探索节目。《国家宝藏》的热播将文化综艺拓展到更为深邃和广袤的领域，它走向历史的纵深，将上下五千年的中华文明凝练于舞台的同一片时空之下，让古老和年轻握手，让庙堂与江湖互动，让古代与现代对话。一句“让国宝活起来”，是《国家宝藏》的初衷，也是它的行动及收获。它让古典文化不仅“活”了起来，还“潮”了起来，更“燃”了起来，引导更多的内容生产投向古典文化，让更多的历史符号在新时代的新语境下，焕发新的生命力，真正成为活着的传承。从央视新闻客户端下载文字与图片，利用 Word 2019 为《国家宝藏》第三季节目制作一个如图 9-1-27 所示的宣传海报。

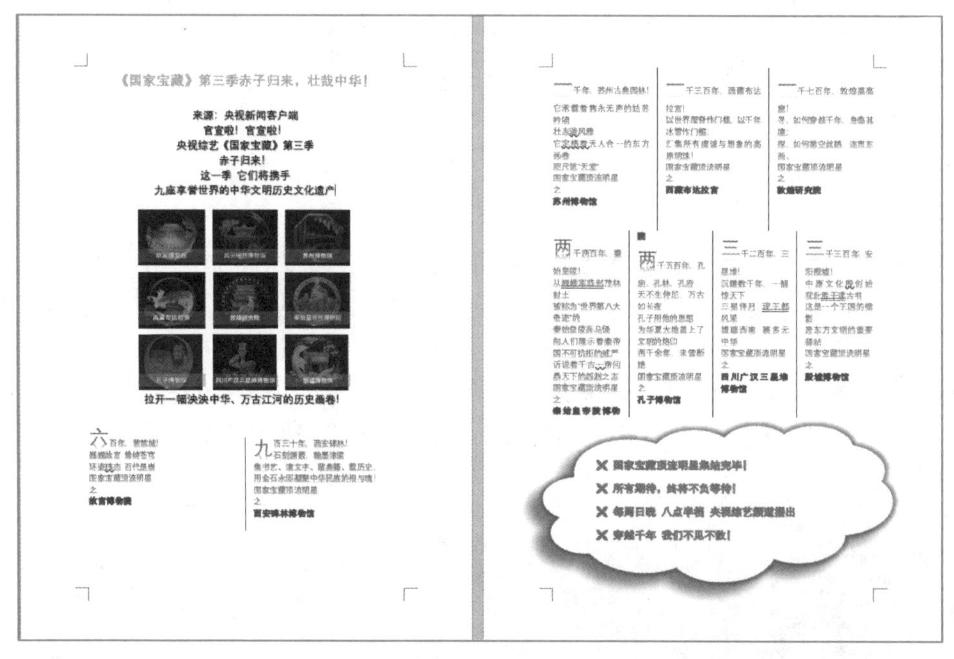

图 9-1-27 宣传海报样张

第一步：新建 Word 文档并设置文字粘贴选项。

从网页上复制下来的文本通常会包含大量的多余内容，通过设置粘贴选项的方式可以只保留需要的文字。在网页上选择要复制的内容并按 Ctrl+C 键，在 Word 界面中单击“粘贴”按钮，如图 9-1-28 所示，在“粘贴选项”组中选择“只保留文本”选项，得到如图 9-1-29 所示的文档。

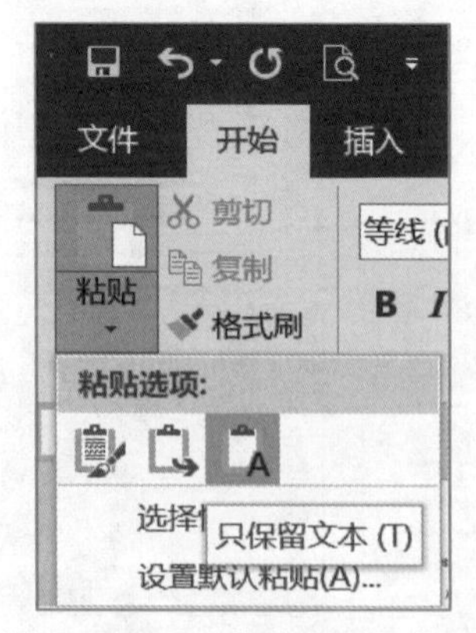

图 9-1-28 “粘贴选项”设置

第二步：删除多余空行。

网页上复制下来的文字经常含有大量多余的空行，如图 9-1-29 所示。利用查找替换的方法可以迅速删除多余的空行。

在“开始”选项卡的“编辑”选项组选择“替换”命

令，在弹出的“查找和替换”对话框中单击“更多”按钮，在界面中继续选择“特殊格式”的第一项“段落标记”。文档中有空行的位置即为两个段落标记连在一起，在“查找和替换”对话框中输入如图 9-1-30 所示的内容，多次单击“全部替换”按钮则可去掉文档中的全部空行。

文档1 - Word
文件
开始
插入
设计
布局
引用
邮件
审阅
视图
帮助
操作说明搜索
共享
粘贴
剪切
复制
格式刷
字体
段落
样式
编辑
正文
无间隔
标题 1
标题 2
标题
副标题
查找
替换
选择
粘贴选项:
只保留文本 (T)
设置默认粘贴(A)...
第 1 页，共 1 页
0 个字
英语(美国)
30%

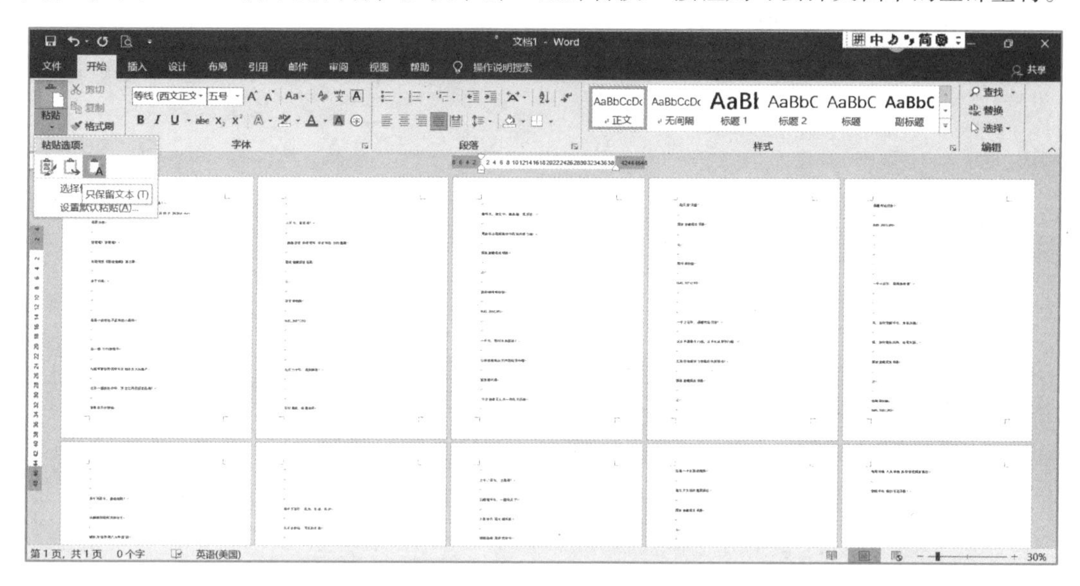

图 9-1-29　网页内容复制

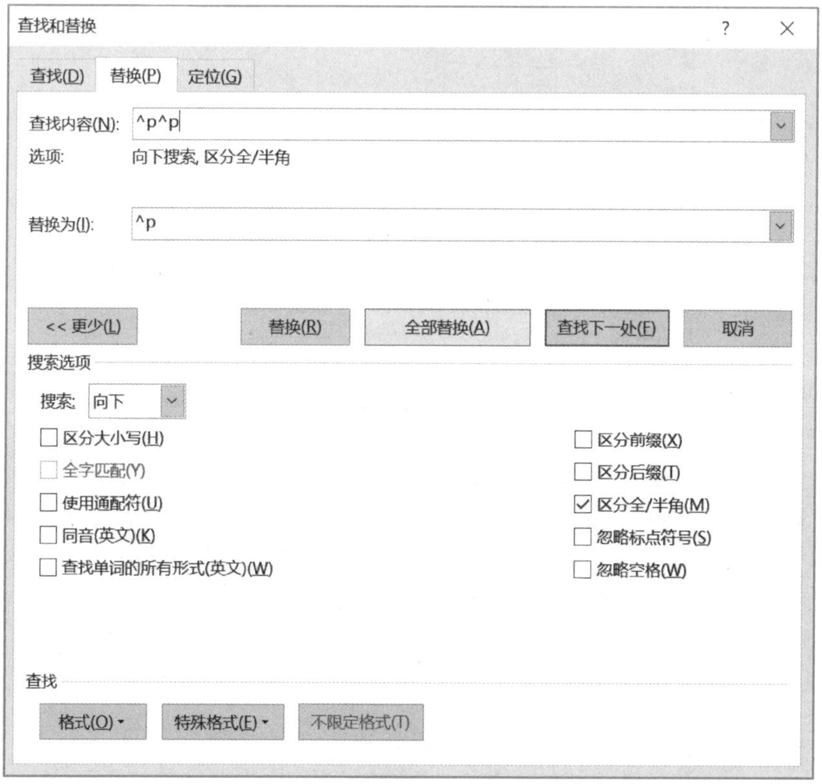

查找和替换
查找(D)
替换(P)
定位(G)
查找内容(N): ^p^p
选项: 向下搜索, 区分全/半角
替换为(I): ^p
<< 更少(L)
替换(R)
全部替换(A)
查找下一处(F)
取消
搜索选项
搜索: 向下
区分大小写(H)
全字匹配(Y)
使用通配符(U)
同音(英文)(K)
查找单词的所有形式(英文)(W)
区分前缀(X)
区分后缀(T)
区分全/半角(M)
忽略标点符号(S)
忽略空格(W)
查找
格式(O)
特殊格式(E)
不限定格式(T)

图 9-1-30　删除多余空行设置

删除空行后文档由 10 页缩短为 2 页，便于进一步排版操作。

第三步：设置文章标题。

选中文章标题“《国家宝藏》第三季赤子归来，壮哉中华！”，如图 9-1-31 所示，单击功能区“插入”选项卡中的“艺术字”按钮，选择一种艺术字样式对标题加以美化。

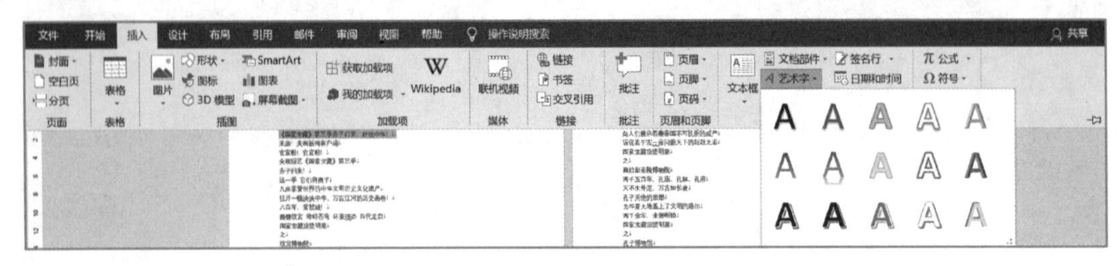

图 9-1-31　艺术字设置

单击该艺术字，在“布局选项”对话框中选择文字环绕方式为“上下型环绕”。

第四步：设置文字字体与段落格式。

单击功能区“开始”选项卡中“字体”组中的“文本效果和版式”按钮可快速设置文字格式。利用“段落”对话框设置文字居中显示并调整行距，如图 9-1-32 所示。

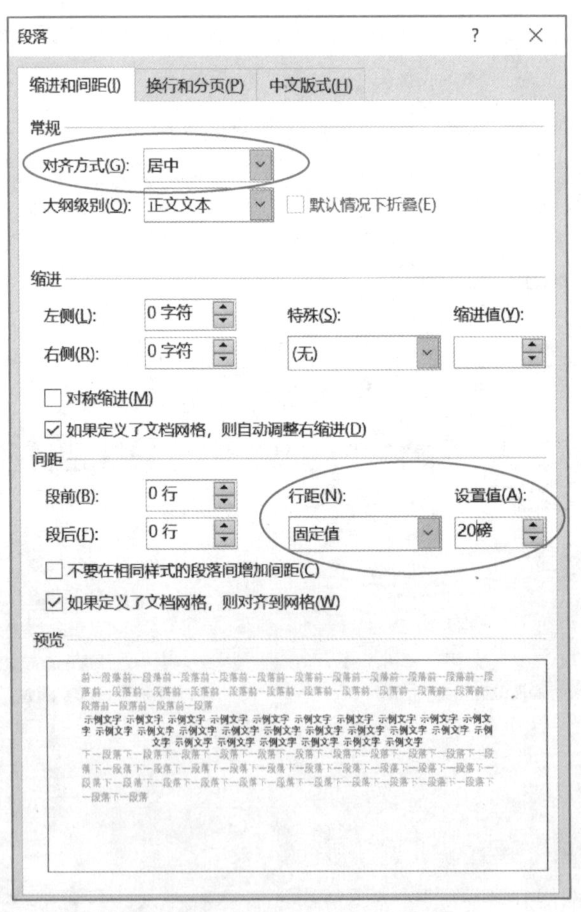

图 9-1-32　文本效果和版式设置

可以利用“格式刷”命令为其他文字设置相同格式。

第五步：插入 SmartArt 图形实现图文混排，美化文档。

SmartArt 可以将图片或图形与文字结合来表达 Word 文档内容，使文档更加生动、活泼。同时选中 9 个博物馆的名称，如图 9-1-33 所示，按 Ctrl+C 键。

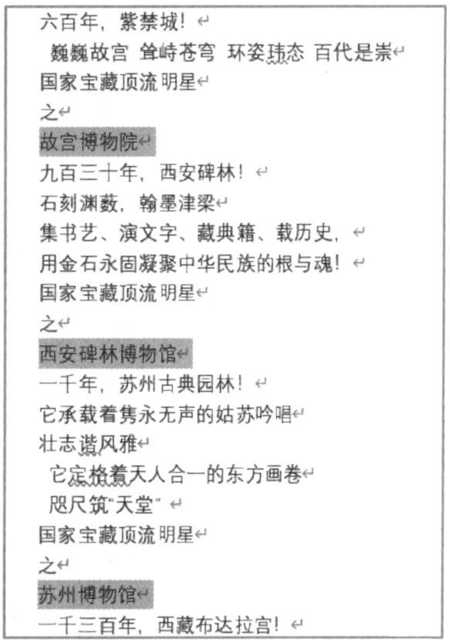

单击“插入”选项卡“插图”组中的 SmartArt 按钮，在弹出的“选择 SmartArt 图形”对话框中选择如图 9-1-34 所示的图片格式并单击“确定”按钮。

单击弹出的图形框左侧箭头按钮，在弹出的编辑图文区域按 Ctrl+V 键粘贴进 9 项文字内容，并按 Delete 按钮删除多余文本。设置结果如图 9-1-35 所示，适当调整图形的大小与上下行文字环绕方式。

单击“故宫博物院”下方或左侧的图片图标，在弹出的对话框中选择磁盘上的“故宫博物院”图片。重复以上步骤，添加 9 张图片。结果如图 9-1-36 所示。

图 9-1-33　不连续文本选择

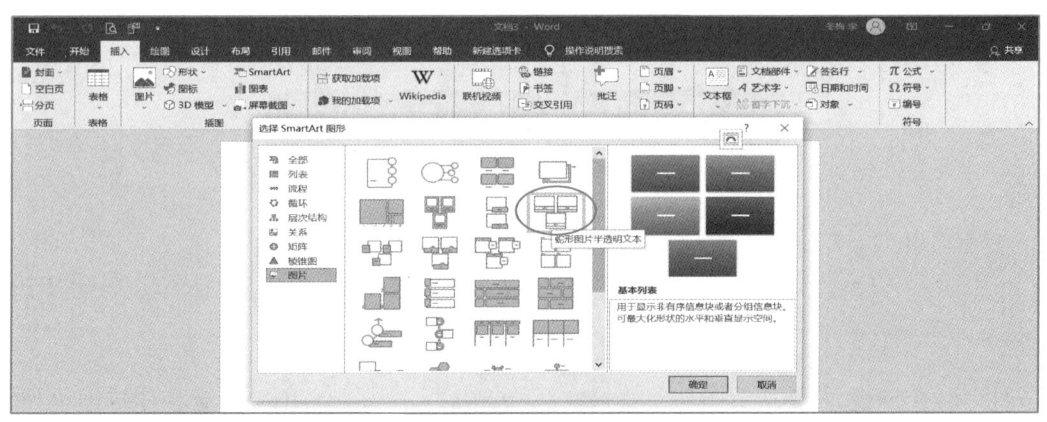

图 9-1-34　“选择 SmartArt 图形”对话框

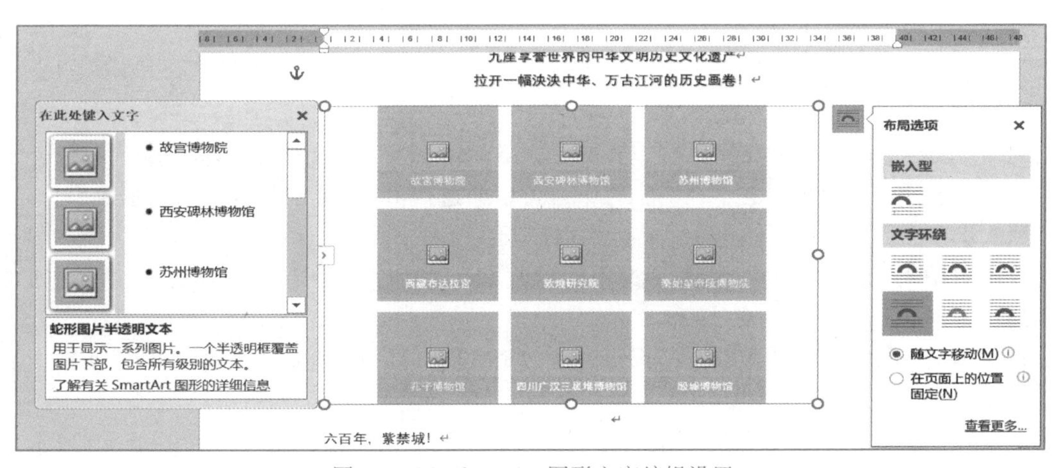

图 9-1-35　SmartArt 图形文字编辑设置

图 9-1-36 SmartArt 图形文字编辑效果

可以通过“SmartArt 工具”选项卡的“设计”选项组修改图形的版式，如图 9-1-37 所示。

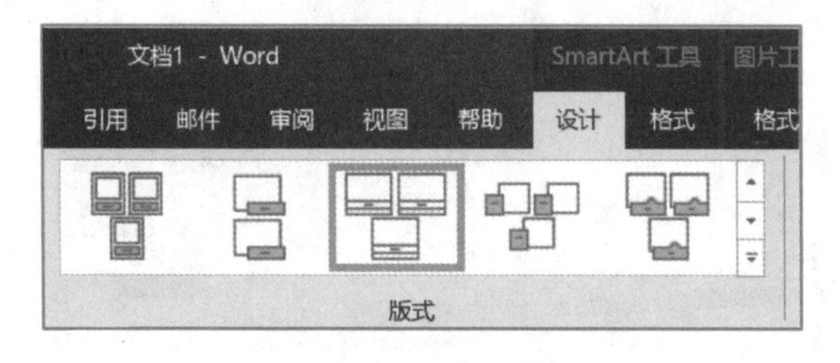

图 9-1-37 SmartArt 图形版式修改

可以利用“格式”选项卡中的“裁剪”→“填充”命令调整图片位置，使界面更加美观合理。

第六步：设置首字下沉。

为每个博物馆介绍内容的第一个字设置首字下沉，通过格式刷实现首字下沉格式的复制。

第七步：设置分栏。

为缩短文档长度，可为文字内容设置分栏，效果如图 9-1-27 所示。分别设置两栏、三栏和四栏。为了让同一段介绍文字在一个栏中，可以通过按 Enter 键调整分栏的显示效果。

第八步：插入自选图形。

单击“插入”选项卡的“插图”组中的“形状”按钮，在下拉列表中选择“基本形状”组中的“云形”选项，如图 9-1-38 所示。

在文字下方拖曳鼠标绘制一个云形标注，效果如图 9-1-39 所示。通过“格式”选项卡可设置形状的样式。

单击“形状效果”右下角的三角形按钮，在弹出的下拉列表中选择如图 9-1-40 所示的发光样式。用同样的方法可以为图形设置不同的阴影效果。

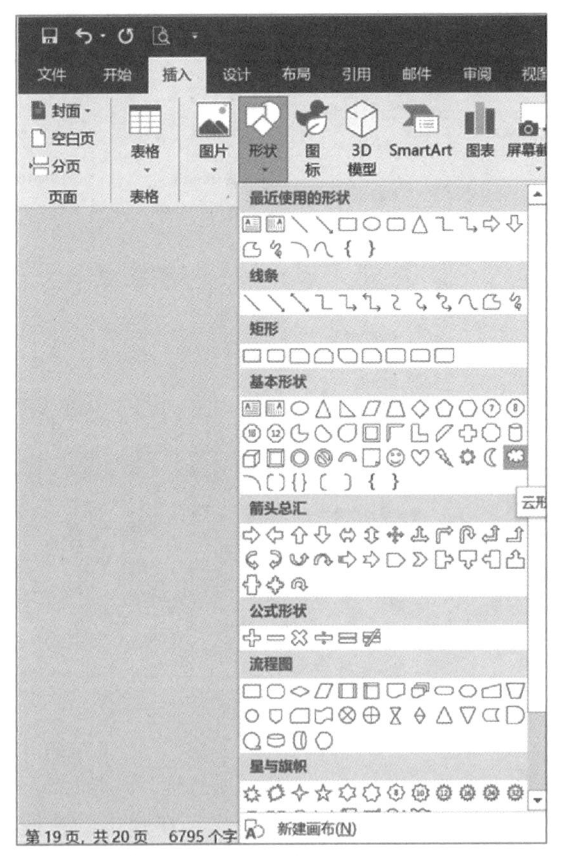

图 9-1-38 “形状”下拉列表

图 9-1-39 云形标注效果

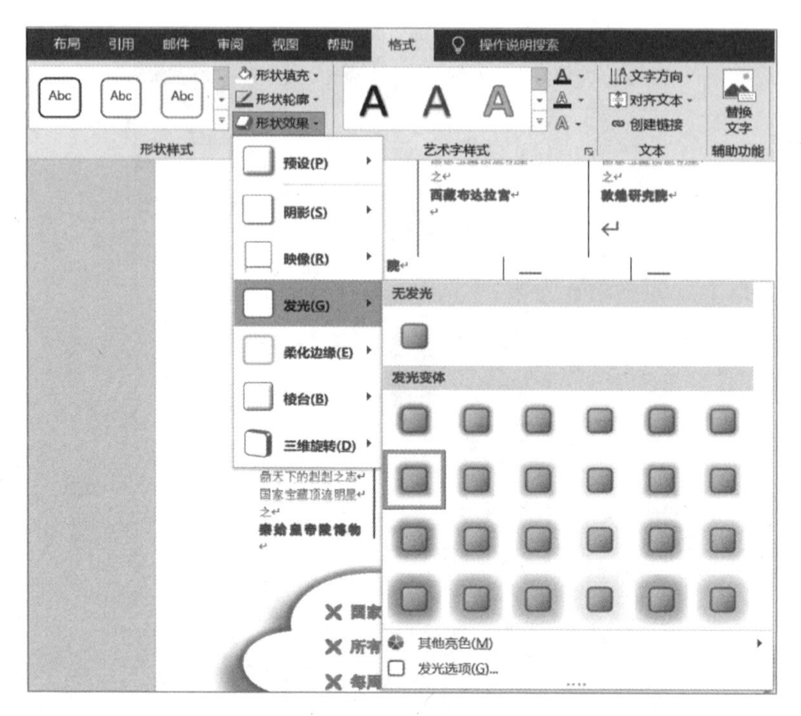

图 9-1-40 形状样式设置

第九步：设置项目符号。

选中文档的后 4 段，按 Ctrl+X 键，右击云形标注，在弹出的快捷菜单中选择“编辑文字”命令，按 Ctrl+V 键粘贴至云形标注内并修改字体如图 9-1-27 所示。

选中文字内容，单击“项目符号”的下三角形按钮，选择“定义新项目符号”选项，插入如图 9-1-41 所示的“符号”样式作为项目符号。

第十步：保存文档。

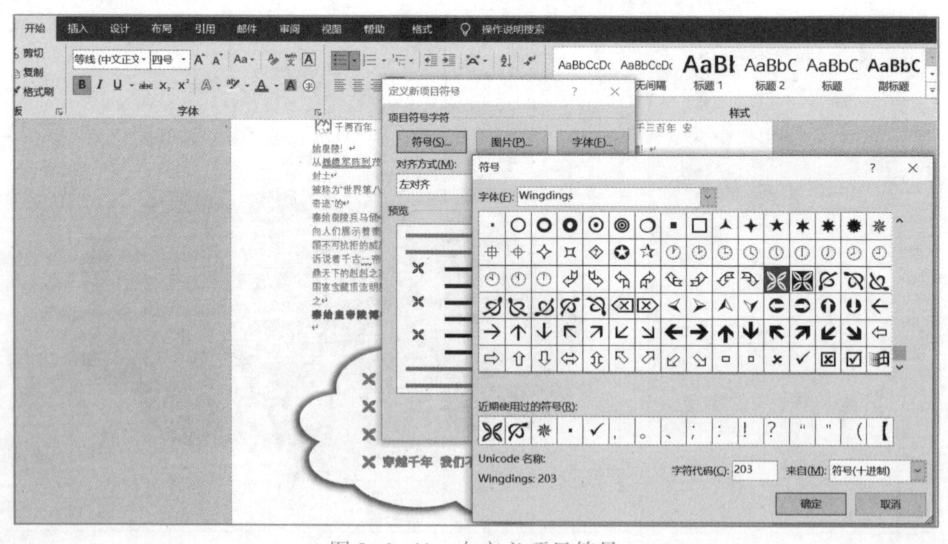

图 9-1-41 自定义项目符号

9.2　长文档排版，自动化处理

9.2.1　样式

1. 样式的概念

样式是一套预先调整好的文本格式。文本格式包括字体、字号、缩进等，并且样式都有名字。样式可以应用于一段文本，也可以应用于几个字，所有格式都是一次完成的。例如，在编排这本书时，就使用了一套自定义的样式。章、节标题是一种样式，章内的主要标题是另一种样式，文字内容又是另一种样式。

2. 内置样式与自定义样式

系统自带的样式为内置样式，Word 程序中预设了一些标题、正文等样式，当用户需要为 Word 文档中的文本设置样式时，可以直接使用这些预设样式。用户无法删除 Word 内置的样式，但可以修改内置样式。用户可以根据需要创建新样式，还可以将创建的样式删除。用户自己创建的样式即为自定义样式。

3. 内置样式设置方法

打开原始文件，选中要应用样式的文本，单击“开始”选项卡下“样式”组中的“标题1”样式，如图 9-2-1 所示。经过以上操作，所选中的文本就应用了“标题 1”的样式，在该文本的左侧可以看到应用样式时所出现的小黑点。将光标定位在另一处要应用样式的文本位置，单击“开始”选项卡下“样式”组中的下拉按钮，在展开的列表中选择合适的标题样式。

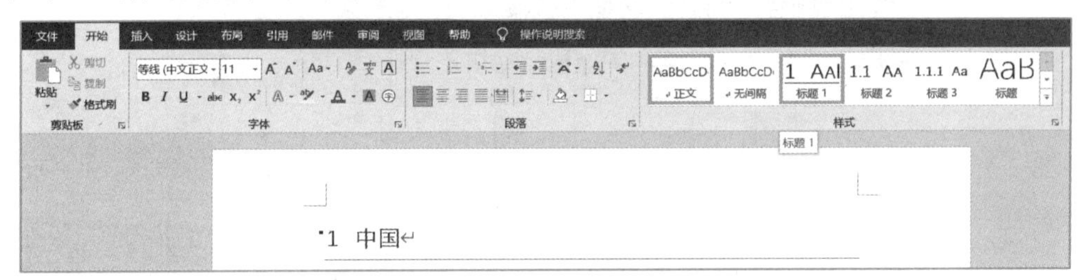

图 9-2-1　设置“标题 1”样式

经过以上操作，就完成了为文本应用样式的操作，使用相同方法可以为其他段落也应用合适的样式。

4. 内置样式修改方法

选择要修改的内置样式，右击，选择“修改”命令，则会弹出如图 9-2-2 所示的“修改样式”对话框，可以通过该对话框进行样式格式的修改，如改变字体颜色，设置倾斜效果，调整行距等。

5. 新建样式

如图 9-2-1 所示，单击“样式”选项组右下角的按钮，在弹出的对话框中单击左下角“新建样式”按钮（见图 9-2-3），则会弹出“新建样式”对话框，为新样式起好名字并设置好格式，则用户自定义的样式即可像 Word 内置的样式一样使用。

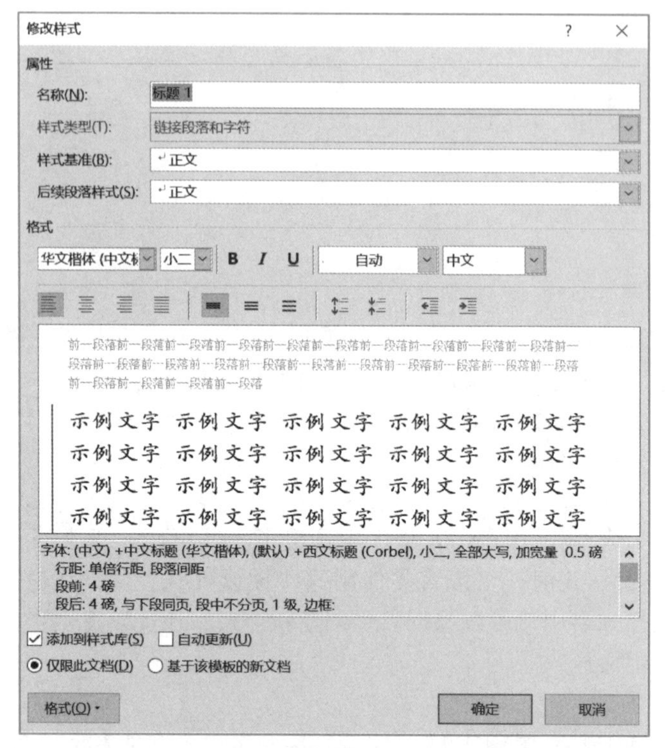

图 9-2-2 “修改样式”对话框

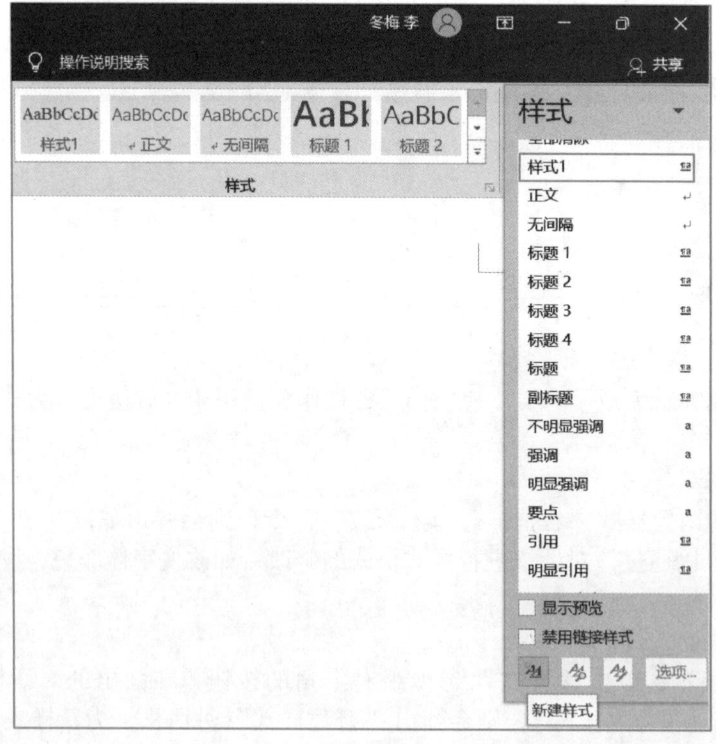

图 9-2-3 “新建样式”按钮

在进行长文档编辑时，先设置好样式并应用，可以大量节约文档排版的时间，提高工作效率。

9.2.2　主题与样式集

文档主题是一个综合性概念，它涵盖了整篇文档的配色方案、字体方案和效果方案，可以从整体上控制文档的基调或风格。用户可以通过主题改变文档的主题颜色、主题字体和主题效果，还可以自定义主题并将其保存。保存自定义的主题后，它将出现在自定义主题的列表中，可用于所有的 Word、Excel 和 PowerPoint 程序。

每个主题下还包含不同的样式集。样式集实际上是文档中标题、正文和引用等不同文本和对象格式的集合，为了方便用户对文档样式的设置，Word 2019 为不同类型的文档提供了多种内置的样式集供用户选择使用。在“设计”选项卡的“文档格式”组的快速样式库中显示的就是某个被选择使用的样式集，用户可以根据需要修改文档中使用的样式集，如图 9-2-4 所示。

图 9-2-4　“设计”选项卡

设置文档主题与修改样式集的步骤如下。

① 打开“设计”选项卡，单击“主题”按钮，打开主题库。主题库以图示的方式列出了所有内置的文档主题，用户可以在这些主题之间滑动鼠标，通过实时预览功能来试用每个主题的应用效果。

② 单击一个符合要求的主题，完成文档主题的设置。这时，文档中的字体、颜色、效果都会随主题发生变化。

③ 如果主题不能满足文档制作的需要，用户还可以自定义主题的字体、配色方案等。如单击“文档格式”组上的“字体”按钮，则可在下拉列表中修改字体；单击“颜色”按钮则可修改配色方案。

④ 单击“设计”选项卡中的“主题”按钮，选择“保存当前主题”命令。保存后，再次单击“主题”按钮时会看到自定义的主题，便于再次应用。

对于长文档来说，灵活应用主题与样式集可以达到高效排版的作用。

9.2.3　目录

目录是一篇长文档或一本书的大纲提要，用户可以通过目录了解整个文档的整体结构，以便把握全局内容框架。在 Word 中可以直接将文档中套用样式的内容创建为目录，也可以根据需要添加特定内容到目录中。目录是为了快速了解和查找书籍中的内容而建立的。

1. 自动生成目录的方法

如果文档中的各级标题应用了 Word 2019 定义的各级标题样式，这时创建目录将十分方便，具体操作步骤如下。

① 检查文档中的标题，确保它们已经以标题样式被格式化。

② 将光标移到需要插入目录的位置，通常位于文档的开头。

③ 切换到功能区中的“引用”选项卡，单击“目录”选项组中的“目录”按钮，出现如图 9-2-5 所示的“目录”下拉菜单。单击一种自动目录样式，即可快速生成该文档的目录。

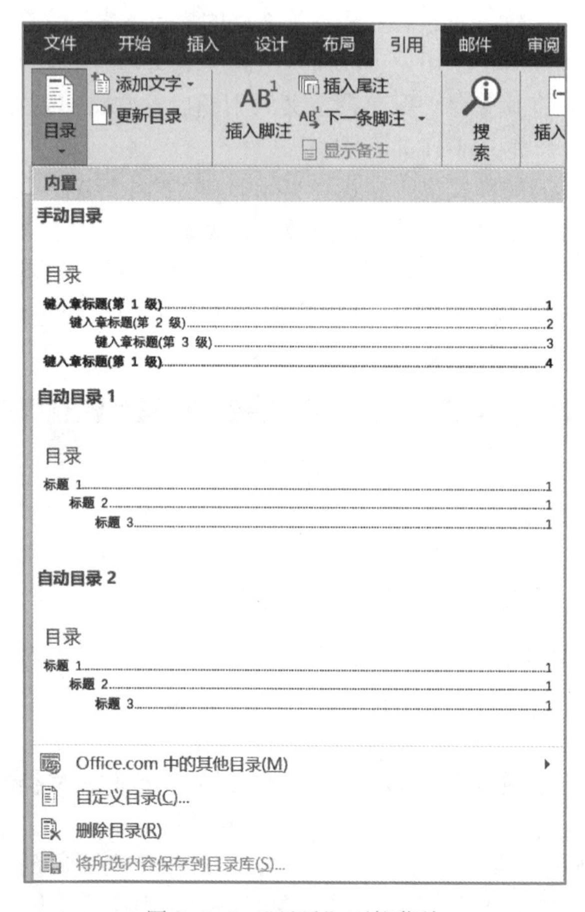

图 9-2-5 “目录”下拉菜单

2. 自定义样式生成目录

如果要利用自定义样式生成目录，可以按照下述步骤进行操作。

① 将光标移到文档中要插入目录的位置，切换到功能区中的“引用”选项卡，单击“目录”选项组中的“目录”按钮，从弹出的菜单中选择“自定义目录”命令，打开“目录”对话框。

② 在“格式”下拉列表中选择目录的风格，如图 9-2-6 所示。选择的结果可以通过预览框查看。如果选择“来自模板”选项，表示使用内置的目录样式（目录 1~目录 9）格式化目录。如果选中“显示页码”复选框，表示在目录中每个标题后面将显示页码；如果勾选“页码右对齐”复选框，表示让页码右对齐。

③ 在“显示级别”列表框中指定目录中显示的标题层次（选择 1 时，只有标题 1 样式包含在目录中；选择 2 时，标题 1 和标题 2 样式包含在目录中，依此类推）。

图 9-2-6 “目录”对话框

④ 如果要从文档的不同样式中创建目录，例如，不想根据“标题 1”~“标题 9”样式创建目录，而是根据自定义的“样式 1”样式创建目录，并将它设置为 1 级标题，可以单击“选项”按钮，打开如图 9-2-7 所示的“目录选项”对话框。在“有效样式”列表框中找到标题使用的样式“样式 1”，然后在“目录级别”文本框中指定标题的级别为 1，删除原来各级标题默认的目录级别，并单击“确定”按钮。

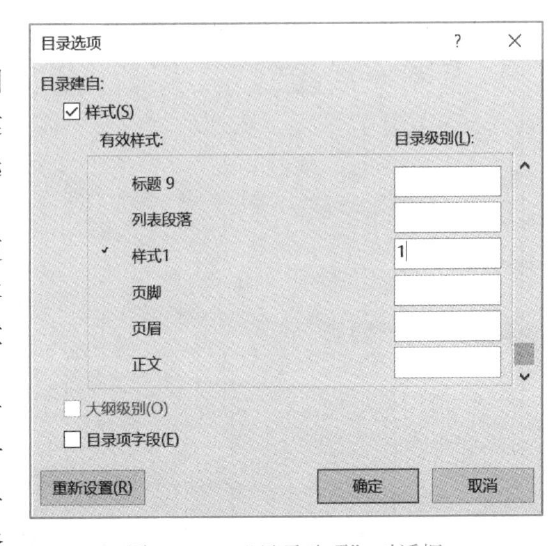

图 9-2-7 “目录选项”对话框

⑤ 如果希望修改生成目录的外观格式，可以在“目录”对话框中单击“修改”按钮，打开“样式”对话框，选择目录级别，然后单击“修改”按钮，即可打开“修改样式”对话框修改该目录级别的格式。

3. 更新目录

更新目录的方法很简单，切换到功能区中的“引用”选项卡，单击“目录”选项组中的“更新目录”按钮，打开“更新目录”对话框。如果选中“只更新页码”单选按钮，则仅更新现有目录项的页码，不会影响目录项的增加或修改；如果选中“更新整个目录”单选按钮，将重新创建目录。这样，不管文档内容如何修改，页码如何变动，目录都可以随时进行更新，而不需要手动修改。

9.2.4 水印背景

水印的类型包括文字水印和图片水印两种。在 Word 文档中添加文字水印时，可以使用程序中预设的水印效果，而图片水印则需要自定义添加。

1. 添加预设水印

Word 2019 中预设了机密、紧急、免责声明三种类型的文字水印，用户可根据文件的类型为文档添加需要的水印。

打开原始文件，切换至“设计”选项卡，单击“页面背景”组中的“水印”按钮，在展开的下拉列表中单击“免责声明”组中的“草稿 1”样式，如图 9-2-8 所示。经过以上操作，就完成了为文档添加水印的操作，文档的每一页都会显示添加的水印。

如果要将文档中的水印效果删除，打开目标文档，切换至“设计”选项卡，单击“页面背景”组中的“水印”按钮，在展开的下拉列表中单击“删除水印”选项即可。

2. 自定义制作图片水印

自定义添加水印时，可以添加文字与图片两种类型的水印，下面以添加图片水印为例，来介绍具体的操作步骤。

打开原始文件，切换至“设计”选项卡，单击“页面背景”组中的“水印”按钮，在展开的列表中单击“自定义水印”选项，则弹出“水印”对话框，如图 9-2-9 所示。

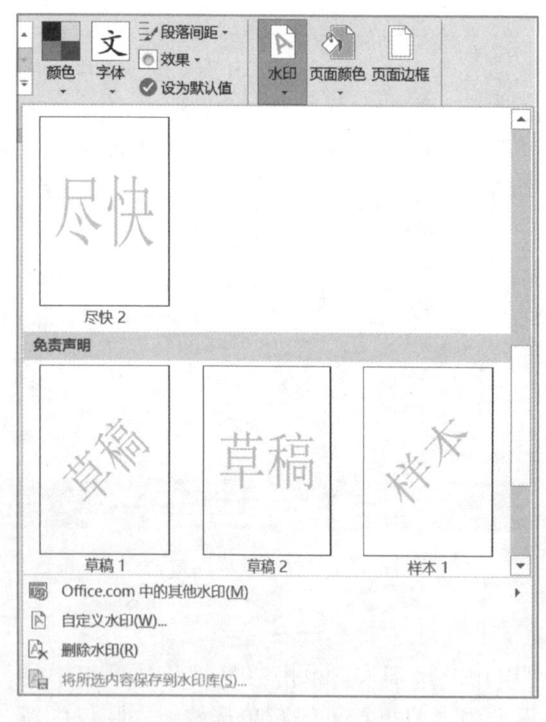

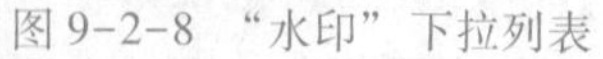
图 9-2-8 “水印”下拉列表

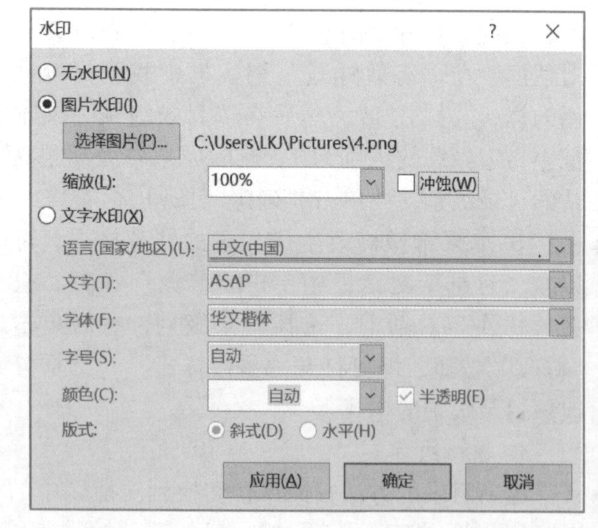

图 9-2-9 “水印”对话框

选中“图片水印”单选按钮，然后单击“选择图片”按钮，弹出“插入图片”对话框，单击“从文件”右侧的“浏览”按钮，选择要使用的图片，单击目标图片后返回“水印”

对话框。设置“缩放”为“100%”，取消勾选“冲蚀”复选框，单击“确定”按钮，经过以上操作，就完成了为文档添加图片水印的操作。单击“应用”按钮，即可看到设置后的水印效果，如果对效果不满意，可直接在对话框中进行更改，设置完毕后单击“确定”按钮即可。

9.2.5 页眉、页脚与页码

页眉是指位于打印纸顶部的说明信息，页脚是指位于打印纸底部的说明信息。页眉和页脚的内容可以是页码，也允许输入其他信息，如将文章的标题作为页眉的内容，或将公司的徽标插入页眉中。

页码用来表示每页在文档中的顺序编号，在 Word 中添加的页码会自动更新。

页眉、页脚和页码设置在“插入”选项卡的“页眉和页脚”组中的相应的下拉列表中完成。

Word 2019 中预设了空白、边线型、传统型、网络和镶边等多种页眉和页脚样式，插入页眉和页脚的操作方法基本相同。

插入页眉的步骤：打开原始文件，切换至“插入”选项卡，单击“页眉和页脚”组中的“页眉”按钮，在展开的下拉列表中单击要使用的页眉样式。

篇幅较长的 Word 文档一般都会有一个封面，或者目录页等，为了区分首页与正文，可以设置首页不同的页眉。

打开原始文件，切换至“插入”选项卡，单击“页眉和页脚”组中的“页眉”按钮，在展开的列表中单击“编辑页眉”选项，进入页眉编辑状态后，在第二页的页眉中输入文本内容，然后切换至“页眉和页脚工具-设计”选项卡，勾选“选项”组中的“首页不同”复选框，如图 9-2-10 所示。输入首页页眉内容，此时首页的页眉会自动变为空白效果，将光标定位在首页的页眉中，输入首页的页眉内容，并设置文本格式。经过以上操作，就完成了在文档中制作首页不同的页眉效果。

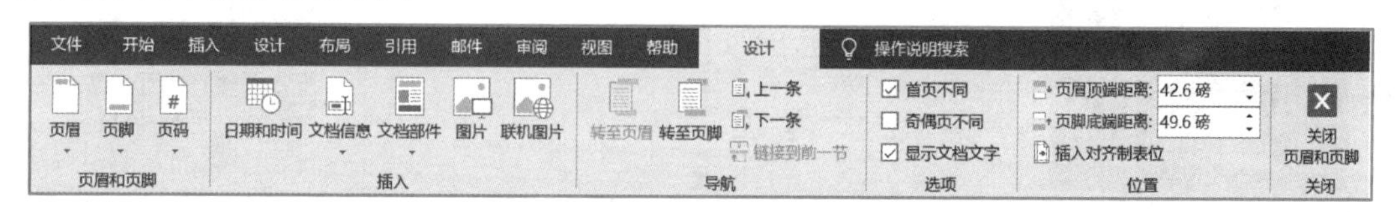

图 9-2-10 “页眉和页脚工具-设计”选项卡

用同样的方法也可以设置奇偶页不同的页眉或页脚。

在页眉和页脚中不仅可以输入和编辑文字，也可以插入图形、图片等素材。方法和正文编辑方法相同。

单击“设计”选项卡最右侧的“关闭”按钮，则退出页眉和页脚的自定义设置。

9.2.6 案例：知识点！《习近平谈治国理政》第三卷重要名词速览

【实战场景】近期，《习近平谈治国理政》第三卷中英文版出版，面向海内外发行。这本书是全面系统反映习近平新时代中国特色社会主义思想的权威著作，对于推动广大党员、干部和群众学懂弄通做实习近平新时代中国特色社会主义思想具有重要意义。新华社《学习进行时》梳理了书中的一系列重要政治名词，便于大家更好地学习领会。

将“知识点!《习近平谈治国理政》第三卷重要名词速览”网页原文放入 Word 文档中，只保留文字并删除空行，如图 9-2-11 所示。

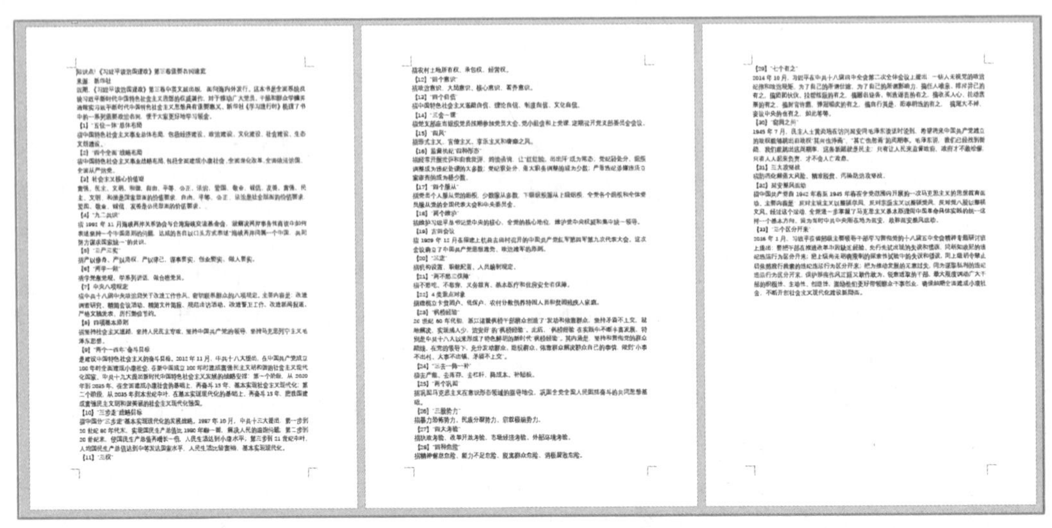

图 9-2-11　粘贴网页原文

快速进行文档排版并为所有名词自动生成目录，实战效果如图 9-2-12 所示。

图 9-2-12　实战案例效果图

第一步：应用样式。

观察文档内容，发现所有名词均独立成一段，并且均存在“【】”内包含数字的字样。可以通过查找替换功能统一应用样式“标题 1”。

将光标定位至文档前，单击“开始”选项卡的“编辑”组中的“替换”按钮，在弹出的“查找和替换”对话框中设置查找项为“【】”，并将光标定位至括号中，单击“更多”按钮，单击“特殊格式”按钮，选择列表中的“任意数字”选项；设置“替换为”为“更多”选项组中“特殊格式”列表中的“查找内容”选项，并设置“格式”列表中的“样式”，在弹出的“替换样式”对话框中选择“标题 1”选项，如图 9-2-13 所示。单击“全部替换”按钮，则完成 9 处替换。

图 9-2-13　“查找和替换”对话框

再次应用“查找和替换”功能，将查找内容修改为【^#^#】，其他不变，则完成剩余 24 处的替换。

将光标定位至正文文本处，单击“开始”选项卡的“编辑”组中的“选择”按钮右侧的三角形按钮，在弹出的列表中单击“选择所有格式类似的文本（无数据）”选项，则除应用标题 1 以外的所有文本都被选中。单击“开始”选项卡的“样式”组中的“标题 2”选项，则让文字统一应用了样式“标题 2”。

第二步：应用主题。

选择“水汽尾迹”主题中的“阴影”样式集，则可为文档统一应用该主题，效果如图 9-2-14 所示。

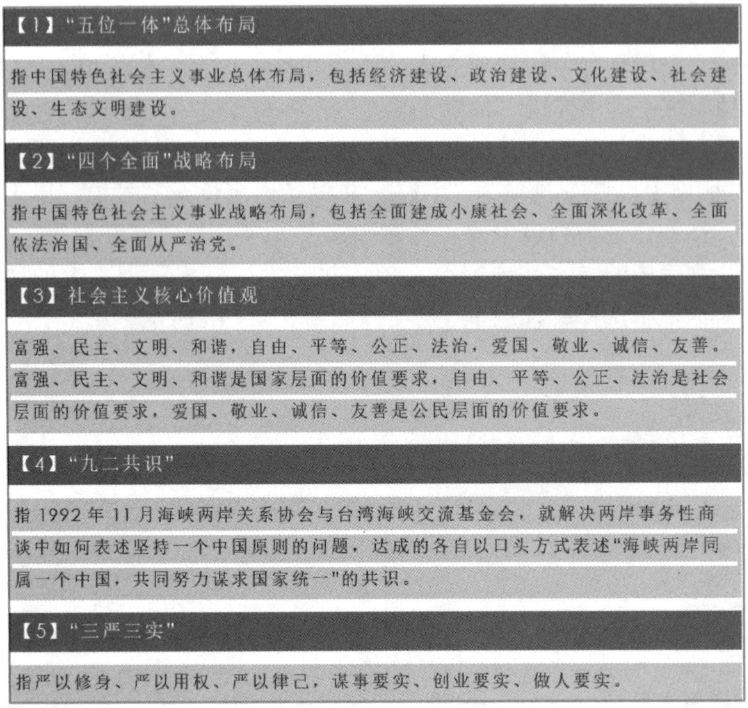

【1】"五位一体"总体布局

指中国特色社会主义事业总体布局，包括经济建设、政治建设、文化建设、社会建设、生态文明建设。

【2】"四个全面"战略布局

指中国特色社会主义事业战略布局，包括全面建成小康社会、全面深化改革、全面依法治国、全面从严治党。

【3】社会主义核心价值观

富强、民主、文明、和谐，自由、平等、公正、法治，爱国、敬业、诚信、友善。富强、民主、文明、和谐是国家层面的价值要求，自由、平等、公正、法治是社会层面的价值要求，爱国、敬业、诚信、友善是公民层面的价值要求。

【4】"九二共识"

指 1992 年 11 月海峡两岸关系协会与台湾海峡交流基金会，就解决两岸事务性商谈中如何表述坚持一个中国原则的问题，达成的各自以口头方式表述"海峡两岸同属一个中国，共同努力谋求国家统一"的共识。

【5】"三严三实"

指严以修身、严以用权、严以律己，谋事要实、创业要实、做人要实。

图 9-2-14　应用样式集效果图

第三步：自动生成目录。

将光标定位至文档前，打开“插入”选项卡，选择“页面”组中的“分页”选项，则文档前自动空出一页。将光标定位至文档开头，输入“目录”两字并按 Enter 键。在“引用”选项卡“目录”下拉列表中选择“自定义目录”选项，只保留标题 1 的目录级别 1，则为文档自动生成目录。

第四步：设置页眉。

为文档插入页眉内容为“名词速览”并设置靠右对齐。在“页眉和页脚工具-设计”选项卡中勾选“首页不同”复选框。

第五步：设置页码。

为文档插入预设页码样式“页边距”中的“箭头（右侧）”。

第六步：设置封面。

在“插入”选项卡中单击“封面”按钮，在封面预设列表中选择“网格”选项。在封面上“标题”“副标题”“摘要”处定位光标输入文字内容，并适当修改文字格式。

标题：知识点！《习近平谈治国理政》第三卷重要名词速览

副标题：来源：新华社

摘要：近期，《习近平谈治国理政》第三卷中英文版出版，面向海内外发行。这本书是全面系统反映习近平新时代中国特色社会主义思想的权威著作，对于推动广大党员、干部和群众学懂弄通做实习近平新时代中国特色社会主义思想具有重要意义。新华社《学习进行时》梳理了书中的一系列重要政治名词，便于大家更好地学习领会。

设置效果如图 9-2-15 所示。

第七步：设置水印背景。

在“设计”选项卡中“页面背景”组的“水印”列表中选择“自定义水印”选项，在弹出的对话框中进行如图 9-2-16 所示的设置。为整篇文档添加“斜式”“隶书”“不透明”的水印文字背景。

图 9-2-15　封面效果图

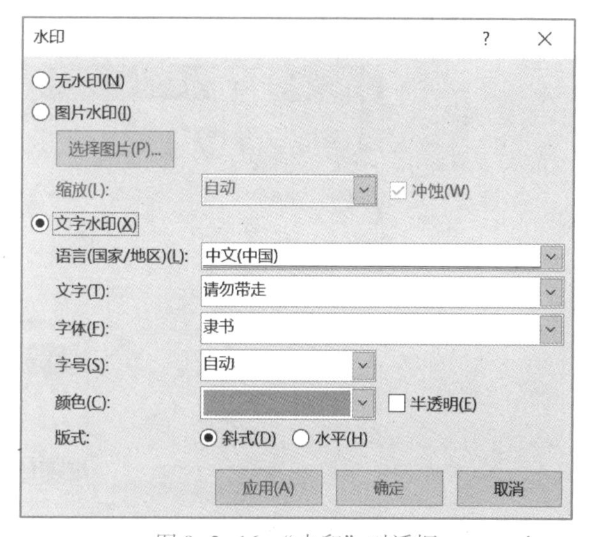

图 9-2-16　“水印”对话框

9.3　文表转换，一目了然

9.3.1　表格工具概述

表格是由行和列的单元格组成的，可以在单元格中输入文字和插入图片，使文档变得更加直观和形象，增强文档的可读性。

1. 插入表格

方法一：在“插入”选项卡中单击“表格”组中的“插入表格”按钮，在弹出的对话框中设置表格的行数和列数，则可插入一个表格。

方法二：在“表格”下拉列表最上方“插入表格”区域拖动鼠标，可以插入一个表格。

2. 绘制表格

用户可以根据实际需求，手动绘制表格的行、列及斜线。

在“插入”选项卡中单击“表格”组中的“表格”按钮，在展开的列表中单击“绘制表格”选项。此时鼠标指针变成铅笔形状，拖动鼠标，在鼠标指针经过的位置可以看到虚线框，该框即为表格的外轮廓，至适当大小后释放鼠标。将表格的外轮廓绘制完毕后，在框内横向拖动鼠标，绘制表格的行线。

将表格的所有行线都绘制完毕后，在表格中纵向拖动鼠标，绘制表格列线。

在需要添加斜线的单元格中从左上角向右下角拖动鼠标，即可绘制斜线。

完成表格的制作后，切换至“表格工具-布局”选项卡，单击“绘图”组中的“绘制表格”按钮，取消该按钮的选中状态，退出表格绘制状态。

3. 快速表格

使用“表格”列表中的“快速表格”命令可以利用内置的表格样式快速建立各种类型的表格，如图 9-3-1 所示。

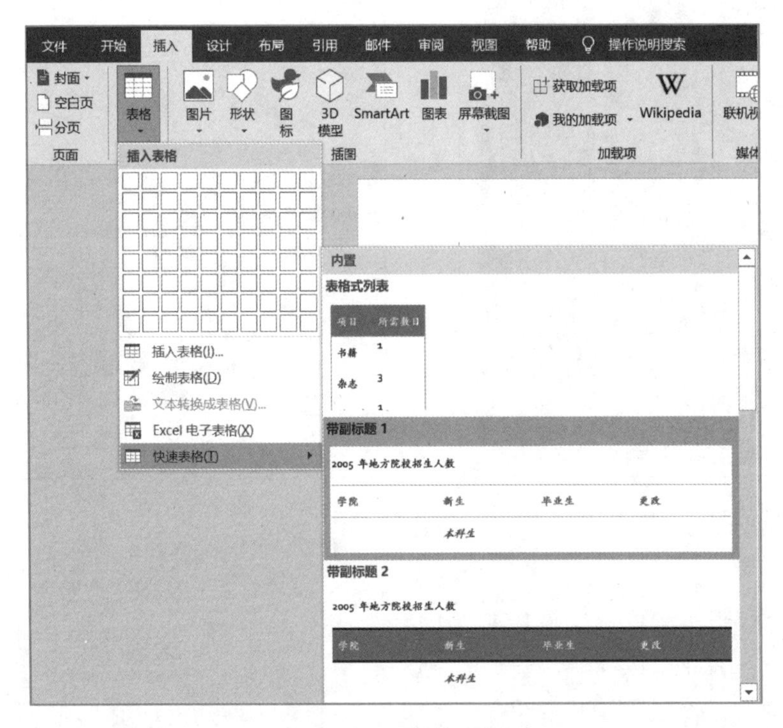

图 9-3-1 “表格”列表

4. 表格编辑

表格的编辑包括单元格的合并与拆分、调整表格列宽与行高、增加或删除表格的行与列、文本的对齐方式等基本操作。可以通过“表格工具-布局”选项卡以及表格快捷菜单两种方式实现。表格操作依然遵循先选定后操作的原则。如要实现单元格的合并，需要事先选中想要合并的单元格，然后在“布局”选项卡“合并”组中选择“合并单元格”命令。

5. 表格格式化

表格的格式化包括修改表格边框样式、改变表格底纹等基本操作。也可以通过“表格工具-设计”选项卡以及表格快捷菜单两种方式实现。

单击表格左上角的选择表格按钮可以在“设计”选项卡的“表格样式”库中为表格选择一种预设样式进行美化，也可以通过手动设置边框和底纹参数自定义表格格式，如图9-3-2所示。

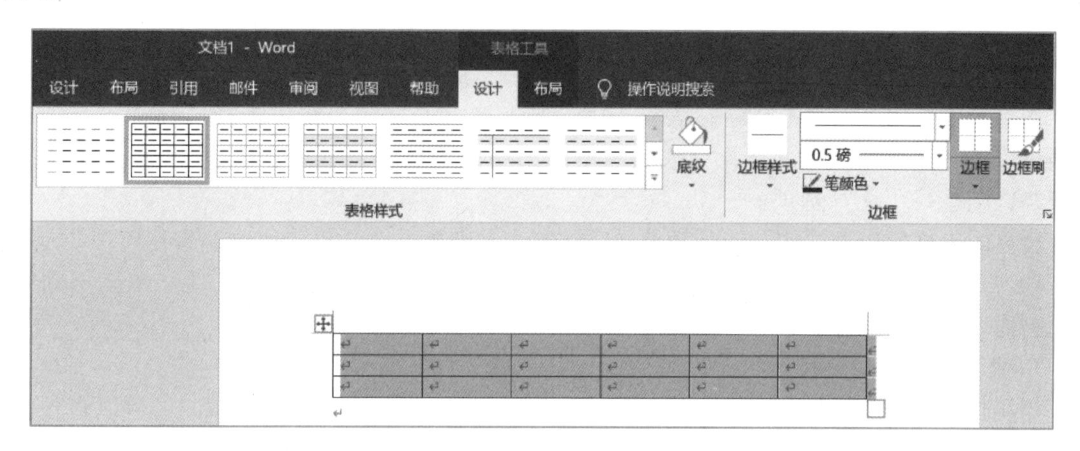

图9-3-2 “表格工具-设计”选项卡

6. 设置或更改表格属性

Word表格作为文档的一部分，可以像图片一样实现文字和表格的混排。

右击表格，然后选择“表格属性”命令，弹出如图9-3-3所示的“表格属性”对话框。

图9-3-3 “表格属性”对话框

单击“表格”选项卡，将设置应用于整个表格。

在“尺寸”组中勾选“指定宽度”复选框并选择一个大小以设置表格的整体宽度。在“度量单位”框中，选择是以磅还是页面百分比来度量宽度。

在“对齐方式”组中选择表格的对齐方式（左对齐、居中对齐或右对齐）。如果选择“左对齐”选项，则可以在“左缩进”框中选择一个缩进距离。

如果希望页面上的文本环绕在表格周围，则在“文本环绕”组中选择“环绕”选项；可以通过单击“定位”按钮并选择“表格定位”组中的选项让文本环绕更精确。如果不需要文本环绕，则选择“无”选项。

要更改表格的边框样式、线条颜色和线条宽度，则单击“边框和底纹”按钮。

单击“选项”按钮可设置更多表格属性，包括单元格的上边距和下边距、单元格间距和单元格内容的自动调整。

7. 表格与文本的转换

当用户已经在Word文档中记录下需要的内容，却需要使用表格来表现时，可以直接将文本内容转换为表格。在转换的过程中，只要设置好文字分隔位置，就可以快速进行转换。

打开原始文件，选中文档中的正文部分，切换至“插入”选项卡，单击“表格”组中的“表格”按钮，在展开的列表中单击“文本转换为表格”选项。弹出“将文字转换成表格”对话框，如果文档中的文本已用空格进行了分隔，对话框中自动将“列数”设置为间隔数据的个数，用户可以根据文档内容将“文字分隔位置”设置为“其他字符”，如图9-3-4所示，然后单击“确定”按钮。

将文本转换为表格前，文本中必须要有文字分隔位置，如果文档中没有，可以在转换前手动添加，使用段落标记、逗号、空格、制表符都可以进行分隔。

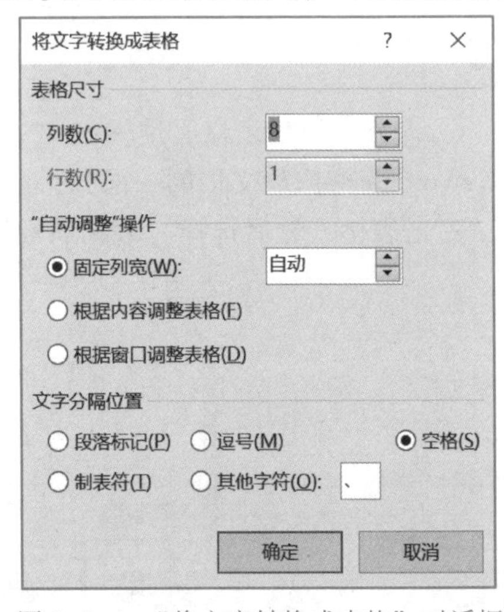

图9-3-4 “将文字转换成表格”对话框

9.3.2 案例：钟南山荣誉列表

【实战场景】钟南山，男，汉族，中共党员，1936年10月生，福建厦门人，广州医科大学附属第一医院国家呼吸系统疾病临床医学研究中心主任，中国工程院院士，第十一、十二届全国人大代表，第八、九、十届全国政协委员。他长期致力于重大呼吸道传染病及慢性呼吸系统疾病的研究、预防与治疗，成果丰硕，实绩突出。新冠肺炎疫情发生后，他敢医敢言，提出存在“人传人”现象，强调严格防控，领导撰写新冠肺炎诊疗方案，在疫情防控、重症救治、科研攻关等方面做出杰出贡献。荣获国家科学技术进步奖一等奖和“全国先进工作者”“改革先锋”等称号。

请上网搜索钟南山院士的个人履历，了解他都获得了哪些个人荣誉并用表格的形式展示出来。效果图如图9-3-5所示。

第一步：文本转换为表格。

观察网上粘贴下来的数据，年份与荣誉间用逗号进行间隔，如图9-3-6所示。适当调整文本内容，使得文本结构中不再含有多余逗号。

复制一个逗号，切换至“插入”选项卡，单击“表格”组中的“表格”按钮，在展开的列表中单击“文本转换为表格”选项。弹出“将文字转换成表格”对话框，设置“文字分隔位置”为“其他字符”，并粘贴逗号，设置列数为 2，具体如图 9-3-7 所示。完成文本和表格的转换的效果如图 9-3-8 所示。

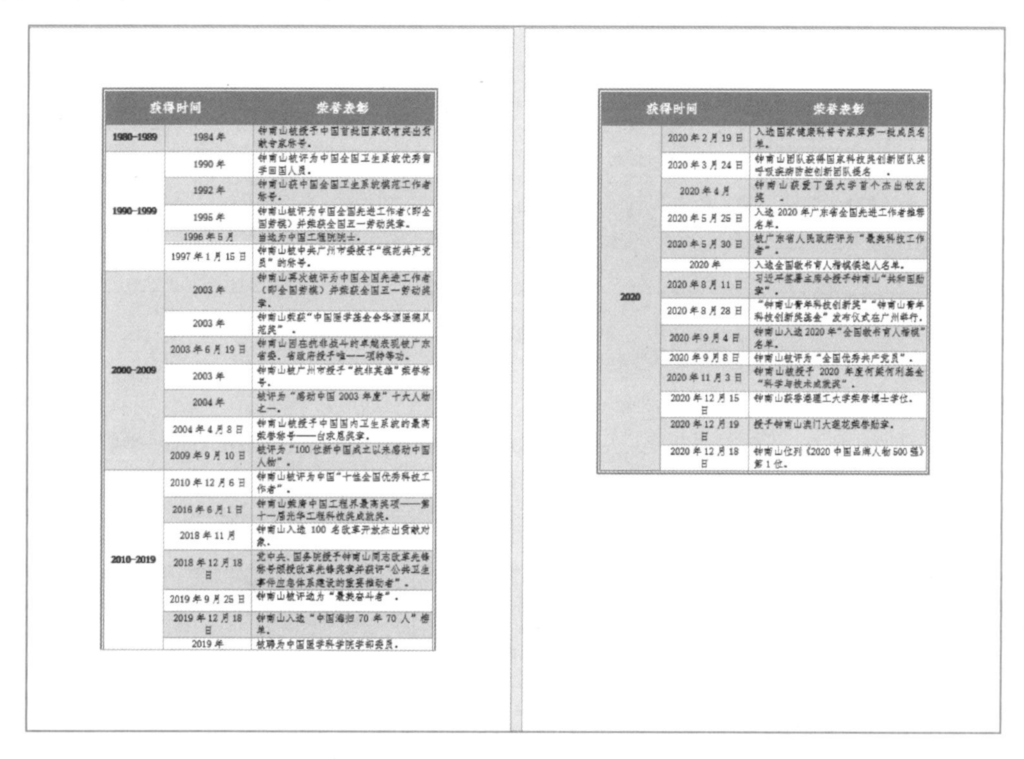

获得时间		荣誉表彰
1980-1989	1984 年	钟南山被授予中国首批国家级有突出贡献专家称号。
1990-1999	1990 年	钟南山被评为中国全国卫生系统优秀留学回国人员。
	1992 年	钟南山获中国全国卫生系统模范工作者称号。
	1995 年	钟南山被评为中国全国先进工作者（即全国劳模）并荣获全国五一劳动奖章。
	1996 年 5 月	当选为中国工程院院士。
	1997 年 1 月 15 日	钟南山被中共广州市委授予“模范共产党员”的称号。
2000-2009	2003 年	钟南山再次被评为中国全国先进工作者（即全国劳模）并荣获全国五一劳动奖章。
	2003 年	钟南山荣获“中国医学基金会华源医德风范奖”。
	2003 年 6 月 19 日	钟南山因在抗非战斗的卓越表现被广东省委、省政府授予唯一一项特等功。
	2003 年	钟南山被广州市授予“抗非英雄”荣誉称号。
	2004 年	被评为“感动中国 2003 年度”十大人物之一。
	2004 年 4 月 8 日	钟南山被授予中国国内卫生系统的最高荣誉称号——白求恩奖章。
	2009 年 9 月 10 日	被评为“100 位新中国成立以来感动中国人物”。
2010-2019	2010 年 12 月 6 日	钟南山被评为中国“十佳全国优秀科技工作者”。
	2016 年 6 月 1 日	钟南山荣膺中国工程界最高奖项——第十一届光华工程科技奖成就奖。
	2018 年 11 月	钟南山入选 100 名改革开放杰出贡献对象。
	2018 年 12 月 18 日	党中央、国务院授予钟南山同志改革先锋称号颁授改革先锋奖章并获评“公共卫生事件应急体系建设的重要推动者”。
	2019 年 9 月 25 日	钟南山被评选为“最美奋斗者”。
	2019 年 12 月 18 日	钟南山入选“中国海归 70 年 70 人”榜单。
	2019 年	被聘为中国医学科学院学部委员。
2020	2020 年 2 月 19 日	入选国家健康科普专家库第一批成员名单。
	2020 年 3 月 24 日	钟南山团队获得国家科技奖创新团队奖呼吸疾病防控创新团队提名　。
	2020 年 4 月	钟南山获爱丁堡大学首个杰出校友奖　。
	2020 年 5 月 25 日	入选 2020 年广东省全国先进工作者推荐名单。
	2020 年 5 月 30 日	被广东省人民政府评为“最美科技工作者”。
	2020 年	入选全国教书育人楷模候选人名单。
	2020 年 8 月 11 日	习近平签署主席令授予钟南山“共和国勋章”。
	2020 年 8 月 28 日	“钟南山青年科技创新奖”“钟南山青年科技创新奖基金”发布仪式在广州举行。
	2020 年 9 月 4 日	钟南山入选 2020 年“全国教书育人楷模”名单。
	2020 年 9 月 8 日	钟南山被评为“全国优秀共产党员”。
	2020 年 11 月 3 日	钟南山被授予 2020 年度何梁何利基金“科学与技术成就奖”。
	2020 年 12 月 15 日	钟南山获香港理工大学荣誉博士学位。
	2020 年 12 月 19 日	授予钟南山澳门大莲花荣誉勋章。
	2020 年 12 月 18 日	钟南山位列《2020 中国品牌人物 500 强》第 1 位。

图 9-3-5　实战案例效果图

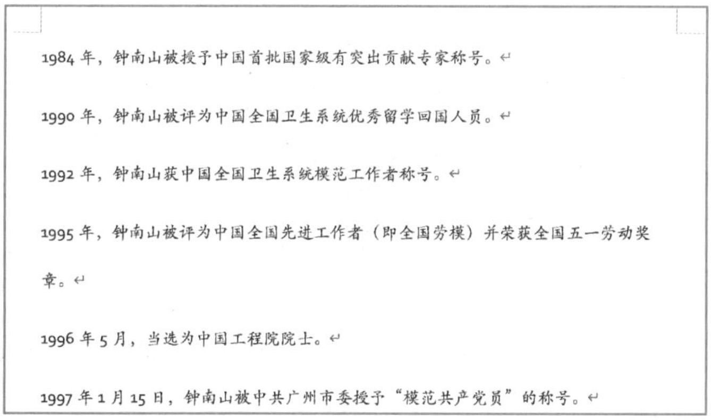

1984 年，钟南山被授予中国首批国家级有突出贡献专家称号。↵

1990 年，钟南山被评为中国全国卫生系统优秀留学回国人员。↵

1992 年，钟南山获中国全国卫生系统模范工作者称号。↵

1995 年，钟南山被评为中国全国先进工作者（即全国劳模）并荣获全国五一劳动奖章。↵

1996 年 5 月，当选为中国工程院院士。↵

1997 年 1 月 15 日，钟南山被中共广州市委授予“模范共产党员”的称号。↵

图 9-3-6　网页文字粘贴后

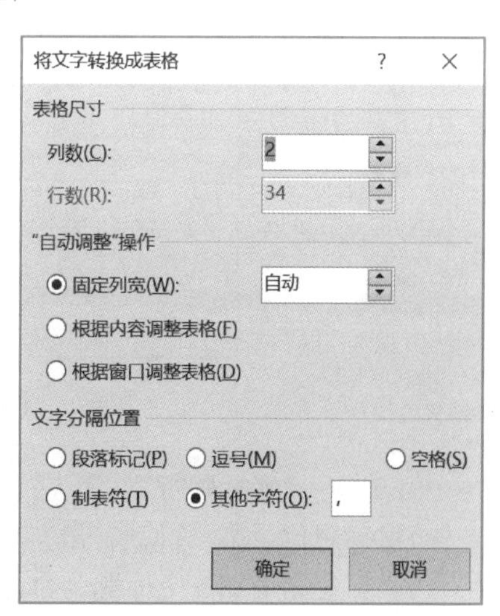

图 9-3-7　“将文字转换成表格”对话框

1984 年	钟南山被授予中国首批国家级有突出贡献专家称号。
1990 年	钟南山被评为中国全国卫生系统优秀留学回国人员。
1992 年	钟南山获中国全国卫生系统模范工作者称号。
1995 年	钟南山被评为中国全国先进工作者（即全国劳模）并荣获全国五一劳动奖章。
1996 年 5 月	当选为中国工程院院士。
1997 年 1 月 15 日	钟南山被中共广州市委授予“模范共产党员”的称号。
2003 年	钟南山再次被评为中国全国先进工作者（即全国劳模）并荣获全国五一劳动奖章。
2003 年	钟南山荣获“中国医学基金会医德风范奖”。
2003 年 6 月 29 日	钟南山因在抗击非典斗争中表现突出被广东省委、省政府授予唯一一个特等功。
2003 年	钟南山被广州市授予“抗非英雄”荣誉称号。
2004 年	被评为“感动中国 2003 年度”十大人物之一。
2004 年 5 月 8 日	钟南山被授予中国国内卫生系统的最高荣誉称号——白求恩奖章。
2009 年 9 月 10 日	被评为“100 位新中国成立以来感动中国人物”。
2010 年 10 月 6 日	钟南山被评为中国“十位全国优秀科技工作者”。
2016 年 6 月 1 日	钟南山获得中国工程界最高奖项——第十一届光华工程科技奖成就奖。
2018 年 11 月	钟南山入选 100 名改革开放杰出贡献对象。
2018 年 12 月 18 日	党中央、国务院授予钟南山同志改革先锋称号，颁授改革先锋奖章并获评“公共卫生事件应急体系建设的重要推动者”。
2019 年 9 月 25 日	钟南山被评选为“最美奋斗者”。
2019 年 12 月 18 日	钟南山入选“中国医疗 70 年 70 人”榜单。
2019 年	被聘为中国医学科学院学部委员。
2020 年 2 月 19 日	入选国家促进科普专家库第一批成员名单。
2020 年 3 月 24 日	钟南山团队获得国家科技[illegible]团队[illegible]。
2020 年 4 月	钟南山[illegible]。
2020 年 5 月 15 日	入选 2020 年广东省全国先进工作者候选名单。
2020 年 5 月 30 日	被广东省人民政府评为“最美科技工作者”。
2020 年	入选全国教书育人楷模候选人名单。
2020 年 8 月 11 日	习近平签署主席令授予钟南山“共和国勋章”。
2020 年 8 月 28 日	“钟南山青年科技创新奖”“钟南山青年科技创新奖基金”发布仪式在广州举行。
2020 年 9 月 4 日	钟南山入选 2020 年“全国教书育人楷模”名单。
2020 年 9 月 8 日	钟南山被评为“全国优秀共产党员”。
2020 年 11 月 3 日	钟南山被授予 2020 年度何梁何利基金“科学与技术成就奖”。
2020 年 12 月 15 日	钟南山获香港理工大学荣誉博士学位。
2020 年 12 月 19 日	授予钟南山澳门[illegible]荣誉勋章。
2020 年 12 月 18 日	钟南山位列《2020 中国品牌人物 500 强》第 1 位。

图 9-3-8 将文本转换为表格的效果

第二步：表格编辑。

右击第一列的上方，选择“插入”→“在左侧插入列”命令，则可增加一列。

选择第一列中的几行，右击，选择“合并单元格”命令。重复以上操作，以每 10 年为 1 个时间段产生一个合并后的单元格，分别输入年份。结果如图 9-3-9 所示。

1990—1999	1990 年	钟南山被评为中国全国卫生系统优秀留学回国人员。
	1992 年	钟南山获中国全国卫生系统模范工作者称号。
	1995 年	钟南山被评为中国全国先进工作者（即全国劳模）并荣获全国五一劳动奖章。
	1996 年 5 月	当选为中国工程院院士。
	1997 年 1 月 15 日	钟南山被中共广州市委授予“模范共产党员”的称号。

图 9-3-9 合并单元格效果图

第三步：设置标题行。

将鼠标定位至第一行，右击，选择“插入”→“在上方插入行”命令，则可增加一行标题。为表格每列增加一个标题，合并第一行第一个和第二个单元格，输入“获得时间”，在第一行第二列输入“荣誉表彰”，单击“布局”选项卡“数据”组中的“重复标题行”按钮，效果如图 9-3-10 所示。

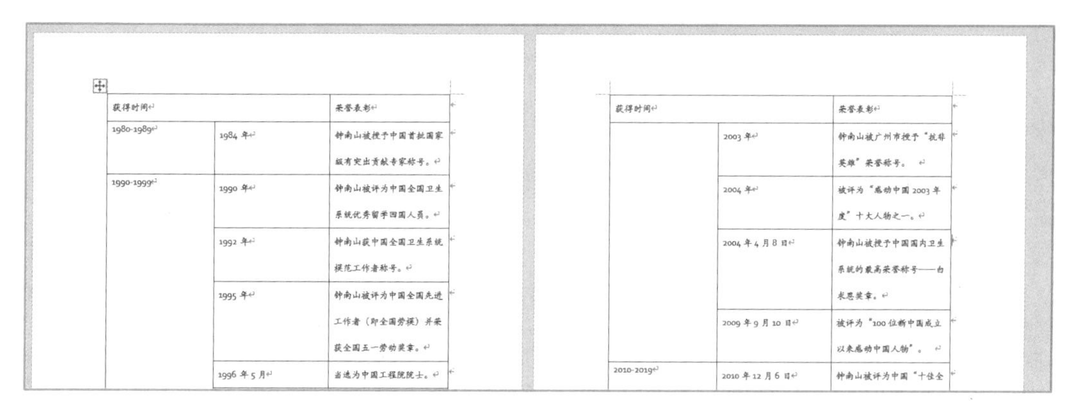

图 9-3-10 设置标题行效果图

第四步：美化表格。

选中整个表格，在“设计”选项卡中为表格选择一个预设的表格样式，如图 9-3-11 所示。

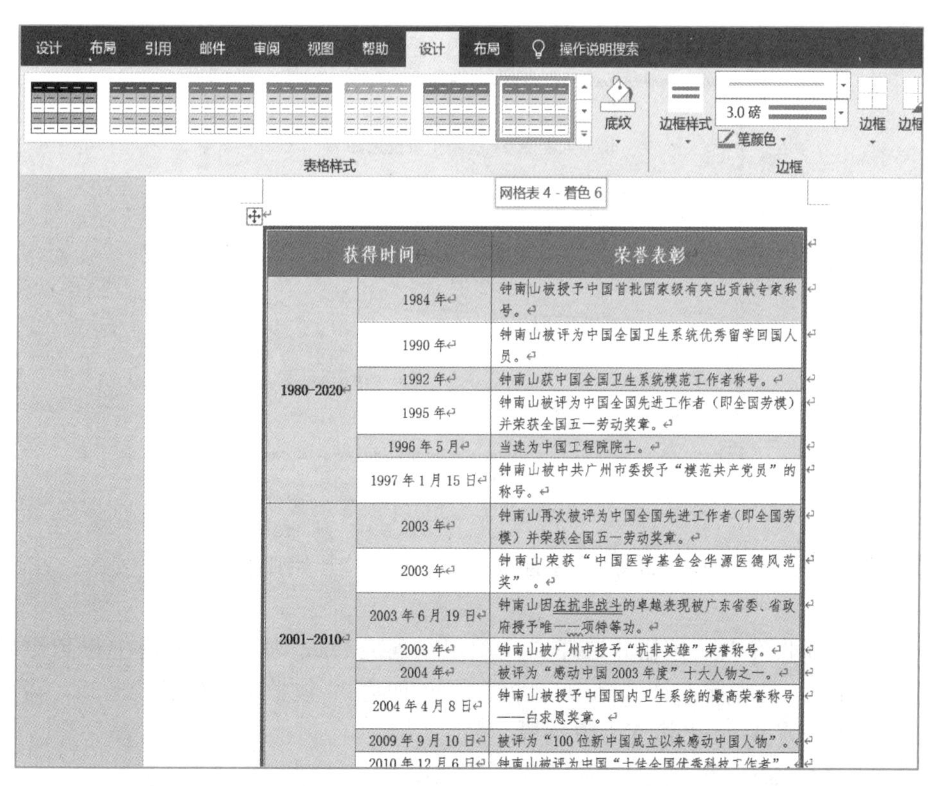

图 9-3-11 “表格样式”设置

修改表格的边框样式，设置线型与宽度。在“边框”列表中设置应用范围。

设置单元格文字字体为“仿宋”“四号”字。标题行为“仿宋”“四号”字。

在“布局”选项卡中“对齐方式”组中设置单元格文字的对齐方式。效果如图 9-3-11 所示。

9.4 邮件合并，一劳永逸

9.4.1 邮件合并

1. 邮件合并概述

邮件合并是 Word 文档与数据库集成的一个应用实例。它可以在 Word 文档中插入数据库的字段，将一份文档变成数百份类似的文档。合并后的文档可以直接打印出来，也可以使用电子邮件寄出。如大学录取通知书，基本格式和绝大部分文字内容都是相同的，就是通过邮件合并功能完成的，可以实现一劳永逸地操作。

2. 邮件合并的步骤

① 编辑要进行合并的主文档，如要为长春大学 2021 级学生发放新生登校通知书，需提前准备好如图 9-4-1 所示的主文档。

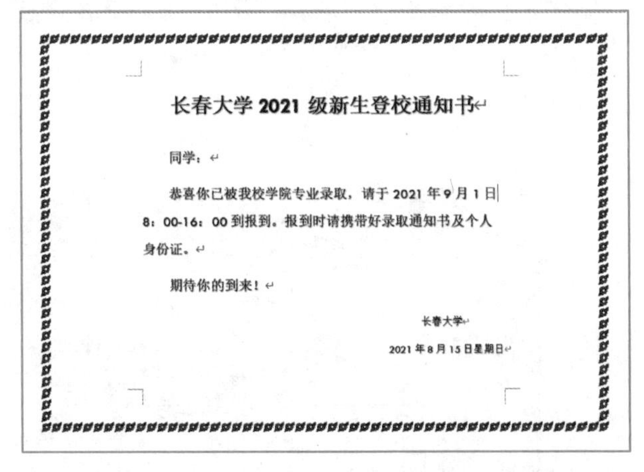

长春大学 2021 级新生登校通知书

同学：

恭喜你已被我校学院专业录取，请于 2021 年 9 月 1 日 8：00-16：00 到报到。报到时请携带好录取通知书及个人身份证。

期待你的到来！

长春大学

2021 年 8 月 15 日星期日

图 9-4-1　主文档

② 单击“邮件”选项卡“开始邮件合并”组中的“开始邮件合并”按钮，并选择“信函”选项。

③ 单击“选择收件人”按钮并选择“使用现在列表”选项。在计算机中找到要插入的数据（提前做好表格，并存储在计算机中），并选用。如为 30 位学生发放登校通知，需事先准备好如图 9-4-2 所示的 Word 表格作为数据源。

姓名	学院	专业	校区
丁**	计算机科学技术学院	网络工程	本部
邓**	机械与车辆工程学院	车辆工程	本部
李**	音乐学院	音乐表演	西校区
黄**	食品科学与工程学院	食品质量与安全	西校区
姜**	经济学院	金融学	本部
龚**	经济学院	经济学	本部
管**	理学院	信息与计算科学	本部

图 9-4-2　数据源

④ 单击“编辑收件人列表”按钮可修改收件人信息。如图9-4-3所示，在“邮件合并收件人”对话框中可以通过姓名前的复选框删除收件人。

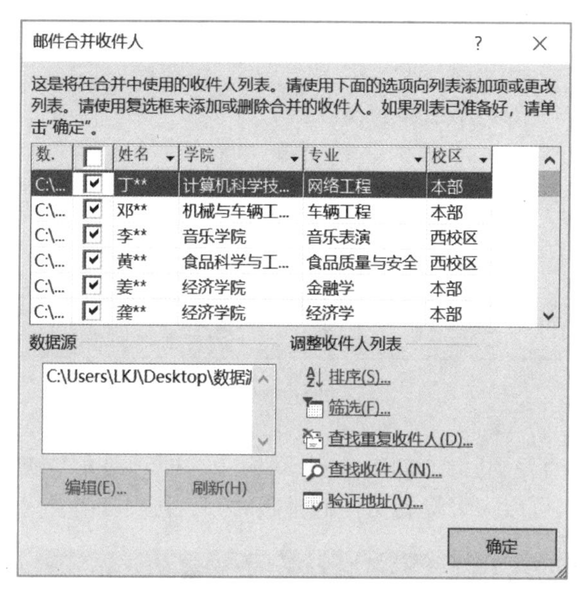

图9-4-3　“邮件合并收件人”对话框

⑤ 将鼠标分别放于要合并的位置，如文中“同学：”之前，单击“邮件”按钮，在“插入合并域”下拉列表中选择“姓名”选项。在“专业”之前，单击“邮件”按钮，单击“插入合并域”下拉列表中的“学院”和“专业”选项。结果如图9-4-4所示。

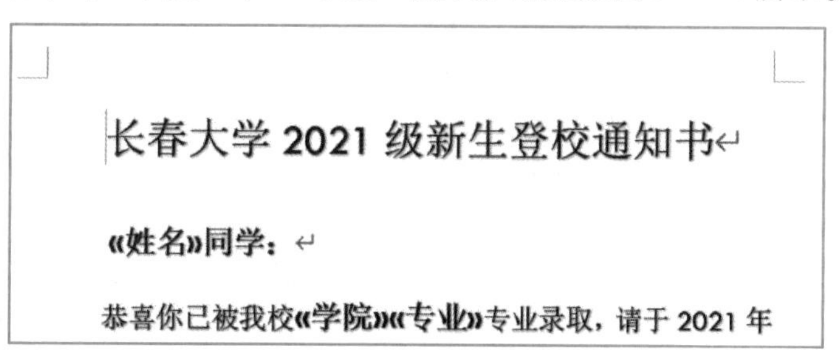
长春大学2021级新生登校通知书

«姓名»同学：

恭喜你已被我校«学院»«专业»专业录取，请于2021年

图9-4-4　“插入合并域”效果

⑥ 将鼠标定位至“到”和“报到”之间。单击“插入合并域”右上角的“规则”按钮，选择“如果……那么……否则……”选项。在“域名”下拉列表中选择“校区”选项，在“比较条件”下拉列表中选择“等于”选项，在“比较对象”文本框中输入“本部”两字，在“则插入此文字”文本框中输入长春大学本部的地址，在“否则插入此文字”文本框中输入长春大学西校区地址，具体设置如图9-4-5所示，单击“确定”按钮。

⑦ 单击“预览结果”按钮，再单击其右上角的滚动条，即可预览，并修改插入到文档中的域处的文字格式。

⑧ 在“完成并合并”下拉列表中选择“编辑单个文档”选项，在弹出的选框中选择“全部”选项。

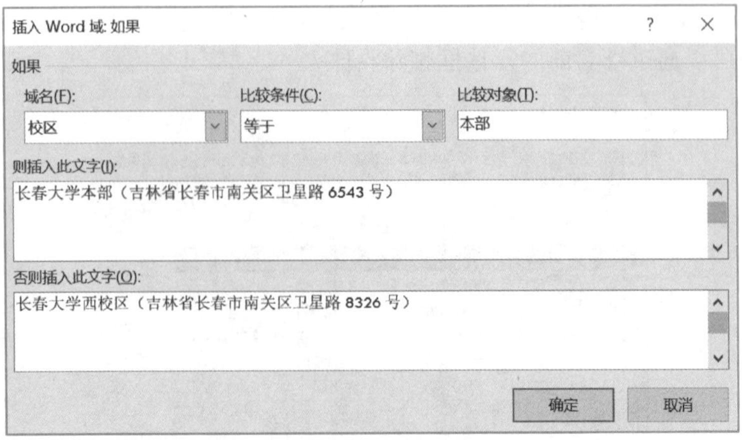

插入 Word 域: 如果
?
如果
域名(F):
校区
比较条件(C):
等于
比较对象(T):
本部
则插入此文字(I):
长春大学本部（吉林省长春市南关区卫星路 6543 号）
否则插入此文字(O):
长春大学西校区（吉林省长春市南关区卫星路 8326 号）
确定
取消

图 9-4-5　“插入 Word 域：如果”对话框

⑨ 合并后产生的文档有 30 页，如图 9-4-6 所示，同时显示数据源表格中选中数据的数量。利用邮件合并的功能可以大大提高文档的排版时间，提升工作效率！

文件
开始
插入
设计
布局
引用
邮件
审阅
视图
帮助
操作说明搜索
共享
长春大学 2021 级新生登校通知书
长春大学 2021 级新生登校通知书
长春大学 2021 级新生登校通知书
长春大学 2021 级新生登校通知书
第 1 页，共 30 页
3571 个字
中文(中国)
52%

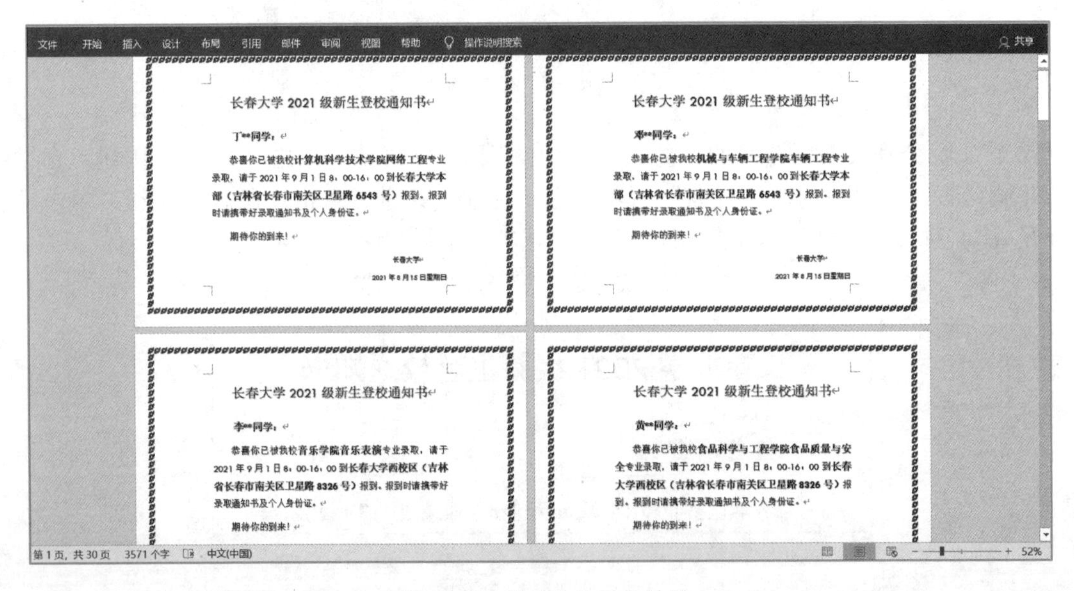

图 9-4-6　邮件合并后的效果

9.4.2　案例：制作第 26 届中国 · 吉林国际雾凇冰雪节开幕式邀请函

【实战场景】 2020 年 12 月 18 日，第 26 届中国 · 吉林国际雾凇冰雪节在吉林市人民大剧院开幕。近年来，吉林市委、市政府认真落实吉林省委、省政府决策部署，抢抓 2022 年北京冬奥会重大历史机遇，营造“奥运在北京，体验在吉林”的冬奥氛围，把冰雪产业作为推动新旧动能转换、实现高质量发展的重大举措，冰雪产业呈现出强劲的发展势头。

开幕式上，由吉林市歌舞团演绎的大型音舞诗画《淞雪江城》，以原创为主，突出冰雪概念主题，表现地域文化，实现雅俗共赏，追古溯今，虚实相照，生动展现了吉林市悠久深厚的发展历史和文化底蕴，优美独特的自然风光和人文景观，宽广伟大的人民情怀和城市精神，幸福美好的时代梦想和光辉未来。

雾凇冰雪节期间，推出雾凇观赏、滑雪度假、温泉康养、民俗体验等 11 条精品冰雪旅游线路和开办嘉年华、冰雪乐园、星空夜滑、雪地火锅节、雪地电音节等 50 余项旅游产品，并举办 14 项主题活动和百余项系列活动，冰雪欢乐将延续至 2021 年 2 月底。

当晚，在万科松花湖滑雪场设置了雾凇冰雪节开幕式分会场，举行了“赏雾凇 戏冰雪 到吉林 过大年”冰雪之夜暨第二届雪地火锅节启动仪式，欢迎八方游客来吉林市赏雾凇之美，享冰雪之趣，品火锅之味，过关东大年。（中国日报吉林记者站）（新闻来源：中国日报网）

请根据新闻内容上网搜索相关图片，利用 Word 邮件合并功能给 100 名参加人员发放一个如图 9-4-7 所示的邀请函。

图 9-4-7　邀请函效果图

第一步：页面设置。

新建文档，在“布局”选项卡“页面设置”组中单击“纸张方向”和“纸张大小”按钮，分别在列表中选择“横向”A4 选项，如图 9-4-8 所示。

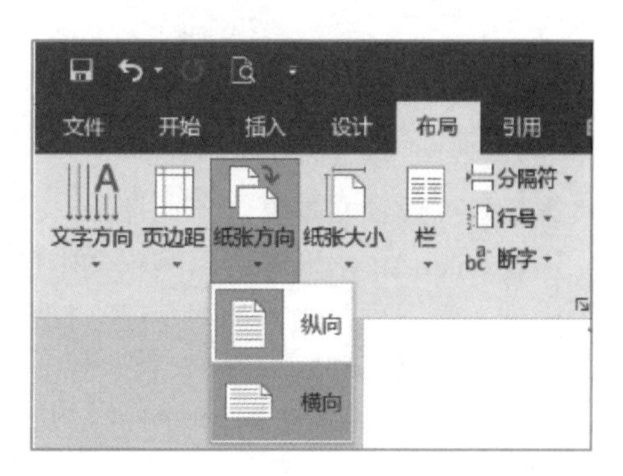

图 9-4-8　“页面设置”组

第二步：设计主文档。

① 插入艺术字，输入文字内容为“第 26 届中国 · 吉林国际雾凇冰雪节盛大启幕”，设置艺术字样式，调整艺术字大小与位置。

② 插入网络上找到的冰雪节图片，选中图片，设置图片版式为“六边形群集”，如图 9-4-9 所示。经过该操作后，图片变为了 SmartArt 图形。

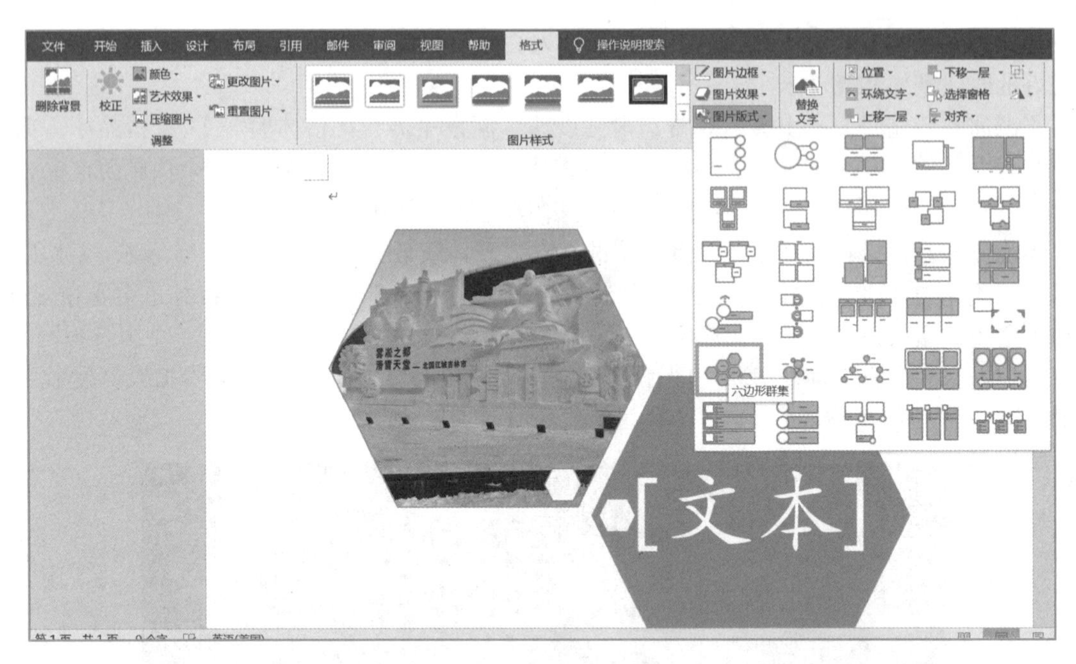

图 9-4-9 “图片版式”设置

③ 利用“SmartArt 工具-设计”选项卡，应用 SmartArt 图形的预设样式“优雅”，效果如图 9-4-10 所示。

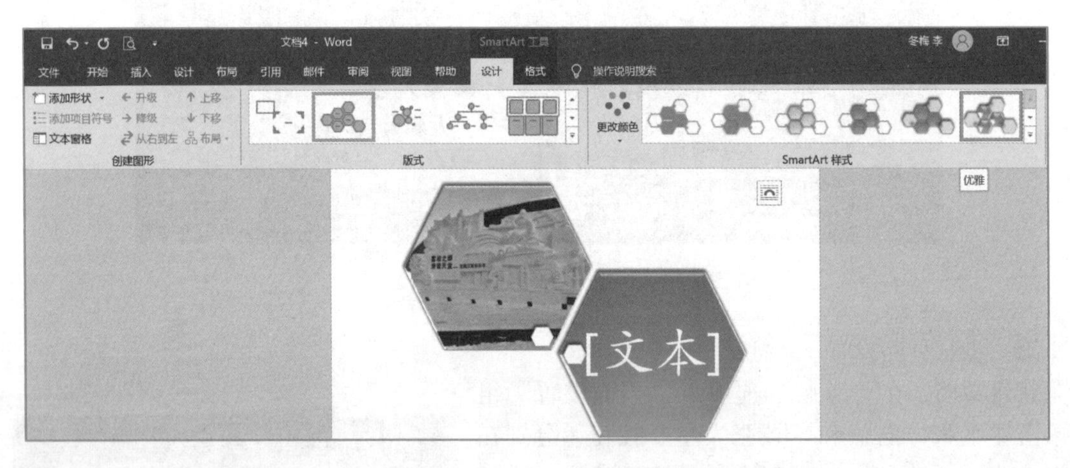

图 9-4-10 SmartArt 样式设置（一）

第三步：设置文本框。

通过 SmartArt 图形也可以编辑文本区，但为了使文字编辑更加方便，可以在图形上方插入一个横排文本框，并输入如图 9-4-11 所示的文字内容，并适当修改文字和段落格式。

第四步：编写和插入域。

将光标定位至主文档“冒号”以前，插入合并域“姓名”，再设置规则“如果……那么……否则……”，如图 9-4-12 所示。使得性别为“男”时邀请函中显示“先生”，性别为“女”时邀请函中显示“女士”。

诚邀您于 2020 年
12 月 18 日 上午 9 时到
吉林市人民大剧院参加
第 26 届中国 · 吉林国际
雾凇冰雪节开模式。

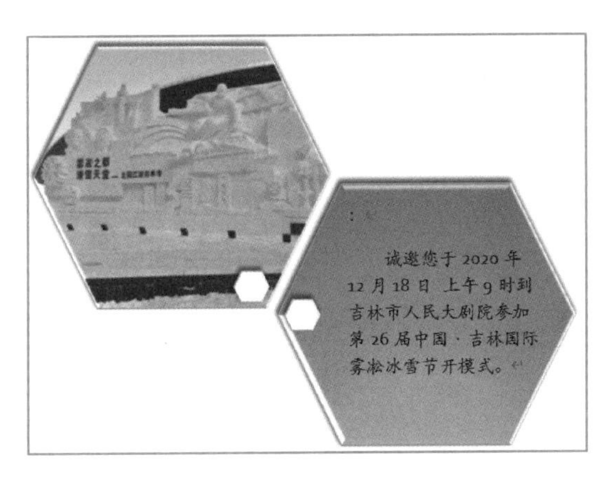

图 9-4-11　SmartArt 样式设置（二）

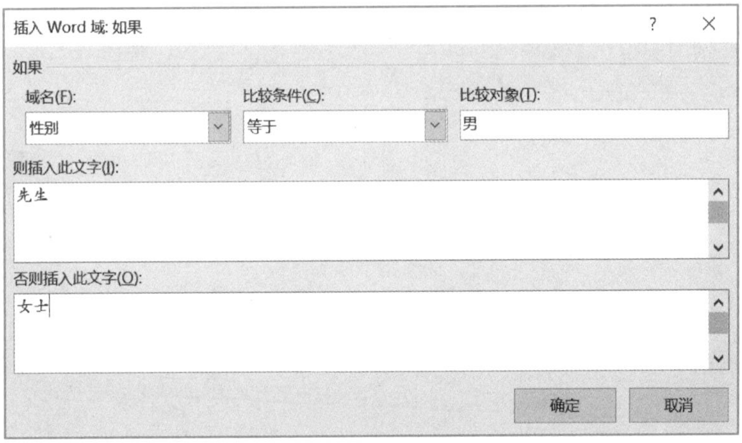

插入 Word 域: 如果
如果
域名(F):
性别
比较条件(C):
等于
比较对象(T):
男
则插入此文字(I):
先生
否则插入此文字(O):
女士
确定
取消

图 9-4-12　“插入 Word 域：如果”对话框

第五步：完成合并。

在“邮件”选项卡中预览合并效果，适当修改文档格式使得文档更加美观。将预览结果定位至第一条记录，单击“邮件”选项卡中的“完成并合并”按钮，选择“全部”选项，单击“确定”按钮，完成邮件合并。

第六步：美化邀请函。

方法一：利用“设计”选项卡“页面颜色”列表中的“填充效果”命令，通过弹出的“填充效果”对话框可以为邀请函设置不同的美化效果。

方法二：利用“设计”选项卡“水印”列表中的“自定义水印”命令，为文档设计图片水印效果。

第七步：保存合并后文档。

单击“文件”菜单，选择“另存为”命令，将邀请函保存。

第 10 章

强大的电子表格

10.1　快速认识 Excel

Excel 是微软公司推出的办公软件 Office 中的一个重要组成部分，也是目前最流行的关于电子表格处理的软件之一。Excel 表格与 Word 表格的最大不同在于 Excel 表格具有强大的数据运算、数据分析和图表功能。Excel 中内置的公式和函数可以帮助用户进行复杂的计算。Excel 在数据运算方面的强大功能，使它成为用户办公必不可少的一个常用办公软件。

10.1.1　初识 Excel

1. 工作簿、工作表、单元格

Excel 工作簿、工作表和单元格是构成 Excel 的三大主要元素，也是 Excel 主要的操作对象。

工作簿是计算和存储数据的文件，用于保存表格中的内容，如图 10-1-1 中的“成绩单”就是一个工作簿。Excel 2019 工作簿的扩展名为“. xlsx”。

工作表是构成工作簿的主要元素，每张工作表都有自己的名称。工作表主要用于处理和存储数据，被称为电子表格，如图 10-1-1 中的“期中成绩”就是一个工作表。

单元格是组成 Excel 表格的最小单位，通过对应的行号和列号进行命名和引用，任何数据都只能在单元格中输入，如图 10-1-1 中的“C4”就是一个单元格。多个连续的单元格则称为单元格区域。

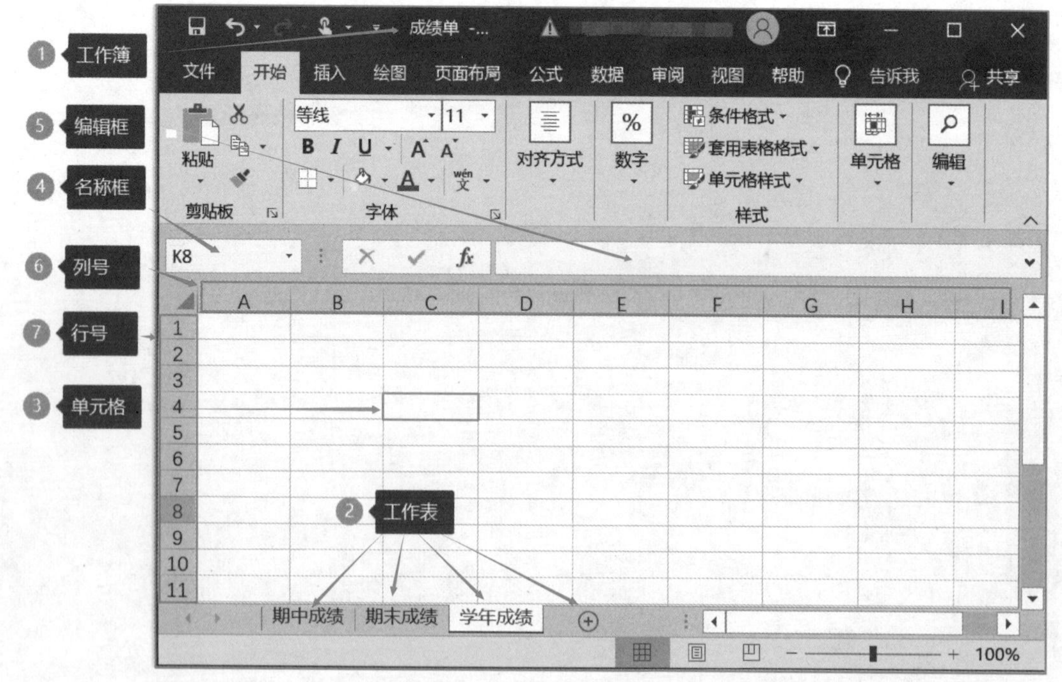

图 10-1-1　Excel 工作界面

在 Excel 中，工作表是处理数据的主要场所，工作表由多个单元格组成，一个或多个工作表组成了工作簿。

2. 数据类型

单元格数字分类包括常规、数值、货币、会计专用、日期时间、百分比、分数、科学记数、文本、特殊和自定义等，其中常规为默认类型，数值、日期时间和文本等类型比较常用。

（1）文本型数据

文本型数据包括汉字、英文字母、数字、空格等，默认情况下，字符数据自动沿单元格左边对齐。当输入的字符串全部由数字组成时，如邮政编码、电话号码、身份证号等，为了避免 Excel 把它按数值型数据处理，在输入时可以先输入一个单引号“'”（英文符号），再接着输入具体的数字。

（2）数值型数据

数值型数据包括 0~9 中的数字以及含有正号、负号、货币符号、百分号等任一种符号的数据。默认情况下，数值自动沿单元格右边对齐。在输入过程中，有以下两种比较特殊的情况要注意。

负数：在数值前加一个“-”号或把数值放在括号里，都可以输入负数，例如，要在单元格中输入“-66”，可以连续输入“(66)”，然后按 Enter 键，也可以在单元格中出现“-66”。

分数：要在单元格中输入分数形式的数据，应先在编辑框中输入“0”和一个空格，然后再输入分数，否则 Excel 会把分数当作日期处理。例如，要在单元格中输入分数“2/3”，在编辑框中输入“0”和一个空格，然后接着输入“2/3”，按 Enter 键，单元格中就会出现分数“2/3”。

（3）日期时间型数据

在人事管理中，经常需要录入一些日期型的数据，在录入过程中要注意以下几点。

① 输入日期时，年、月、日之间要用“/”号或“-”号隔开，如“2002-8-16”。

② 输入时间时，时、分、秒之间要用冒号隔开，如“10:29:36”。

③ 同时输入日期和时间，日期和时间之间应该用空格隔开。

10.1.2 案例：志愿者信息表

【实战场景】志愿者（volunteer）被联合国定义为“自愿进行社会公共利益服务而不获取任何利益、金钱、名利的活动者”，具体指在不为任何物质报酬的情况下，能够主动承担社会责任而不获取报酬，奉献个人时间和助人为乐行动的人。

团中央、中国青年志愿者协会下发通知，从 2000 年开始，把每年 3 月 5 日作为“中国青年志愿者服务日”，组织青年集中开展内容丰富、形式多样的志愿服务活动。截至 2021 年 2 月，中国实名志愿者总数为 1.92 亿人，志愿团体总数 78.37 万个，记录志愿服务时间超过 26.88 亿小时。（数据来源：中国志愿服务网）

制作电子表格，统计志愿者信息。

将志愿者信息制作成电子表格，便于后期的查询、统计和信息共享，表格应包含姓名、性别、政治面貌、身份证号码、毕业院校、专业、服务技能、联系电话和工作单位等相关信息。

第一步：创建工作簿。

① 在“开始”菜单中选择 Excel 命令，启动 Excel 2019，选择“新建”组中的“空白工作

簿”选项，系统将新建名为“工作簿 1”的空白工作簿。

② 选择“文件”菜单中的“保存”命令，选择文件保存路径，在“文件名”文本框中输入“志愿者信息表”，如图 10-1-2 中的①所示。

③ 右击工作表标签“Sheet1”，选择“重命名”命令，将标签改为“志愿者信息”，如图 10-1-2 中的②所示。

④ 单击 A1 单元格，输入“姓名”，并依次在 B1 到 L1 等单元格输入其他各列信息，如图 10-1-2 中的③所示。

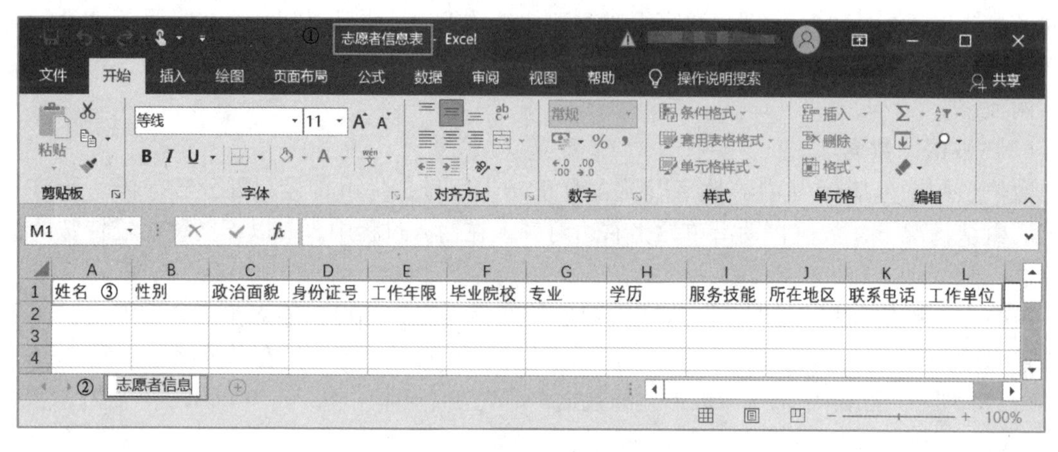

图 10-1-2 创建信息表

第二步：确定各列数据类型。

所有单元格类型默认为“常规”，当字符串全部由数字组成时，Excel 按数值处理，如图 10-1-3 所示。应将工作表中的“工作年限”设为数值，其他各列均应设为文本。

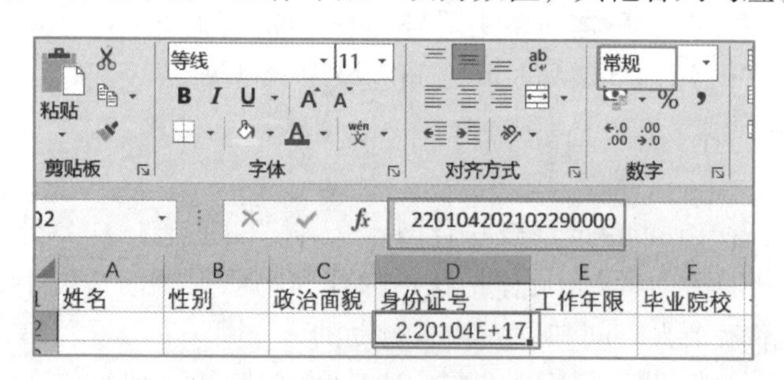

图 10-1-3 数字字符串显示异常

第三步：设置数据有效规则。

数据有效性不仅能对单元格的输入数据进行条件限制，还可以在单元格中创建下拉列表菜单，方便用户选择输入。

① 创建新工作表，录入要进行条件限制列的基础数据，如性别序列为“男，女”，政治面貌为“中共党员，团员，群众”等，如图 10-1-4 所示。

② 选择 B 列，单击“数据工具”组中的“数据验证”按钮，将“验证条件”设为允许“序列”，如图 10-1-5 所示。

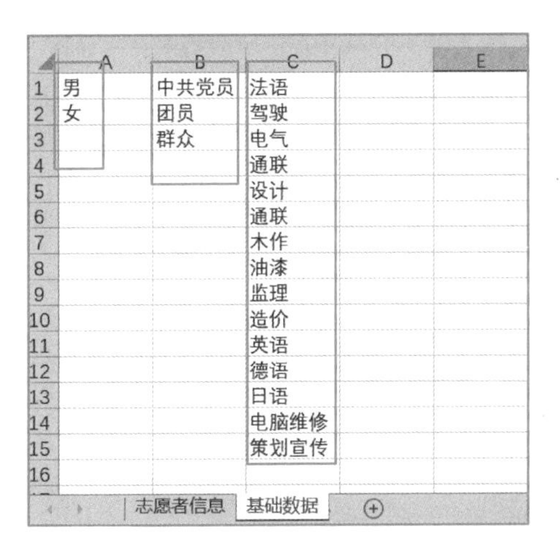

图 10-1-4 基础数据

图 10-1-5 设置验证条件类型

③ 单击“来源”右侧的按钮，选择工作表“基础数据”中的 A 列，设置“验证条件”的“来源”为“=基础数据!$A:$A”，如图 10-1-6 所示。

④ 选择 B2 单元格，右下角出现下列列表，单击下拉列表，在弹出的序列中选择数据，如图 10-1-7 所示。分别设置“政治面貌”和“服务技能”的有效性。

第四步：录入志愿者信息。

逐项录入志愿者信息，当单元格列宽不足时显示部分字符，若右侧单元格为空，则跨单元格显示，如图 10-1-8 所示。增加列宽可正常显示。

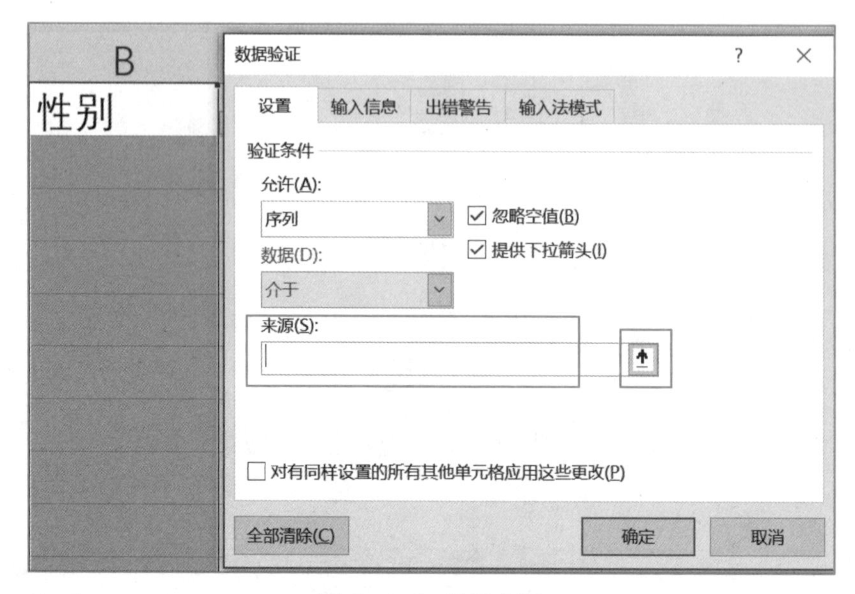

图 10-1-6　设置来源

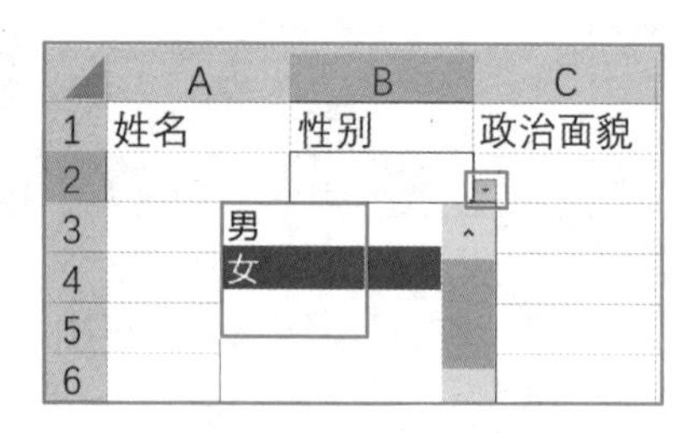

图 10-1-7　用序列输入数据

D3　000000199201011221

	A	B	C	D	E	F	G	H	I	J	K	L
1	姓名	性别	政治面貌	身份证号	工作年限	毕业院校	专业	学历	服务技能	所在地区	联系电话	工作单位
2	韩宇婷	女	群众	000000199	5.00	吉林大学	法语	本科	法语	长春市	12345678911	
3	刘晗琪	女	中共党员	000000199201011221								

图 10-1-8　列宽不足

第五步：插入与删除列。

① 单击 A 列的列号，选择“插入”下拉列表中的“插入单元格”选项，如图 10-1-9 所示。在“姓名”左侧增加一列“志愿者编号”。

② 选中 G 列，右击，选择“删除”命令，删除“毕业院校”列。

第六步：自动填充数据。

选择 A2 单元格，光标指向填充柄（右下角黑方块），当光标变为黑色十字时，双击鼠标填充数据，如图 10-1-10 所示。

第七步：设置表格格式。

分别设置单元格的边框、填充、对齐方式、数字小数位、列宽和行高等，如图 10-1-11 所示。

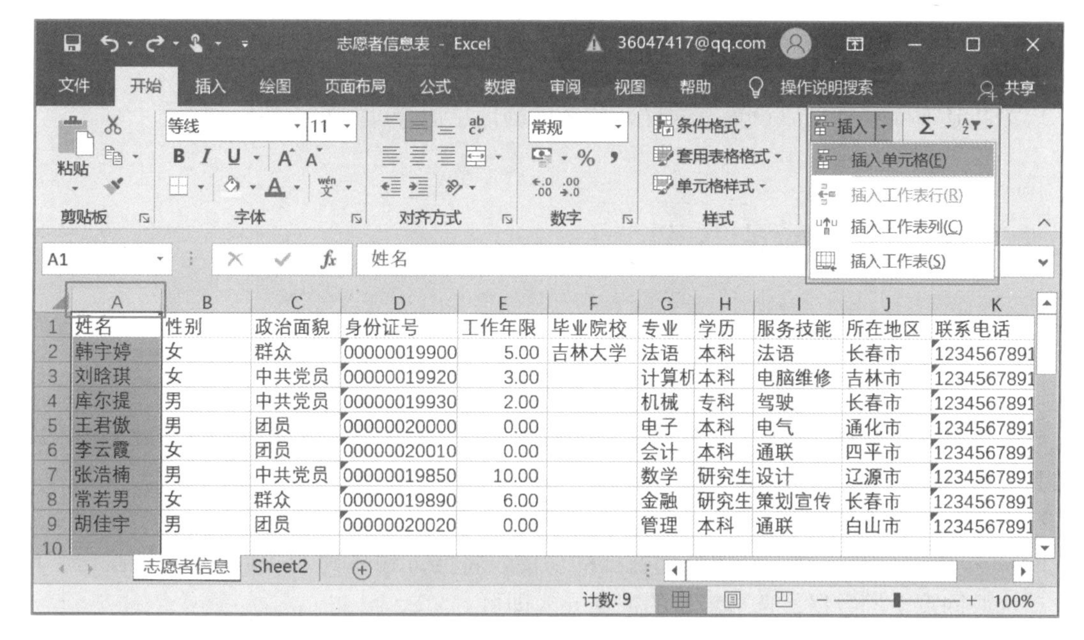

	A	B	C	D	E	F	G	H	I	J	K
1	姓名	性别	政治面貌	身份证号	工作年限	毕业院校	专业	学历	服务技能	所在地区	联系电话
2	韩宇婷	女	群众	00000019900	5.00	吉林大学	法语	本科	法语	长春市	1234567891
3	刘晗琪	女	中共党员	00000019920	3.00		计算机	本科	电脑维修	吉林市	1234567891
4	库尔提	男	中共党员	00000019930	2.00		机械	专科	驾驶	长春市	1234567891
5	王君傲	男	团员	00000020000	0.00		电子	本科	电气	通化市	1234567891
6	李云霞	女	团员	00000020010	0.00		会计	本科	通联	四平市	1234567891
7	张浩楠	男	中共党员	00000019850	10.00		数学	研究生	设计	辽源市	1234567891
8	常若男	女	群众	00000019890	6.00		金融	研究生	策划宣传	长春市	1234567891
9	胡佳宇	男	团员	00000020020	0.00		管理	本科	通联	白山市	1234567891

图 10-1-9　插入单元格

	A	B	C	D
1	志愿者编号	姓名	性别	政治面貌
2	20210001	韩宇婷	女	群众
3		刘晗琪	女	中共党员
4	填充柄	库尔提	男	中共党员
5		王君傲	男	团员
6		李云霞	女	团员
7		张浩楠	男	中共党员
8		常若男	女	群众
9		胡佳宇	男	团员

	A	B
1	志愿者编号	姓名
2	20210001	韩宇婷
3	20210002	刘晗琪
4	20210003	库尔提
5	20210004	王君傲
6	20210005	李云霞
7	20210006	张浩楠
8	20210007	常若男
9	20210008	胡佳宇

图 10-1-10　自动填充数据

①边框　②填充　③居中　④数字小数位　⑤列宽　⑥行高

	A	B	C	D	E	F	G	H	I	J	K	L
1	志愿者编号	姓名	性别	政治面貌	身份证号	工作年限	专业	学历	服务技能	所在地区	联系电话	工作单位
2	20210001	韩宇婷	女	群众	000000199001011221	5	法语	本科	法语	长春市	12345678911	
3	20210002	刘晗琪	女	中共党员	000000199201011261	3	计算机	本科	电脑维修	吉林市	12345678912	
4	20210003	库尔提	男	中共党员	000000199301011211	2	机械	专科	驾驶	长春市	12345678913	
5	20210004	王君傲	男	团员	000000200001011271	0	电子	本科	电气	通化市	12345678914	
6	20210005	李云霞	女	团员	000000200101011221	0	会计	本科	通联	四平市	12345678915	
7	20210006	张浩楠	男	中共党员	000000198501011291	10	数学	研究生	设计	辽源市	12345678916	
8	20210007	常若男	女	群众	000000198901011241	6	金融	研究生	策划宣传	长春市	12345678917	
9	20210008	胡佳宇	男	团员	000000200201011231	0	管理	本科	通联	白山市	12345678918	

图 10-1-11　设置单元格格式

【思考与练习】

1. 志愿者信息表中各列信息是否为必需，哪些可以省略，哪些可以优化?

2. 分析还有哪些列可以设置有效性，什么样的信息适合设置有效性序列?

10.2 批量的数据整理

10.2.1 数据导入

Excel 获取外部数据源可以从 Access、网站、文本以及其他数据库中获取，比较常见的是网站和文本。

1. 自网站导入数据

Excel 提供了“自网站”获取外部数据的功能。将网址输入到 Excel 内置的链接中，Excel 会自动选取网页上的数据，选择想要的数据导入即可。

2. 自文本导入数据

当数据以文本形式 . txt 来存储时，可通过 Excel“自文本”功能来获取外部数据。在向导中需注意设置导入的文本文件间隔符号及字段的数据格式，防止导入时出错。

10.2.2 数据整理

数据整理就是把阅读型表格转换成便于统计的数据型表格，即表格规范化。表格规范化包括标题规范化和数据规范化。

标题规范化主要有以下几点注意事项，如图 10-2-1 所示。

① 标题中不能有合并单元格。

② 标题内容不能有重复。

③ 标题内容不能是空白。

④ 标题最好只有一行。

⑤ 标题中尽量不要有换行。

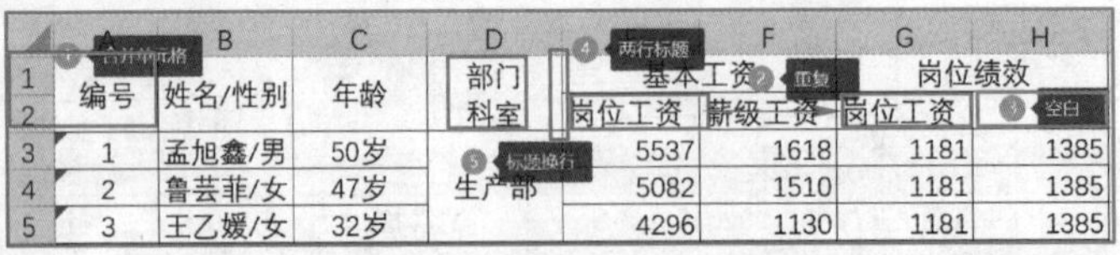

	A	B	C	D	E	F	G	H
1	编号	姓名/性别	年龄	部门 科室	基本工资		岗位绩效	
2					岗位工资	薪级工资	岗位工资	
3	1	孟旭鑫/男	50岁	生产部	5537	1618	1181	1385
4	2	鲁芸菲/女	47岁		5082	1510	1181	1385
5	3	王乙媛/女	32岁		4296	1130	1181	1385

图 10-2-1 不规范的标题

数据规范化包括以下几点注意事项，如图 10-2-2 所示。

① 不同数据内容，要记录在不同单元格。

② 避免整行空白单元格。

③ 不能有合并单元格。

④ 数据中不要包含单位。

编号	姓名	年龄	部门科室	基本工资		岗位绩效	
				岗位工资	薪级工资	岗位工资	
1	孟旭鑫/男	50岁	生产部	5537	1618	1181	1385
2	鲁芸菲/女	47岁		5082	1510	1181	1385
3	王乙媛/女	32岁		4296	1130	1181	1385
4	许建琦/男	44岁	销售部	5082	1510	1232	1575
5	龚于轩/男	39岁		4296	1418	1232	1575
6	古蔚楠/女	51岁		5537	1618	1232	1575
7	王炜文/男	37岁		4296	1418	1232	1575
8	钱文雨/女	36岁		3705	1130	1232	1575
9	王嘉琪/女	33岁	管理部	3705	1130	1302	1186
10	赵敏/女	39岁		4296	1418	1302	1186
11	商黛/女	32岁		3705	1418	1302	1186
12	仲奕霖/男	45岁		5082	1510	1302	1186
13							
14	赵珈毅/男	49岁	工程部	5537	1618	1181	1476
15	杨悦/女	44岁		5082	1510	1181	1476
16	于浩/男	38岁		4296	1130	1181	1476

图 10-2-2 不规范的数据

10.2.3 案例：华为手机价格表

【实战场景】华为手机技术领先，手机用料讲究、做工精细，品质管控到位，信号方面更不输给任何手机。多年的发展，已经形成多样化的销售渠道和完善的售后网络。华为机型多样，有高端机和中低端机，以满足不同人群的需要。现将各型号机器配置和价格进行统计，制作“华为手机价格表”。

【相关拓展】华为技术有限公司成立于 1987 年，总部位于广东省深圳市龙岗区。华为是全球领先的信息与通信技术（ICT）解决方案供应商，专注于 ICT 领域，坚持稳健经营、持续创新、开放合作，在电信运营商、企业、终端和云计算等领域构筑了端到端的解决方案优势，为运营商客户、企业客户和消费者提供有竞争力的 ICT 解决方案、产品和服务，并致力于实现未来信息社会、构建更美好的全联接世界。2013 年，华为首超全球第一大电信设备商爱立信，排名《财富》世界 500 强企业第 315 位。华为的产品和解决方案已经应用于全球 170 多个国家，服务全球运营商 50 强中的 45 家及全球 1/3 的人口。

具体各种手机机型、配置和价格可从网上获取导入，或者从文本文件导入。将导入后的数据进行整理使表格规范化，便于后期的数据查询和统计。

第一步：准备文本数据。

将“手机价格表”中各列数据间用 Tab 键分隔（也可统一使用逗号或空格等分隔符），并另存为“文本文档”，编码方式为 ANSI，如图 10-2-3 所示。

第二步：自文本导入数据。

① 启用旧版的“文本导入向导”。单击“文件”菜单中的“选项”命令，将“数据”选项卡中“显示旧数据导入向导”设为“从文本（旧版）”，如图 10-2-4 所示。

② 关联要导入的文件。单击“数据”选项卡中的“获取数据”按钮，选择“传统向导”→“从文本（旧版）”命令。在“导入文本文件”对话框中，双击要导入的文本文件，如图 10-2-5 所示。

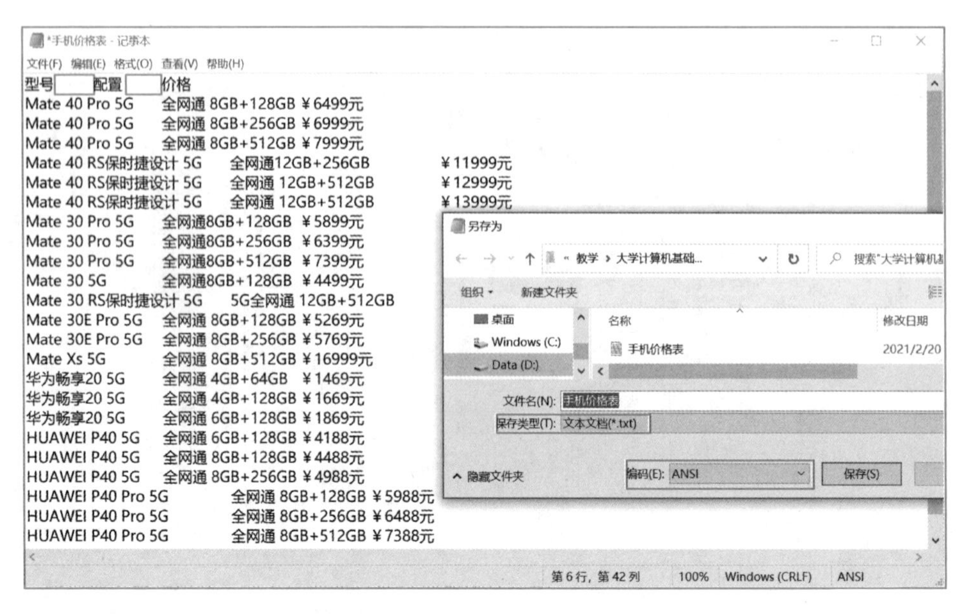

图 10-2-3 “手机价格表”的文本文件

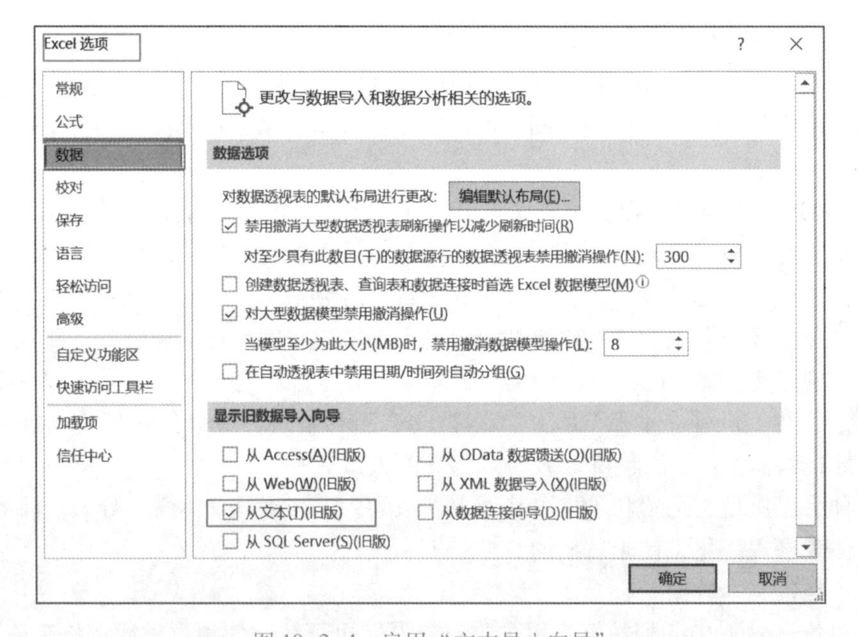

图 10-2-4 启用“文本导入向导”

③ 因原文本文件中各项分隔符号为 Tab 键，故在“文本导入向导-第 1 步”对话框中设置“分隔符号”，在“文本导入向导-第 2 步”对话框中设置分隔符号为 Tab 键，如图 10-2-6 所示。

④ 在“文本导入向导-第 3 步”对话框中设置各列对应的数据格式，完成后设置数据的放置位置，如图 10-2-7 所示。

第三步：将“配置”列分成三列。

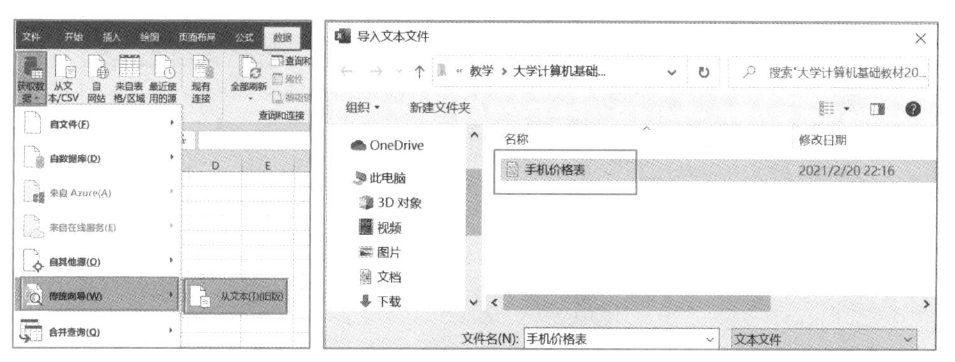

图 10-2-5　关联要导入的文件

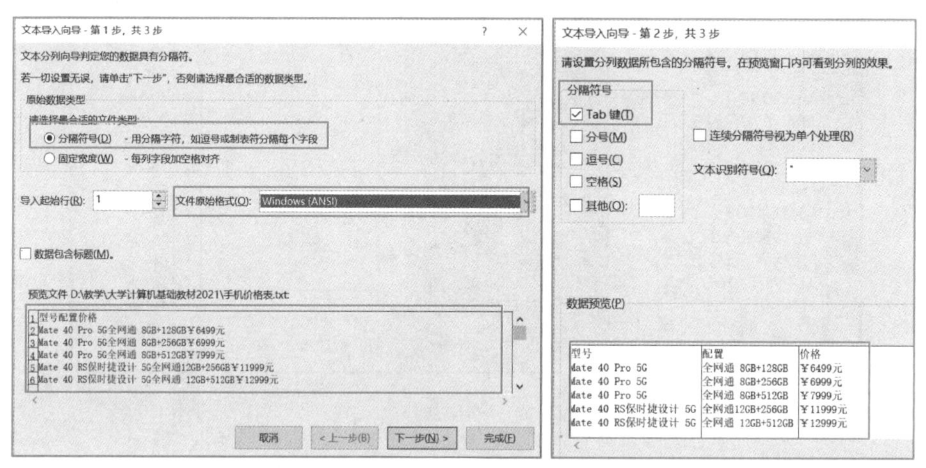

图 10-2-6　设置分隔方式及分隔符号

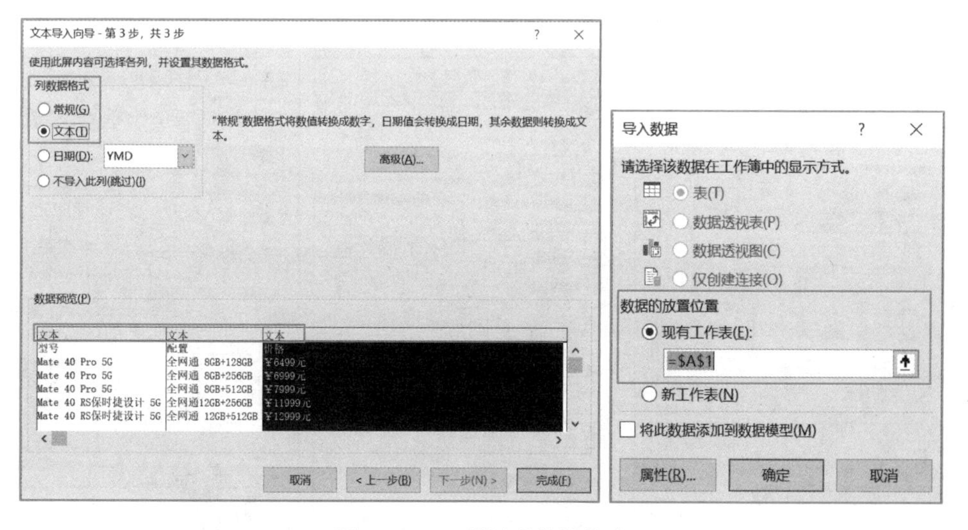

图 10-2-7　设置列数据格式

① 在“价格”列左侧插入两列用来存放分列后的数据，选中 B 列后单击“分列”按钮，如图 10-2-8 所示。

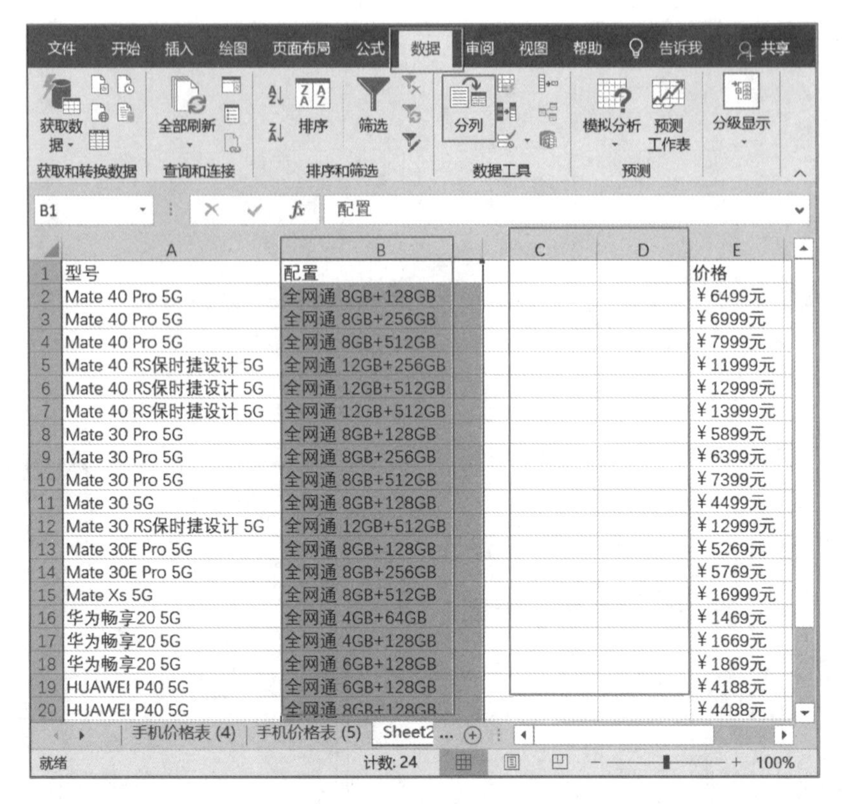

图 10-2-8　启用“分列”命令

② 在“文本分列向导”各步对话框中进行设置，其中“分隔符号”设为“空格”和“其他：+”，如图 10-2-9 所示。

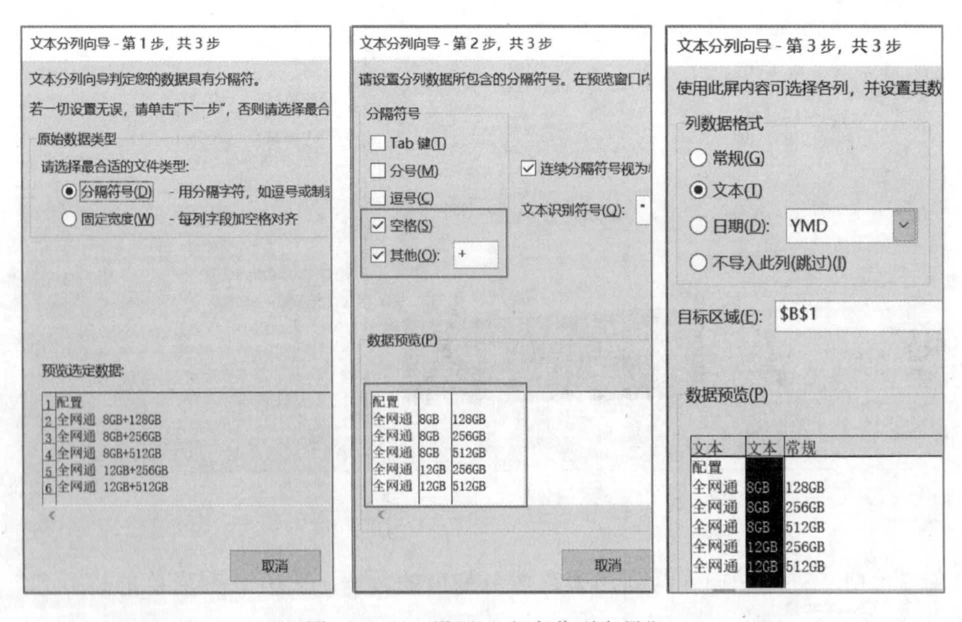

图 10-2-9　设置“文本分列向导”

③ 完成分列后数据如图 10-2-10 所示，将 B、C 和 D 列标题设为“通信制式”“内存（GB）”和“容量（GB）”。

	A	B	C	D	E
1	型号	配置			价格
2	Mate 40 Pro 5G	全网通	8GB	128GB	￥6499元
3	Mate 40 Pro 5G	全网通	8GB	256GB	￥6999元
4	Mate 40 Pro 5G	全网通	8GB	512GB	￥7999元
5	Mate 40 RS保时捷设计 5G	全网通	12GB	256GB	￥11999元
6	Mate 40 RS保时捷设计 5G	全网通	12GB	512GB	￥12999元
7	Mate 40 RS保时捷设计 5G	全网通	12GB	512GB	￥13999元
8	Mate 30 Pro 5G	全网通	8GB	128GB	￥5899元
9	Mate 30 Pro 5G	全网通	8GB	256GB	￥6399元
10	Mate 30 Pro 5G	全网通	8GB	512GB	￥7399元
11	Mate 30 5G	全网通	8GB	128GB	￥4499元
12	Mate 30 RS保时捷设计 5G	全网通	12GB	512GB	￥12999元
13	Mate 30E Pro 5G	全网通	8GB	128GB	￥5269元
14	Mate 30E Pro 5G	全网通	8GB	256GB	￥5769元
15	Mate Xs 5G	全网通	8GB	512GB	￥16999元
16	华为畅享20 5G	全网通	4GB	64GB	￥1469元
17	华为畅享20 5G	全网通	4GB	128GB	￥1669元
18	华为畅享20 5G	全网通	6GB	128GB	￥1869元
19	HUAWEI P40 5G	全网通	6GB	128GB	￥4188元
20	HUAWEI P40 5G	全网通	8GB	128GB	￥4488元
21	HUAWEI P40 5G	全网通	8GB	256GB	￥4988元
22	HUAWEI P40 Pro 5G	全网通	8GB	128GB	￥5988元
23	HUAWEI P40 Pro 5G	全网通	8GB	256GB	￥6488元
24	HUAWEI P40 Pro 5G	全网通	8GB	512GB	￥7388元

图 10-2-10 分列后数据

第四步：清除数据中包含的单位。

字段中有单位，这些单元格格式就变成了文本，不能直接计算，需要把单位去掉。

① 单击“开始”选项卡中的“查找和选择”按钮，选择“替换”选项，打开“查找和替换”对话框。在“查找内容”文本框中输入“元”，“替换为”的内容为空，单击“全部替换”按钮，如图 10-2-11 所示。

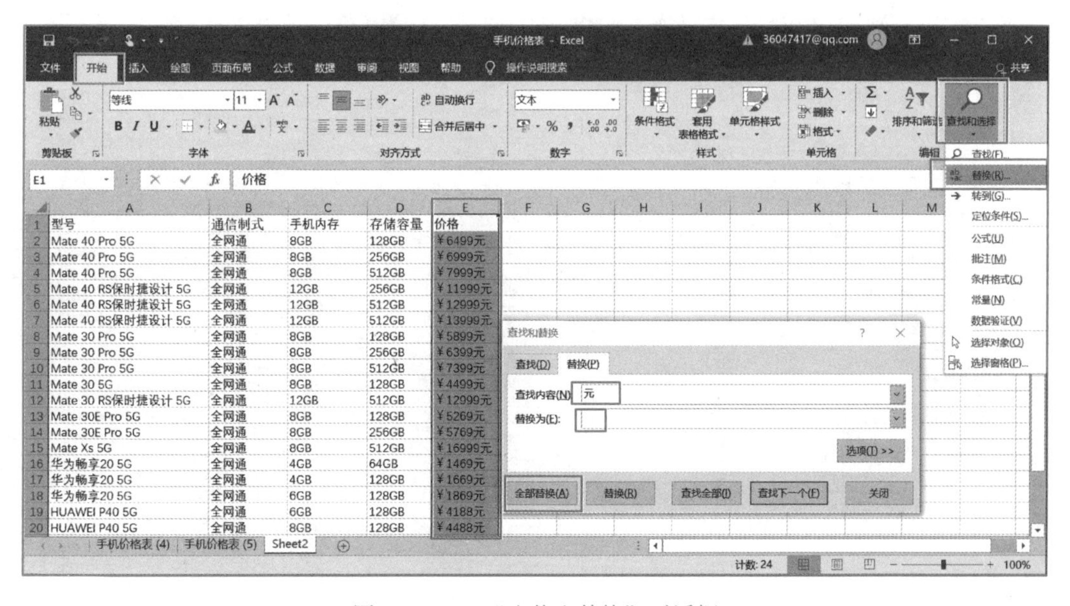

图 10-2-11 “查找和替换”对话框

② 以同样的方式清除货币符号“￥”和容量单位“GB”，将 C2：E24 区域设为数字型并调整标题名称，如图 10-2-12 所示。

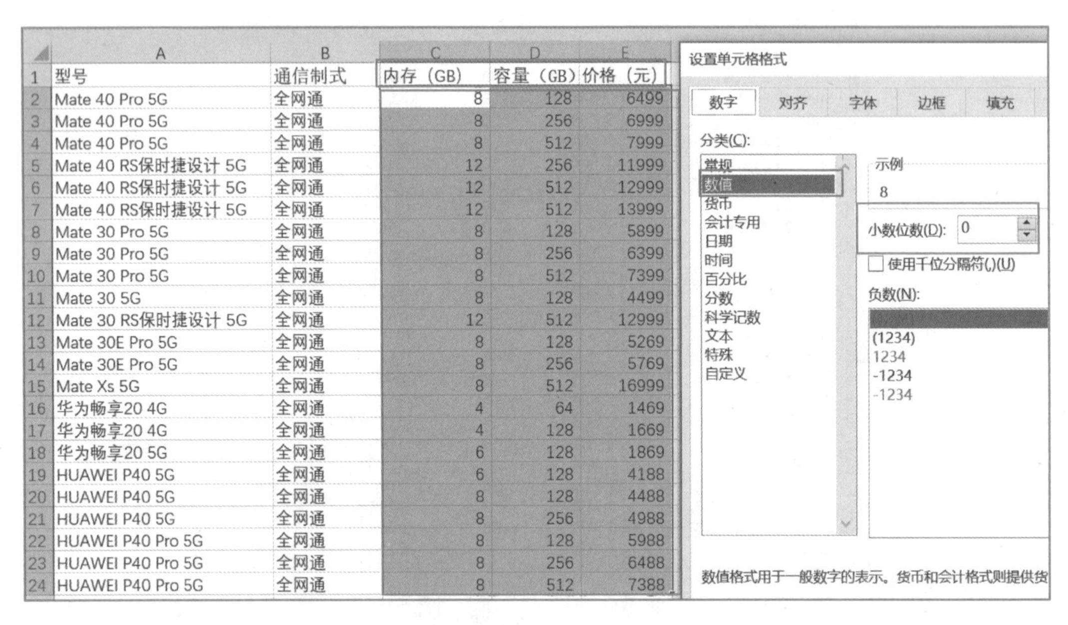

	A	B	C	D	E
1	型号	通信制式	内存（GB）	容量（GB）	价格（元）
2	Mate 40 Pro 5G	全网通	8	128	6499
3	Mate 40 Pro 5G	全网通	8	256	6999
4	Mate 40 Pro 5G	全网通	8	512	7999
5	Mate 40 RS保时捷设计 5G	全网通	12	256	11999
6	Mate 40 RS保时捷设计 5G	全网通	12	512	12999
7	Mate 40 RS保时捷设计 5G	全网通	12	512	13999
8	Mate 30 Pro 5G	全网通	8	128	5899
9	Mate 30 Pro 5G	全网通	8	256	6399
10	Mate 30 Pro 5G	全网通	8	512	7399
11	Mate 30 5G	全网通	8	128	4499
12	Mate 30 RS保时捷设计 5G	全网通	12	512	12999
13	Mate 30E Pro 5G	全网通	8	128	5269
14	Mate 30E Pro 5G	全网通	8	256	5769
15	Mate Xs 5G	全网通	8	512	16999
16	华为畅享20 4G	全网通	4	64	1469
17	华为畅享20 4G	全网通	4	128	1669
18	华为畅享20 5G	全网通	6	128	1869
19	HUAWEI P40 5G	全网通	6	128	4188
20	HUAWEI P40 5G	全网通	8	128	4488
21	HUAWEI P40 5G	全网通	8	256	4988
22	HUAWEI P40 Pro 5G	全网通	8	128	5988
23	HUAWEI P40 Pro 5G	全网通	8	256	6488
24	HUAWEI P40 Pro 5G	全网通	8	512	7388

图 10-2-12　清除单位后的数据

第五步：快速填充。

在“通信制式”列左侧增加一列，标题为“网络”，在 B2 单元格输入“5G”，单击“数据”选项卡“数据工具”组中的“快速填充”按钮可将各手机型号中的最后两个字符填入对应单元格，如图 10-2-13 所示。

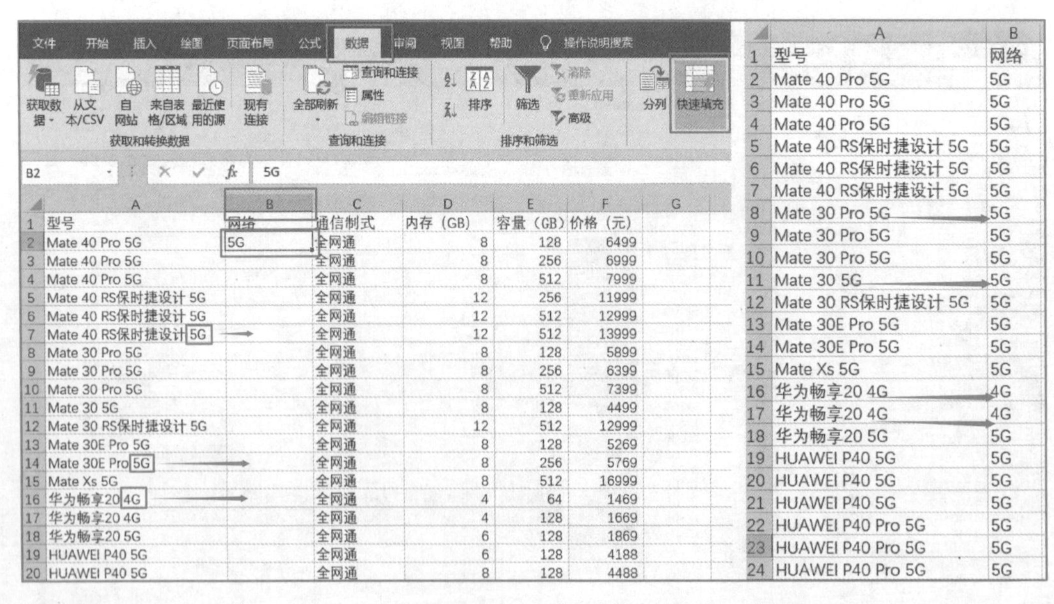

	A	B	C	D	E	F
1	型号	网络	通信制式	内存（GB）	容量（GB）	价格（元）
2	Mate 40 Pro 5G	5G	全网通	8	128	6499
3	Mate 40 Pro 5G		全网通	8	256	6999
4	Mate 40 Pro 5G		全网通	8	512	7999
5	Mate 40 RS保时捷设计 5G		全网通	12	256	11999
6	Mate 40 RS保时捷设计 5G		全网通	12	512	12999
7	Mate 40 RS保时捷设计 5G		全网通	12	512	13999
8	Mate 30 Pro 5G		全网通	8	128	5899
9	Mate 30 Pro 5G		全网通	8	256	6399
10	Mate 30 Pro 5G		全网通	8	512	7399
11	Mate 30 5G		全网通	8	128	4499
12	Mate 30 RS保时捷设计 5G		全网通	12	512	12999
13	Mate 30E Pro 5G		全网通	8	128	5269
14	Mate 30E Pro 5G		全网通	8	256	5769
15	Mate Xs 5G		全网通	8	512	16999
16	华为畅享20 4G		全网通	4	64	1469
17	华为畅享20 4G		全网通	4	128	1669
18	华为畅享20 5G		全网通	6	128	1869
19	HUAWEI P40 5G		全网通	6	128	4188
20	HUAWEI P40 5G		全网通	8	128	4488

	A	B
1	型号	网络
2	Mate 40 Pro 5G	5G
3	Mate 40 Pro 5G	5G
4	Mate 40 Pro 5G	5G
5	Mate 40 RS保时捷设计 5G	5G
6	Mate 40 RS保时捷设计 5G	5G
7	Mate 40 RS保时捷设计 5G	5G
8	Mate 30 Pro 5G	5G
9	Mate 30 Pro 5G	5G
10	Mate 30 Pro 5G	5G
11	Mate 30 5G	5G
12	Mate 30 RS保时捷设计 5G	5G
13	Mate 30E Pro 5G	5G
14	Mate 30E Pro 5G	5G
15	Mate Xs 5G	5G
16	华为畅享20 4G	4G
17	华为畅享20 4G	4G
18	华为畅享20 5G	5G
19	HUAWEI P40 5G	5G
20	HUAWEI P40 5G	5G
21	HUAWEI P40 5G	5G
22	HUAWEI P40 Pro 5G	5G
23	HUAWEI P40 Pro 5G	5G
24	HUAWEI P40 Pro 5G	5G

图 10-2-13　“快速填充”功能

第六步：删除重复值。

单击“数据”选项卡“数据工具”组中的“删除重复值”按钮，在“删除重复值”对话框中单击“全选”按钮，将所有列值相同的数据删除，如图 10-2-14 所示。

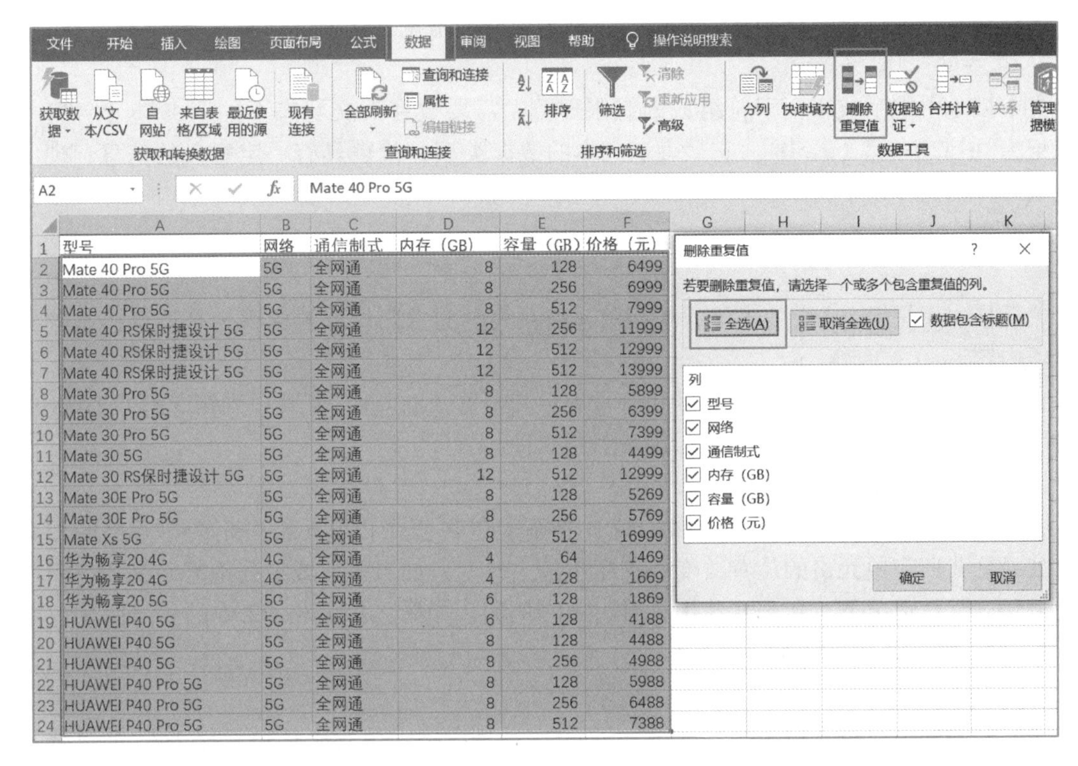

	A	B	C	D	E	F
1	型号	网络	通信制式	内存（GB）	容量（GB）	价格（元）
2	Mate 40 Pro 5G	5G	全网通	8	128	6499
3	Mate 40 Pro 5G	5G	全网通	8	256	6999
4	Mate 40 Pro 5G	5G	全网通	8	512	7999
5	Mate 40 RS保时捷设计 5G	5G	全网通	12	256	11999
6	Mate 40 RS保时捷设计 5G	5G	全网通	12	512	12999
7	Mate 40 RS保时捷设计 5G	5G	全网通	12	512	13999
8	Mate 30 Pro 5G	5G	全网通	8	128	5899
9	Mate 30 Pro 5G	5G	全网通	8	256	6399
10	Mate 30 Pro 5G	5G	全网通	8	512	7399
11	Mate 30 5G	5G	全网通	8	128	4499
12	Mate 30 RS保时捷设计 5G	5G	全网通	12	512	12999
13	Mate 30E Pro 5G	5G	全网通	8	128	5269
14	Mate 30E Pro 5G	5G	全网通	8	256	5769
15	Mate Xs 5G	5G	全网通	8	512	16999
16	华为畅享20 4G	4G	全网通	4	64	1469
17	华为畅享20 4G	4G	全网通	4	128	1669
18	华为畅享20 5G	5G	全网通	6	128	1869
19	HUAWEI P40 5G	5G	全网通	6	128	4188
20	HUAWEI P40 5G	5G	全网通	8	128	4488
21	HUAWEI P40 5G	5G	全网通	8	256	4988
22	HUAWEI P40 Pro 5G	5G	全网通	8	128	5988
23	HUAWEI P40 Pro 5G	5G	全网通	8	256	6488
24	HUAWEI P40 Pro 5G	5G	全网通	8	512	7388

图 10-2-14　“删除重复值”对话框

【思考与练习】

1. 身份证号码为 18 位，其中第 7 位到第 10 位为出生年份。如何从身份证号码中获取出生年份？

2. 在“手机价格表”删除重复值时，如果只选择“型号”列，会保留哪些数据？

10.3　高效的计算公式

Excel 公式是对 Excel 工作表中的值进行计算的等式，以输入“=”开始，如“=A1 * 9”。

在 Excel 中可以使用常量和算术运算符构建简单的公式，复杂一些的公式可能包含常量、引用、运算符和函数。

10.3.1　数据常量

常量是一个不通过计算得出的值，它始终保持不变。如果在公式中使用常量而不是对单元格的引用（例如，=30+70+110），则仅在修改公式时结果才会变化。通常，最好在各单元格中放置常量（必要时可轻松更改），然后在公式中引用这些单元格。

1. 数字型

用整数、小数、科学记数法表示的常量称为数值型常量，例如，1234、555.33、4.5E 等。

2. 文本型

文本型是由零个或多个字符组成的有限序列，需要放在英文状态下的双引号（" "）中。一般记为"a1a2…an"（$n \geqslant 0$）。它是表示文本的数据类型，代表具有一定意义的信息，现实世界的大部分信息都以字符串的形式表示。如"季度收入"和学号"2020010412"。

10.3.2 单元格引用

单元格引用是 Excel 中的术语，指用单元格在表中的坐标位置的标识，是计算机基础的重要学习内容。

在引用中，用单元格所在的列号和行号表示其位置，如 C5，表示 C 列第 5 行。Excel 单元格的引用包括相对引用、绝对引用和混合引用三种。

1. 相对引用

公式中的相对单元格引用（例如，A1）是基于包含公式和单元格引用的单元格的相对位置。如果公式所在单元格的位置改变，引用也随之改变。如果多行或多列地复制公式，引用会自动调整。默认情况下，新公式使用相对引用。例如，如果将单元格 B2 中的相对引用复制到单元格 B3，将自动从=A1 调整到=A2。

2. 绝对引用

单元格中的绝对单元格引用（例如，$F$6）总是在指定位置引用单元格 F6。如果公式所在单元格的位置改变，绝对引用的单元格始终保持不变。如果多行或多列地复制公式，绝对引用将不做调整。默认情况下，新公式使用相对引用，需要将它们转换为绝对引用。例如，如果将单元格 B2 中的绝对引用复制到单元格 B3，则在两个单元格中一样，都是$F$6。

3. 混合引用

混合引用具有绝对列和相对行，或绝对行和相对列。绝对引用列，采用$A1、$B1 等形式。绝对引用行，采用 A$1、B$1 等形式。如果公式所在单元格的位置改变，则相对引用改变，而绝对引用不变。如果多行或多列地复制公式，相对引用自动调整，而绝对引用不做调整。例如，如果将一个混合引用从 A2 复制到 B3，它将从=A$1 调整到=B$1。

在 Excel 中输入公式时，只要正确使用 F4 键，就能简单地对单元格的相对引用和绝对引用进行切换。现举例说明。对于某单元格，所输入的公式为“=SUM(B4:B8)”。

选中整个公式，按 F4 键，该公式内容变为“=SUM($B$4:$B$8)”，表示对列、行单元格均进行绝对引用。

第二次按 F4 键，公式内容又变为“=SUM(B$4:B$8)”，表示对行进行绝对引用，列相对引用。

第三次按 F4 键，公式则变为“=SUM($B4:$B8)”，表示对行进行相对引用，列进行绝对引用。

第四次按 F4 键时，公式变回到初始状态“=SUM(B4:B8)”，即对行列的单元格均进行相对引用。

10.3.3　公式中的运算符

运算符用于指定要对公式中的元素执行的计算类型。Excel 遵循用于计算的常规数学规则，即括号、指数、乘法和除法以及加法和减法。使用括号可更改该计算顺序。

有 4 种不同类型的计算运算符：算术运算符、比较运算符、文本连接运算符和引用运算符。

1. 算术运算符

若要进行基本的数学运算（如加法、减法、乘法或除法）、合并数字以及生成数值结果，则使用表 10-3-1 所示的算术运算符。

表 10-3-1　算术运算符

算术运算符	含　义	示　例
+（加号）	加	=3+3
-（减号）	减法	=3-3 或=-3
*（星号）	乘	=3*3
/（正斜杠）	除	=3/3
%（百分号）	百分比	=5%
^（脱字号）	求幂	=3^3

2. 比较运算符

可以使用表 10-3-2 所示的运算符比较两个值。当使用这些运算符比较两个值时，结果为逻辑值 TRUE 或 FALSE。

表 10-3-2　比较运算符

比较运算符	含　义	示　例
=（等号）	等于	=A1=B1
>（大于号）	大于	=A1>B1
<（小于号）	小于	=A1<B1
>=（大于或等于号）	大于或等于	=A1>=B1
<=（小于或等于号）	小于或等于	=A1<=B1
<>（不等号）	不等于	=A1<>B1

3. 文本连接运算符

可以使用与号（&，表 10-3-3）连接一个或多个文本字符串，以生成一段文本。

表 10-3-3　文本连接运算符

文本连接运算符	含　义	示　例
&（与号）	将两个值连接（或串联）起来产生一个连续的文本值	="北"&"风"，结果为"北风"。若 A1 为"姓"，B1 为"名"，=A1&"."&B1 结果为"姓氏．名字"

4. 引用运算符

可以使用表 10-3-4 所示的运算符对单元格区域进行合并计算。

表 10-3-4 引用运算符

引用运算符	含 义	示 例
:（冒号）	区域运算符，生成一个对两个引用之间所有单元格的引用（包括这两个引用）	B5:B15
,（逗号）	联合运算符，将多个引用合并为一个引用	=SUM(B5:B15,D5:D15)
（空格）	交集运算符，生成一个对两个引用中共有单元格的引用	B7:D7 C6:C8

如果公式中同时用到了多个运算符，Excel 将按一定的顺序（优先级由高到低）进行运算，相同优先级的运算符，将从左到右进行计算。若是记不清或想指定运算顺序，可用小括号括起相应部分。

优先级由高到低依次为，引用运算符、负号、百分比、乘方、乘除、加减、连接符、比较运算符。

10.3.4 常用函数

1. SUM 函数

主要功能：求出所有参数的和。

使用格式：SUM(number1,number2,…)

参数说明：number1,number2,…表示需要求和的数值或引用单元格（区域）。

应用举例：在 E8 单元格中输入公式“SUM=(B7:D7)”，确认后，即可求出 B7 至 D7 区域的和。

使用提醒：如果引用区域中包含“0”值单元格，则计算在内；如果引用区域中包含空白或字符单元格，则不计算在内。

2. AVERAGE 函数

主要功能：求出所有参数的算术平均值。

使用格式：AVERAGE(number1,number2,…)

参数说明：number1,number2,…表示需要求平均值的数值或引用单元格（区域）。

应用举例：在 B8 单元格中输入公式“=AVERAGE(B7:D7,F7:H7,7,8)”，确认后，即可求出 B7 至 D7 区域、F7 至 H7 区域中的数值和 7、8 的平均值。

使用提醒：如果引用区域中包含“0”值单元格，则计算在内；如果引用区域中包含空白或字符单元格，则不计算在内。

3. COUNT 函数

主要功能：计算含有数字的单元格的个数。

使用格式：COUNT(number1,number2,…)

参数说明：number1,number2,…表示需要计数的数值或引用单元格（区域）。

应用举例：在 A11 单元格中输入公式“=AVERAGE(A1:A10)”，确认后，即可求出 A1

至 A10 区域非数字值的个数。

使用提醒：参数可以是单元格、单元格引用或者数字，COUNT 函数会忽略非数字的值。

4. IF 函数

主要功能：根据对指定条件的逻辑判断的真假结果，返回相对应的内容。

使用格式：=IF(Logical_test,Value_if_true,Value_if_false)

参数说明：Logical 代表逻辑判断表达式；Value_if_true 表示当判断条件为逻辑“真”(TRUE)时的显示内容，如果忽略，则返回“TRUE”；Value_if_false 表示当判断条件为逻辑“假”(FALSE)时的显示内容，如果忽略，则返回“FALSE”。

应用举例：在 C29 单元格中输入公式“=IF(C26>=18,"符合要求","不符合要求")”，确认以后，如果 C26 单元格中的数值大于或等于 18，则 C29 单元格显示“符合要求”字样，反之显示“不符合要求”字样。

使用提醒：本文中类似“在 C29 单元格中输入公式”中指定的单元格，读者在使用时，并不需要受其约束，此处只是配合本文所附的实例需要而给出的相应单元格。

5. MAX 函数

主要功能：求出一组数中的最大值。

使用格式：MAX(number1,number2)

参数说明：number1,number2 代表需要求最大值的数值或引用单元格（区域）。

应用举例：输入公式“=MAX(E44:J44,7,8,9,10)”，确认后即可显示出 E44 至 J44 单元格区域和数值 7、8、9、10 中的最大值。

使用提醒：如果参数中有文本或逻辑值，则忽略。

6. MIN 函数

主要功能：求出一组数中的最小值。

使用格式：MIN(number1,number2)

参数说明：number1,number2 代表需要求最小值的数值或引用单元格（区域）。

应用举例：输入公式“=MIN(E44:J44,7,8,9,10)”，确认后即可显示出 E44 至 J44 单元格区域和数值 7、8、9、10 中的最小值。

使用提醒：如果参数中有文本或逻辑值，则忽略。

7. COUNTIF 函数

主要功能：统计某个单元格区域中符合指定条件的单元格数目。

使用格式：COUNTIF(Range,Criteria)

参数说明：Range 代表要统计的单元格区域；Criteria 表示指定的条件表达式。

应用举例：在 C17 单元格中输入公式“=COUNTIF(B1:B13,">=80")”，确认后，即可统计出 B1 至 B13 单元格区域中，数值大于等于 80 的单元格数目。

使用提醒：允许引用的单元格区域中有空白单元格出现。

8. SUMIF 函数

主要功能：计算符合指定条件的单元格区域内的数值和。

使用格式：SUMIF(Range,Criteria,Sum_Range)

参数说明：Range 代表条件判断的单元格区域；Criteria 为指定条件表达式；Sum_Range 代

表需要计算的数值所在的单元格区域。

应用举例：在 D64 单元格中输入公式“=SUMIF(C2:C63,"男",D2:D63)”，确认后即可求出男生对应数据的和。

使用提醒：如果把上述公式修改为“=SUMIF(C2:C63,"女",D2:D63)”，即可求出女生对应数据的和；其中"男"和"女"由于是文本型的，需要放在英文状态下的双引号（""）中。

10.3.5 案例：课程成绩单

【**实战场景**】过程化考核是指在教学的全过程中，对学生的学习行为、学习习惯、学习态度、学习表现、学习积极性等情况进行全面而综合的考量。以平时考核、实际考核等为主，注重学生实践能力与知识掌握能力的培养。

课程结束后，根据学生“课程成绩单”中的平时表现（15%）、平时考核 1（5%）、平时考核 2（5%）、期中考试（15%）、实验（10%）、期末考试（50%）的比例核算学生总成绩和成绩等级，并完成应考人数、实考人数、优秀、良好、中等、及格、不及格、最高分、最低分和平均分的统计，如图 10-3-1 所示。

	A	B	C	D	E	F	G	H	I	J
1	学生学号	学生姓名	平时表现	平时考核1	平时考核2	期中考试	实验	期末考试	总成绩	成绩等级
2	2040101	葛轩池	72.5	89.1	93.4	93	83.5	73		
3	2040102	李碧璇	90.3	90.1	86.8	98	84.2	90		
4	2040103	李和亮	80	72.6	83.5	64	80	76		
5	2040104	孙浩	87.5	86.8	75.9	74	75	75		
6	2040105	王泽佳	90	80.2	93.4	84	90	92		
7	2040106	金少辉	72.5	56.1	73.6	88	76.3	84		
8	2040107	王帅涵	85	79.2	100	88	75	71		
9	2040108	孙佳兴	83.8	93.4	80.2	84	75.2			
10	2040109	吴坤飞	83.8	90.1	93.4	78	85	83		
11	2040110	胡博	83.8	56.1	83.5	64	85	56		
12	2040111	寇广琦	82.5	46.2	80.2	76	82.5	70		
13	2040112	张书豪	80	90.1	70.3	70	89.9	62		
14	2040113	段强	94.5	90.1	90.1	92	79.2	81		
15	2040114	马驰达	85	70.3	67	100	77.5	90		
16	2040115	王思亓	80	70.3	67	96	81.7	63		
17	2040116	张滢	75	86.8	73.6	80	82.5	60		
18	2040117	金冠成	80	93.4	96.7	98	77.5	66		
19	2040118	马铭泽	77.5	90.1	80.2	80	78.4	81		
20	2040119	曲铜	77.5	96.7	90.1	68	80	84		
21	2040120	高懿	80	96.7	76.9	88	85	85		
22	2040121	汪子涵	87.5	80.2	76.9	84	80	67		
23	2040122	李坤逸	77.5	79.2	66	84	76.7	17		
24	2040123	张嘉朋	72.5	86.8	85.8	86	75.9	77		
25	2040124	曹隆祺	82.5	70.3	62.7	93	78.4	64		
26	2040125	刘国涛	78.8	90.1	86.8	92	83.4	83		
27	2040126	刘婧怡	82.5	76.9	52.8	76	73.8	90		
28	2040127	王锴	88.5	67	73.6	76	80	70		
29	2040128	梁怡暄	72.5	85.8	69.3	83	75	87		
30	2040129	杨旭东	87.5	93.4	96.7	70	87.9	80		
31	2040130	贾焱	76.3	90.1	56.1	78	80.9	91		
32	2040131	张桐语	80	76.9	89.1	76	77.5	81		
33	2040132	刘瑜	87.5	70.3	93.4	86	87.5	86		
34	2040133	孟旭鑫	80	80.2	47.2	80	75	76		
35	2040134	鲁芸菲	76.3	92.4	100	72	68.8	72		
36	2040135	王乙媛	87.5	93.4	63.7	92	81.2	62		
37	2040136	许建琦	75	86.8	86.8	88	86.3	57		
38	2040137	龚于轩	85	76.9	79.2	60	81.3	58		
39	2040138	古蔚楠	83.8	82.5	75.9	88	77.5	77		
40										
41										
42	应考人数	实考人数	优秀	良好	中等	及格	不及格	最高分	最低分	平均分
43										

图 10-3-1 学生成绩单

“课程成绩单”中已经包含学生的各项具体分数，可使用公式和函数计算出需要的总成绩、成绩等级和各项统计的数据。

第一步：计算“总成绩”。

根据“葛轩池”的各项成绩和对应的比重计算“总成绩”，单击 I2 单元格，在编辑栏输入公式为“=C2＊15%+D2＊5%+E2＊5%+F2＊15%+G2＊10%+H2＊50%”，输入完毕按 Enter 键确认。选择 I2 单元格，双击右下角填充柄，填充公式求得每位学生总成绩，设置小数位为 0，如图 10-3-2 所示。

I2　fx　=C2*15%+D2*5%+E2*5%+F2*15%+G2*10%+H2*50%

	A	B	C	D	E	F	G	H	I
1	学生学号	学生姓名	平时表现	平时考核1	平时考核2	期中考试	实验	期末考试	总成绩
2	2040101	葛轩池	72.5	89.1	93.4	93	83.5	73	78.8

	A	B	C	D	E	F	G	H	I	J
1	学生学号	学生姓名	平时表现	平时考核1	平时考核2	期中考试	实验	期末考试	总成绩	成绩等级
2	2040101	葛轩池	72.5	89.1	93.4	93	83.5	73	79	
3	2040102	李碧璇	90.3	90.1	86.8	98	84.2	90	91	
4	2040103	李和亮	80	72.6	83.5	64	80	76	75	
5	2040104	孙浩	87.5	86.8	75.9	74	75	75	77	
6	2040105	王泽佳	90	80.2	93.4	84	90	92	90	
7	2040106	金少辉	72.5	56.1	73.6	88	76.3	84	80	
8	2040107	王帅涵	85	79.2	100	88	75	71	78	
9	2040108	孙佳兴	83.8	93.4	80.2	84	75.2			
10	2040109	吴坤飞	83.8	90.1	93.4	78	85	83	83	
11	2040110	胡博	83.8	56.1	83.5	64	85	56	66	
12	2040111	寇广琦	82.5	46.2	80.2	76	82.5	70	73	
13	2040112	张书豪	80	90.1	70.3	70	89.9	62	71	
14	2040113	段强	94.5	90.1	90.1	92	79.2	81	85	
15	2040114	马驰达	85	70.3	67	100	77.5	90	87	
16	2040115	王思亓	80	70.3	67	96	81.7	63	73	
17	2040116	张滢	75	86.8	73.6	80	82.5	60	70	
18	2040117	金冠成	80	93.4	96.7	98	77.5	66	77	
19	2040118	马铭泽	77.5	90.1	80.2	80	78.4	81	80	
20	2040119	曲铜	77.5	96.7	90.1	68	80	84	81	
21	2040120	高懿	80	96.7	76.9	88	85	85	85	
22	2040121	汪子涵	87.5	80.2	76.9	84	80	67	75	
23	2040122	李坤逸	77.5	79.2	66	84	76.7	17	48	
24	2040123	张嘉朋	72.5	86.8	85.8	86	75.9	77	78	
25	2040124	曹隆祺	82.5	70.3	62.7	93	78.4	64	73	
26	2040125	刘国涛	78.8	90.1	86.8	92	83.4	83	84	

图 10-3-2　计算“总成绩”

第二步：计算“成绩等级”。

① 选择 J2 单元格，单击“插入函数”按钮 fx，在对话框中选择 IF 函数，如图 10-3-3 所示。

② 设置 IF 函数参数，“Logical_test”为“I2>89.5”，“Value_if_true”为“优秀”，“Value_if_false”为“其他”，如图 10-3-4 所示，确认公式正确执行。也可在 J2 单元格直接输入公式“=IF(I2>89.5,"优秀","其他")”，其中的逗号和双引号均为英文状态下输入。

③ 设置函数嵌套，选择 J2 单元格，在编辑框中复制函数“IF(I2>89.5,"优秀","其他")”不包括“=”号，如图 10-3-5 所示。替换函数的第三个参数“"其他"”，替换后的函

数如图 10-3-6 所示。修改嵌套的函数条件为“IF(I2>79.5,"良好","其他")”，公式如图 10-3-7 所示。

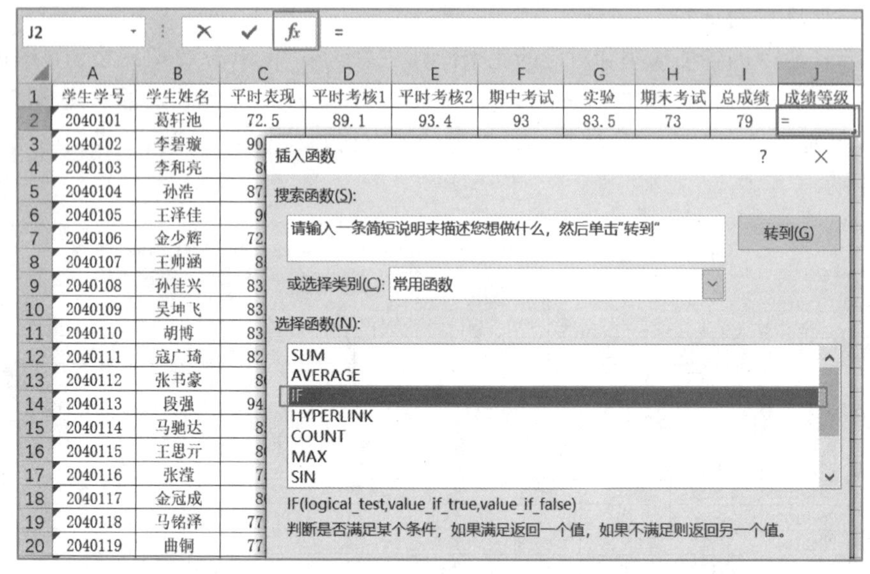

图 10-3-3　插入 IF 函数

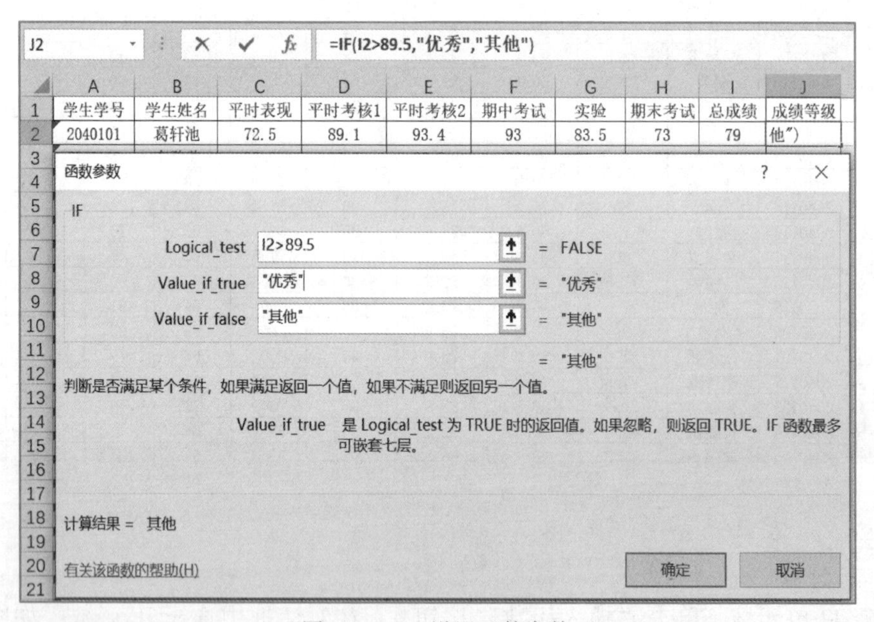

图 10-3-4　设置函数参数

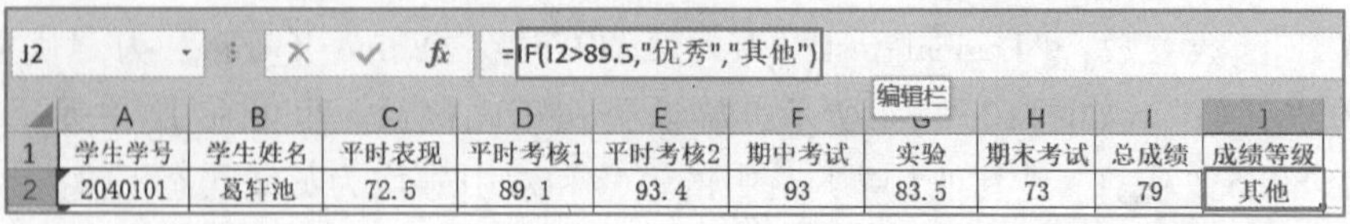

J2　=IF(I2>89.5,"优秀","其他")　编辑栏

	A	B	C	D	E	F	G	H	I	J
1	学生学号	学生姓名	平时表现	平时考核1	平时考核2	期中考试	实验	期末考试	总成绩	成绩等级
2	2040101	葛轩池	72.5	89.1	93.4	93	83.5	73	79	其他

图 10-3-5　复制 IF 函数

IF | × ✓ f_x | =IF(I2>89.5,"优秀",IF(I2>89.5,"优秀","其他"))

IF(logical_test, [value_if_true], [value_if_false])

	A	B	C	D	E	F	G	H	I	J
1	学生学号	学生姓名	平时表现	平时考核1	平时考核2	期中考试	实验	期末考试	总成绩	成绩等级
2	2040101	葛轩池	72.5	89.1	93.4	93	83.5	73	79	"其他"))

图 10-3-6　替换第三个参数

COUNTIF | × ✓ f_x | =IF(I2>89.5,"优秀",IF(I2>79.5,"良好","其他"))

	B	C	D	E	F	G	H	I	J
1	学生姓名	平时表现	平时考核1	平时考核2	期中考试	实验	期末考试	总成绩	成绩等级
2	葛轩池	72.5	89.1	93.4	93	83.5	73	79	他"))

图 10-3-7　IF 函数嵌套

④ 四层 IF 函数嵌套可划分成绩等级，完整的函数公式为“=IF(I2>89.5,"优秀",IF(I2>79.5,"良好",IF(I2>69.5,"中等",IF(I2>59.5,"及格","不及格"))))”，填充公式求得每位学生的成绩等级，如图 10-3-8 所示。

J2 | × ✓ f_x | =IF(I2>89.5,"优秀",IF(I2>79.5,"良好",IF(I2>69.5,"中等",IF(I2>59.5,"及格","不及格"))))

	A	B	C	D	E	F	G	H	I	J	K
1	学生学号	学生姓名	平时表现	平时考核1	平时考核2	期中考试	实验	期末考试	总成绩	成绩等级	
2	2040101	葛轩池	72.5	89.1	93.4	93	83.5	73	79	中等	
3	2040102	李碧璇	90.3	90.1	86.8	98	84.2	90	91	优秀	
4	2040103	李和亮	80	72.6	83.5	64	80	76	75	中等	
5	2040104	孙浩	87.5	86.8	75.9	74	75	75	77	中等	
6	2040105	王泽佳	90	80.2	93.4	84	90	92	90	优秀	
7	2040106	金少辉	72.5	56.1	73.6	88	76.3	84	80	良好	
8	2040107	王帅涵	85	79.2	100	88	75	71	78	中等	
9	2040108	孙佳兴	83.8	93.4	80.2	84	75.2				
10	2040109	吴坤飞	83.8	90.1	93.4	78	85	83	83	良好	
11	2040110	胡博	83.8	56.1	83.5	64	85	56	66	及格	
12	2040111	寇广琦	82.5	46.2	80.2	76	82.5	70	73	中等	
13	2040112	张书豪	80	90.1	70.3	70	89.9	62	71	中等	
14	2040113	段强	94.5	90.1	90.1	92	79.2	81	85	良好	
15	2040114	马驰达	85	70.3	67	100	77.5	90	87	良好	
16	2040115	王思亓	80	70.3	67	96	81.7	63	73	中等	
17	2040116	张滢	75	86.8	73.6	80	82.5	60	70	中等	
18	2040117	金冠成	80	93.4	96.7	98	77.5	66	77	中等	
19	2040118	马铭泽	77.5	90.1	80.2	80	78.4	81	80	良好	
20	2040119	曲铜	77.5	96.7	90.1	68	80	84	81	良好	
21	2040120	高懿	80	96.7	76.9	88	85	85	85	良好	
22	2040121	汪子涵	87.5	80.2	76.9	84	80	67	75	中等	
23	2040122	李坤逸	77.5	79.2	66	84	76.7	17	48	不及格	
24	2040123	张嘉朋	72.5	86.8	85.8	86	75.9	77	78	中等	

图 10-3-8　计算“成绩等级”

第三步：计算“应考人数”和“实考人数”。

① 选择 A43 单元格，单击“插入函数”按钮，在对话框中选择 COUNT 函数，如图 10-3-9 所示。函数参数的 Value1 设为“C2:C39”，即公式为“=COUNT(C2:C39)”，计算得到应考人数为 38。

② 选择 B43 单元格，插入 COUNT 函数，参数的 Value1 设为“H2:H39”，即公式为“=COUNT(H2:H39)”，计算得到实考人数为 37，如图 10-3-10 所示。

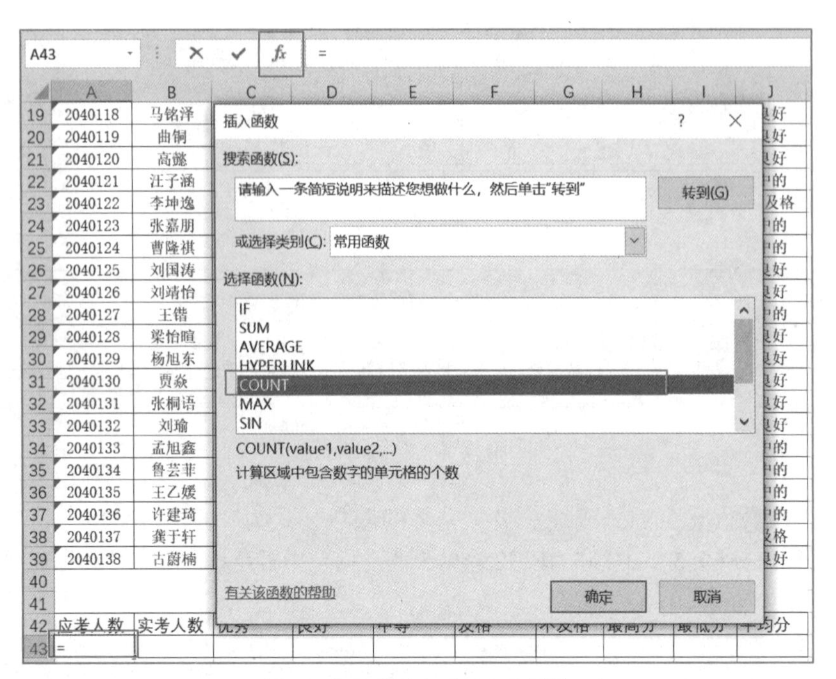

图 10-3-9 插入 COUNT 函数

B43 =COUNT(H2:H39)

	A	B	C	D	E	F	G	H	I	J
19	2040118	马铭泽	77.5	90.1	80.2	80	78.4	81	80	良好
20	2040119	曲铜	77.5	96.7	90.1	68	80	84	81	良好
21	2040120	高懿	80	96.7	76.9	88	85	85	85	良好
22	2040121	汪子涵	87.5	80.2	76.9	84	80	67	75	中等
23	2040122	李坤逸	77.5	79.2	66	84	76.7	17	48	不及格
24	2040123	张嘉朋	72.5	86.8	85.8	86	75.9	77	78	中等
25	2040124	曹隆祺	82.5	70.3	62.7	93	78.4	64	73	中等
26	2040125	刘国涛	78.8	90.1	86.8	92	83.4	83	84	良好
27	2040126	刘靖怡	82.5	76.9	52.8	76	73.8	90	83	良好
28	2040127	王锴	88.5	67	73.6	76	80	70	75	中等
29	2040128	梁怡暄	72.5	85.8	69.3	83	75	87	82	良好
30	2040129	杨旭东	87.5	93.4	96.7	70	87.9	80	82	良好
31	2040130	贾焱	76.3	90.1	56.1	78	80.9	91	84	良好
32	2040131	张桐语	80	76.9	89.1	76	77.5	81	80	良好
33	2040132	刘瑜	87.5	70.3	93.4	86	87.5	86	86	良好
34	2040133	孟旭鑫	80	80.2	47.2	80	75	76	76	中等
35	2040134	鲁芸菲	76.3	92.4	100	72	68.8	72	75	中等
36	2040135	王乙媛	87.5	93.4	63.7	92	81.2	62	74	中等
37	2040136	许建琦	75	86.8	86.8	88	86.3	57	70	中等
38	2040137	龚于轩	85	76.9	79.2	60	81.3	58	67	及格
39	2040138	古蔚楠	83.8	82.5	75.9	88	77.5	77	80	良好
40										
41										
42	应考人数	实考人数	优秀	良好	中等	及格	不及格	最高分	最低分	平均分
43	38	37								

图 10-3-10 计算“实考人数”

第四步：计算各分数等级人数。

① 选择 C43 单元格，插入 COUNTIF 函数，参数 Range 设为“J2:J39”，Criteria 设为“C42”，即公式为“=COUNTIF(J2:J39,C42)”，如图 10-3-11 所示，计算得到“优秀”人数为 2。

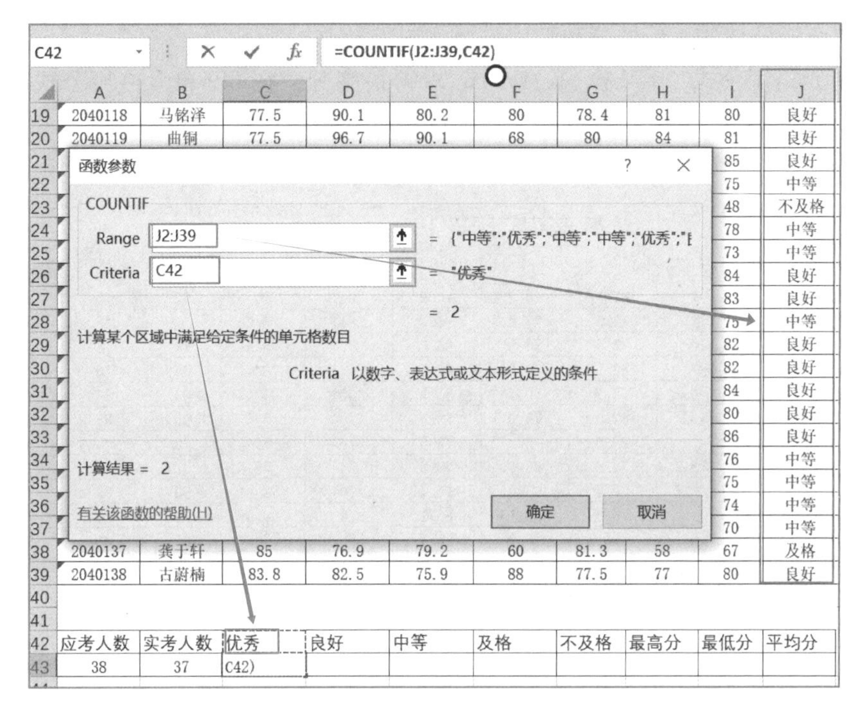

图 10-3-11　统计“优秀”人数

② 修改 C43 单元格公式为“=COUNTIF($J$2:$J$39,C42)”，即将区域设为绝对引用，向右拖曳填充柄至 G43 单元格，计算得到各等级人数，如图 10-3-12 所示。

C43　=COUNTIF($J$2:$J$39,C42)

	A	B	C	D	E	F	G	H	I	J
19	2040118	马铭泽	77.5	90.1	80.2	80	78.4	81	80	良好
20	2040119	曲铜	77.5	96.7	90.1	68	80	84	81	良好
21	2040120	高懿	80	96.7	76.9	88	85	85	85	良好
22	2040121	汪子涵	87.5	80.2	76.9	84	80	67	75	中等
23	2040122	李坤逸	77.5	79.2	66	84	76.7	17	48	不及格
24	2040123	张嘉朋	72.5	86.8	85.8	86	75.9	77	78	中等
25	2040124	曹隆祺	82.5	70.3	62.7	93	78.4	64	73	中等
26	2040125	刘国涛	78.8	90.1	86.8	92	83.4	83	84	良好
27	2040126	刘靖怡	82.5	76.9	52.8	76	73.8	90	83	良好
28	2040127	王锴	88.5	67	73.6	76	80	70	75	中等
29	2040128	梁怡暄	72.5	85.8	69.3	83	75	87	82	良好
30	2040129	杨旭东	87.5	93.4	96.7	70	87.9	80	82	良好
31	2040130	贾焱	76.3	90.1	56.1	78	80.9	91	84	良好
32	2040131	张桐语	80	76.9	89.1	76	77.5	81	80	良好
33	2040132	刘瑜	87.5	70.3	93.4	86	87.5	86	86	良好
34	2040133	孟旭鑫	80	80.2	47.2	80	75	76	76	中等
35	2040134	鲁芸菲	76.3	92.4	100	72	68.8	72	75	中等
36	2040135	王乙媛	87.5	93.4	63.7	92	81.2	62	74	中等
37	2040136	许建琦	75	86.8	86.8	88	86.3	57	70	中等
38	2040137	龚于轩	85	76.9	79.2	60	81.3	58	67	及格
39	2040138	古蔚楠	83.8	82.5	75.9	88	77.5	77	80	良好
40										
41										
42	应考人数	实考人数	优秀	良好	中等	及格	不及格	最高分	最低分	平均分
43	38	37	2	15	17	2	1			

图 10-3-12　统计各分数等级人数

第五步：计算最高分、最低分和平均分。

在 H43 单元格用公式“=MAX(I2:I39)”求得最高分；在 I43 单元格用公式“=MIN(I2:I39)”求得最低分；在 J43 单元格用公式“=AVERAGE(I2:I39)”求得平均分，如图 10-3-13 所示。

J43 =AVERAGE(I2:I39)

	A	B	C	D	E	F	G	H	I	J
22	2040121	汪子涵	87.5	80.2	76.9	84	80	67	75	中等
23	2040122	李坤逸	77.5	79.2	66	84	76.7	17	48	不及格
24	2040123	张嘉朋	72.5	86.8	85.8	86	75.9	77	78	中等
25	2040124	曹隆祺	82.5	70.3	62.7	93	78.4	64	73	中等
26	2040125	刘国涛	78.8	90.1	86.8	92	83.4	83	84	良好
27	2040126	刘靖怡	82.5	76.9	52.8	76	73.8	90	83	良好
28	2040127	王锴	88.5	67	73.6	76	80	70	75	中等
29	2040128	梁怡暄	72.5	85.8	69.3	83	75	87	82	良好
30	2040129	杨旭东	87.5	93.4	96.7	70	87.9	80	82	良好
31	2040130	贾焱	76.3	90.1	56.1	78	80.9	91	84	良好
32	2040131	张桐语	80	76.9	89.1	76	77.5	81	80	良好
33	2040132	刘瑜	87.5	70.3	93.4	86	87.5	86	86	良好
34	2040133	孟旭鑫	80	80.2	47.2	80	75	76	76	中等
35	2040134	鲁芸菲	76.3	92.4	100	72	68.8	72	75	中等
36	2040135	王乙媛	87.5	93.4	63.7	92	81.2	62	74	中等
37	2040136	许建琦	75	86.8	86.8	88	86.3	57	70	中等
38	2040137	龚于轩	85	76.9	79.2	60	81.3	58	67	及格
39	2040138	古蔚楠	83.8	82.5	75.9	88	77.5	77	80	良好
40										
41										
42	应考人数	实考人数	优秀	良好	中等	及格	不及格	最高分	最低分	平均分
43	38	37	2	15	17	2	1	91	48	78

图 10-3-13　计算最高分、最低分和平均分

【思考与练习】

1. 计算“成绩等级”先判断是否小于 60 分，如果小于 60，为“不及格”，否则判断是否小于 70 分；如果小于 70，为“及格”，否则判断是否小于 80 分；如果小于 80，为“中等”，否则判断是否小于 90 分；如果小于 90，为“良好”，否则为“优秀”，给出对应的函数公式。

2. 计算各成绩等级人数占实考人数的百分比。

10.4　全方位数据分析

数据分析是指用适当的统计分析方法对收集来的大量数据进行分析，将它们加以汇总和理解并消化，以求最大化地开发数据的功能，发挥数据的作用。数据分析是为了提取有用信息和形成结论而对数据加以详细研究和概括总结的过程。

在 Excel 中，对数据进行处理的手段（工具）非常丰富，主要有基础操作（分列、排序、筛选等）、函数公式、分组、分类汇总、合并计算、数据透视表、SQL、编程技术（VBA 及其他）等。本节主要介绍排序、筛选、分类汇总和数据透视表。

10.4.1　数据排序

数据排序是按一定顺序将数据排列，以便研究者通过浏览数据发现一些明显的特征或趋势，找到解决问题的线索。除此之外，排序还有助于对数据检查纠错以及为重新归类或分组等提供方便。在某些场合，排序本身就是分析的目的之一，例如，了解究竟谁是中国汽车生产的三巨头，对于汽车生产厂商而言不论它是作为伙伴还是竞争者，都是很有用的信息。美国的《财富》杂志每年都要在全世界范围内排出500强企业，通过这一信息，不仅可以了解自己企业所处的地位，清楚自己的差距，还可以从一个侧面了解到竞争对手的状况，有效制定企业的发展规划和战略目标。

排序是按照一定的顺序重新排列数据清单中的记录的顺序，内容不变，只是调整显示的先后顺序。

1. 排序方式

在Excel中排序的方式有升序和降序两种。升序排序，字符型数据按字母表顺序，数值型数据由小到大，日期型数据由前到后。降序排序，字符型数据按反字母表顺序，数值型数据由大到小，日期型数据由后到前。

2. 排序条件

按照排序条件可分为单条件排序和多条件排序。单条件排序是按照一个字段进行排序；多条件排序是指排序的条件在两个或两个以上，也就是有多个字段参与到排序依据当中，第一个用到的排序字段称为主要关键字，其他的称为次要关键字，如果主要关键字相同，再按次要关键字排序。

注意：数据包含标题，是指数据清单的第一行（标题行）不参与排序。

10.4.2　数据筛选

数据筛选在整个数据处理流程中处于至关重要的地位。数据筛选的目的是提高之前收集存储的相关数据的可用性，更利于后期数据分析。

Excel中提供了两种数据的筛选操作，即自动筛选和高级筛选。

1. 自动筛选

自动筛选一般用于简单的条件筛选，筛选时将不满足条件的数据暂时隐藏起来，只显示符合条件的数据。还可以根据条件筛选出基本工资在某一范围内符合条件的记录，用“与”和“或”来约束区分条件。

2. 高级筛选

高级筛选一般用于条件较复杂的筛选操作，其筛选的结果可显示在原数据表格中，不符合条件的记录被隐藏起来；也可以在新的位置显示筛选结果，不符合条件的记录同时保留在数据表中而不会被隐藏起来，更加便于进行数据的比对。

10.4.3　分类汇总

Excel分类汇总功能可以自动对单元格的数据进行分类，并计算出总数值，可以更直观地观察数值变化。可以为每列显示多个汇总函数类型。分类汇总命令还会分级显示列表，以便显示和隐藏每个分类汇总的明细行。

分类汇总的数据区域要求，首先确保进行分类汇总计算的每个列的第一行都具有一个标签，每个列中都包含类似的数据，并且该区域不包含任何空白行或空白列；其次要按用作分组依据的数据列进行排序。

10.4.4 数据透视图

Excel 数据透视表能够快速汇总、分析、浏览和显示数据，对原始数据进行多维度展现。

数据透视表的主要作用在于提高 Excel 报告的生成效率，至于用途方面，它也几乎涵盖了 Excel 中大部分的用途，包括图表、排序、筛选、计算、函数等，而且它还提供了切片器、日程表等交互工具，可以实现数据透视表报告的人机交互功能。

数据透视表能够将筛选、排序和分类汇总等操作依次完成，并生成汇总表格，是 Excel 强大数据处理能力的具体体现。

数据透视表最大的特点就是它的交互性。创建一个数据透视表以后，可以任意地重新排列数据信息，并且还可以根据习惯将数据分组。

10.4.5 案例：学生竞赛数据分析

【实战场景】计算机技能竞赛采用 H5 页面进行报名，现导出报名数据（共 425 条记录，仅显示 37 条），如图 10-4-1 所示。请根据接下来的竞赛工作，对报名数据进行处理以便于进行以下数据查询。

	A	B	C
1	学号（9位）	比赛项目	提交时间
2	021940734	文字录入,Word应用,Excel应用	2020/11/8 21:52
3	021740924	文字录入	2020/11/8 21:52
4	041840114	Word应用	2020/11/8 21:53
5	041840127	文字录入	2020/11/8 21:55
6	041840127	文字录入	2020/11/8 21:55
7	021741124	Word应用,Excel应用	2020/11/8 21:57
8	021740922	文字录入,Word应用,Excel应用	2020/11/8 21:58
9	021740930	文字录入	2020/11/8 21:58
10	011740820	Word应用,Excel应用,PPT设计制作	2020/11/8 21:59
11	021740510	PPT设计制作,平面设计组	2020/11/8 21:59
12	021740923	文字录入	2020/11/8 22:01
13	041840224	文字录入	2020/11/8 22:01
14	171740324	Word应用,Excel应用,PPT设计制作	2020/11/8 22:05
15	021740924	文字录入,Word应用,Excel应用	2020/11/8 22:07
16	041940424	文字录入	2020/11/8 22:07
17	021740918	文字录入	2020/11/8 22:08
18	021740918	文字录入	2020/11/8 22:09
19	021740916	文字录入	2020/11/8 22:09
20	081840414	文字录入,Word应用	2020/11/8 22:09
21	041840113	Word应用	2020/11/8 22:11
22	011940302	Word应用	2020/11/8 22:11
23	161840225	文字录入	2020/11/8 22:11
24	161741103	文字录入	2020/11/8 22:13
25	041940924	文字录入	2020/11/8 22:21
26	241740124	文字录入,Word应用,Excel应用,PPT设计制作,平面设计组,短视频制作,图形程序设计	2020/11/8 22:22
27	081940729	Excel应用,PPT设计制作,短视频制作	2020/11/8 22:25
28	041940924	Word应用	2020/11/8 22:25
29	161840108	Word应用	2020/11/8 22:30
30	161840108	Word应用	2020/11/8 22:31
31	021840508	文字录入,Word应用,Excel应用,PPT设计制作,平面设计组,短视频制作,图形程序设计	2020/11/8 22:38
32	041940927	Word应用	2020/11/8 22:43
33	021740915	文字录入,Word应用	2020/11/8 23:25
34	091840702	文字录入,Word应用,Excel应用	2020/11/8 23:33
35	071840612	平面设计组	2020/11/8 23:39
36	021740917	文字录入	2020/11/8 23:55
37	081940319	文字录入,Word应用,Excel应用	2020/11/9 0:12

图 10-4-1 竞赛报名数据表

① 每项竞赛报名参赛学生信息。

② 各学院、各年级参加竞赛学生信息。

③ 参赛项目最多的前 20 位学生。

④ 学生报名高峰时间段分析。

“竞赛报名数据表”仅有三列信息，比赛项目在一列中不便于后期数据统计；“学号”的 1、2 位表示“学院”，3、4 位表示年级，可独立成列；“提交时间”可分成报名日期和报名时间，用于报名高峰时间段的分析。

第一步：筛选各竞赛项目数据。

① 选择任意数据单元格，单击“数据”选项卡中的“筛选”按钮，各标题右侧出现“筛选”下拉按钮，如图 10-4-2 所示。

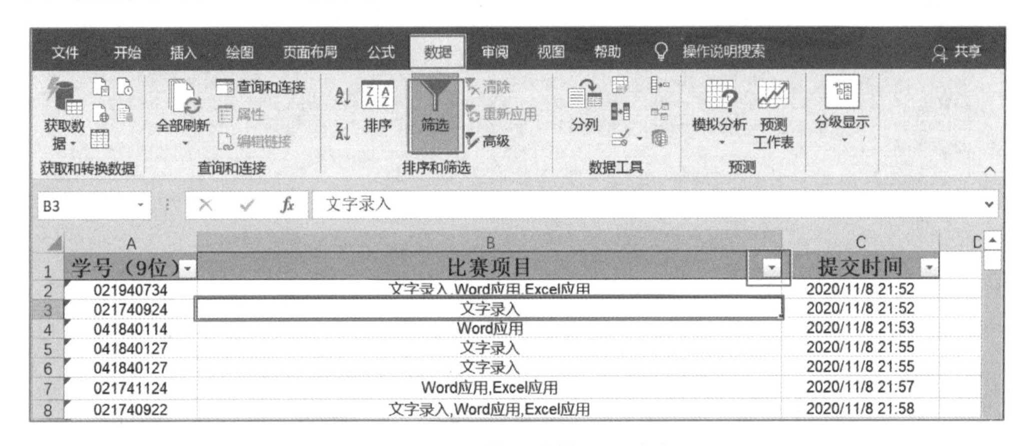

图 10-4-2　使用“筛选”命令

② 单击“比赛项目”右侧下拉按钮，选择“文本筛选”→“包含”命令，如图 10-4-3 所示。

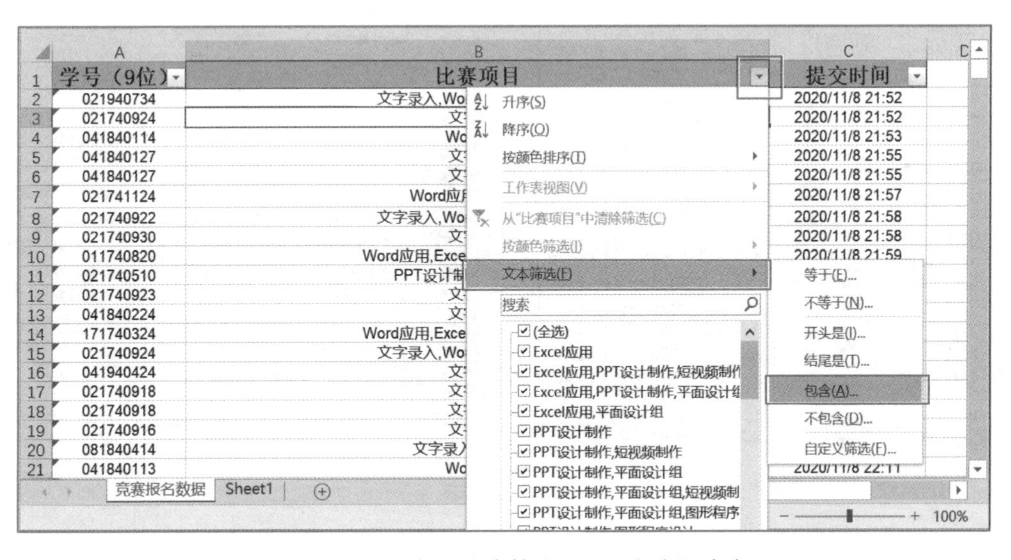

图 10-4-3　选择“文本筛选”→“包含”命令

③ 设置自定义自动筛选方式中“比赛项目”包含“文字录入”，确定后找到记录 200 条，如图 10-4-4 所示。

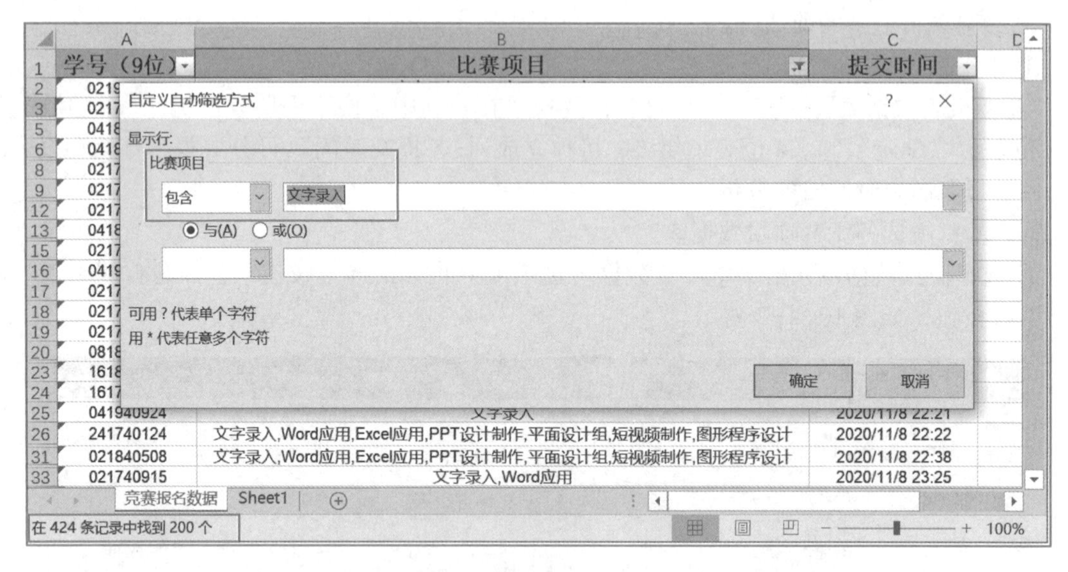

图 10-4-4 筛选条件设置

④ 新建工作表“参赛学生信息”，将筛选到的记录复制到“参赛学生信息”表，比赛项目为“文字录入”，如图 10-4-5 所示。

⑤ 分别筛选“Word 应用”（196 条）、“Excel 应用”（108 条）、“PPT 设计制作”（156 条）、“平面设计组”（116 条）、“短视频制作”（41 条），“图形程序设计”（34 条）项目的数据，并复制到“参赛学生信息”表，共得到记录 851 条，如图 10-4-6 所示。

	A	B	C
1	学号（9位）	比赛项目	提交时间
186	161840503	文字录入	2020/11/16 9:48
187	161840603	文字录入	2020/11/16 9:55
188	171740411	文字录入	2020/11/16 10:12
189	041840323	文字录入	2020/11/16 10:48
190	212040117	文字录入	2020/11/16 10:53
191	011940902	文字录入	2020/11/16 11:15
192	021940804	文字录入	2020/11/16 11:18
193	011940913	文字录入	2020/11/16 11:20
194	011940909	文字录入	2020/11/16 11:21
195	011940902	文字录入	2020/11/16 11:24
196	072040507	文字录入	2020/11/16 11:30
197	072040624	文字录入	2020/11/16 11:33
198	072040507	文字录入	2020/11/16 11:33
199	212040214	文字录入	2020/11/16 11:36
200	212040407	文字录入	2020/11/16 11:37
201	021740911	文字录入	2020/11/16 11:48
202			

竞赛报名数据 | 参赛学生信息

图 10-4-5 “文字录入”项目数据

	A	B	C
1	学号（9位）	比赛项目	提交时间
839	042040924	图形程序设计	2020/11/11 10:09
840	041740805	图形程序设计	2020/11/11 14:36
841	081840116	图形程序设计	2020/11/12 15:22
842	031840307	图形程序设计	2020/11/13 13:14
843	064950212	图形程序设计	2020/11/14 14:10
844	081840721	图形程序设计	2020/11/14 20:39
845	081840734	图形程序设计	2020/11/14 20:40
846	081840721	图形程序设计	2020/11/14 20:41
847	021840404	图形程序设计	2020/11/15 13:59
848	041840204	图形程序设计	2020/11/15 14:25
849	062050225	图形程序设计	2020/11/15 21:30
850	081940401	图形程序设计	2020/11/16 0:35
851	011740408	图形程序设计	2020/11/16 3:20
852	212040313	图形程序设计	2020/11/16 11:33
853			

竞赛报名数据 | 参赛学生信息

图 10-4-6 参赛学生信息表

第二步：清理多余数据。

删除“提交时间”列，用“删除重复记录”功能清理“学号”和“比赛项目”均相同的记录，保留 739 条记录，如图 10-4-7 所示。

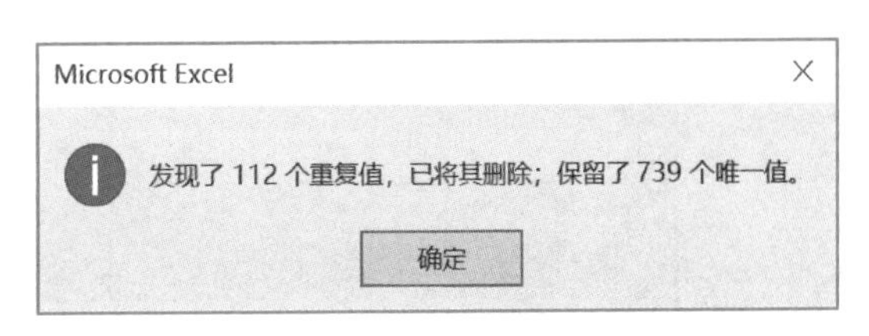

图 10-4-7　删除重复记录

第三步：增加“学院”和“年级”列。

① 在“学号”列右侧增加“学院”列，并将单元格设为“文本”，在 B2 单元格填入对应学号的第 1、2 位（如“02”），单击“快速填充”按钮，如图 10-4-8 所示。

② 在“学院”列右侧增加“年级”列，将单元格设为“文本”，在 C2 单元格填入对应学号的第 3、4 位（如“19”），单击“快速填充”按钮，如图 10-4-9 所示。

	A	B	C
1	学号	学院	比赛项目
2	02194073	02	文字录入
3	021740924	02	文字录入
4	041840127	04	文字录入
5	021740922	02	文字录入
6	021740930	02	文字录入
7	021740923	02	文字录入
8	041840224	04	文字录入
9	041940424	04	文字录入
10	021740918	02	文字录入
11	021740916	02	文字录入
12	081840414	08	文字录入
13	161840225	16	文字录入
14	161741103	16	文字录入
15	041940924	04	文字录入
16	241740124	24	文字录入
17	021840508	02	文字录入
18	021740915	02	文字录入
19	091840702	09	文字录入
20	021740917	02	文字录入
21	081940319	08	文字录入
22	081940317	08	文字录入
23	091740810	09	文字录入
24	041840101	04	文字录入
25	021940820	02	文字录入
26	091840209	09	文字录入
27	161840417	16	文字录入
28	321940107	32	文字录入
29	071940210	07	文字录入
30	212041204	21	文字录入
31	082040205	08	文字录入
32	041840326	04	文字录入
33	011940613	01	文字录入
34	312040232	31	文字录入
35	312040307	31	文字录入
36	312040227	31	文字录入
37	011740408	01	文字录入

竞赛报名数据　参赛学生信息

图 10-4-8　增加“学院”列信息

	A	B	C	D
1	学号	学院	年级	比赛项目
2	021940734	02	19	文字录入
3	021740924	02	17	文字录入
4	041840127	04	18	文字录入
5	021740922	02	17	文字录入
6	021740930	02	17	文字录入
7	021740923	02	17	文字录入
8	041840224	04	18	文字录入
9	041940424	04	19	文字录入
10	021740918	02	17	文字录入
11	021740916	02	17	文字录入
12	081840414	08	18	文字录入
13	161840225	16	18	文字录入
14	161741103	16	17	文字录入
15	041940924	04	19	文字录入
16	241740124	24	17	文字录入
17	021840508	02	18	文字录入
18	021740915	02	17	文字录入
19	091840702	09	18	文字录入
20	021740917	02	17	文字录入
21	081940319	08	19	文字录入
22	081940317	08	19	文字录入
23	091740810	09	17	文字录入
24	041840101	04	18	文字录入
25	021940820	02	19	文字录入
26	091840209	09	18	文字录入
27	161840417	16	18	文字录入
28	321940107	32	19	文字录入
29	071940210	07	19	文字录入
30	212041204	21	20	文字录入
31	082040205	08	20	文字录入
32	041840326	04	18	文字录入
33	011940613	01	19	文字录入
34	312040232	31	20	文字录入
35	312040307	31	20	文字录入
36	312040227	31	20	文字录入
37	011740408	01	17	文字录入

竞赛报名数据　参赛学生信息

图 10-4-9　增加“年级”列

第四步：汇总各项竞赛学生信息。

① 选择 D1 单元格，单击“升序”按钮，按“比赛项目”进行排序，如图 10-4-10 所示。

② 选择数据任意单元格，单击“分类汇总”按钮，打开“分类汇总”对话框。设置分类字段为“比赛项目”，“汇总方式”为“计数”，如图 10-4-11 所示。

文件	开始	插入	绘图	页面布局	公式	数据	审阅	视图	帮助	操作说

获取数据 从文本/CSV 自网站 来自表格/区域 最近使用的源 现有连接（获取和转换数据） 全部刷新 查询和连接 属性 编辑链接（查询和连接） 排序 筛选 清除 重新 高级（排序和筛选）

D1 比赛项目

	A	B	C	D
1	学号	学院	年级	比赛项目
2	021940734	02	19	Excel应用
3	021741124	02	17	Excel应用
4	021740922	02	17	Excel应用
5	011740820	01	17	Excel应用
6	171740324	17	17	Excel应用
7	021740924	02	17	Excel应用
8	241740124	24	17	Excel应用
9	081940729	08	19	Excel应用
10	021840508	02	18	Excel应用
11	091840702	09	18	Excel应用
12	081940319	08	19	Excel应用
13	021940115	02	19	Excel应用
14	021940135	02	19	Excel应用
15	081940317	08	19	Excel应用
16	061740710	06	17	Excel应用
17	041940928	04	19	Excel应用
18	081840414	08	18	Excel应用
19	021940820	02	19	Excel应用

图 10-4-10　按“比赛项目”排序

图 10-4-11　设置“分类汇总”

③ 分类汇总后数据如图 10-4-12 所示，单击左侧 1 2 3 和“+”按钮可查看数据。

	A	B	C	D
1	学号	学院	年级	比赛项目
522	091840735	09	18	平面设计组
523	171740309	17	17	平面设计组
524	321840123	32	18	平面设计组
525	081840510	08	18	平面设计组
526	121940711	12	19	平面设计组
527	121904705	12	19	平面设计组
528	121904721	12	19	平面设计组
529	021740935	02	17	平面设计组
530	052040418	05	20	平面设计组
531	081840103	08	18	平面设计组
532	081940401	08	19	平面设计组
533	011740408	01	17	平面设计组
534	122040730	12	20	平面设计组
535	212040412	21	20	平面设计组
536	212040307	21	20	平面设计组
537	212040301	21	20	平面设计组
538	212040117	21	20	平面设计组
539	072040624	07	20	平面设计组
540	212040313	21	20	平面设计组
541	212040214	21	20	平面设计组
542	212040407	21	20	平面设计组
543	021740911	02	17	平面设计组
544			平面设计组 计数	104
576			图形程序设计 计数	31
747			文字录入 计数	170
748			总计数	739
749				

图 10-4-12　查看“分类汇总”数据

第五步：用数据透视表统计竞赛学生情况。

① 选中任意数据单元格，单击“插入”选项卡“表格”组中的“数据透视表”按钮，如图 10-4-13 所示。

	A	B	C	D
1	学号	学院	年级	比赛项目
705	091840702	09	18	文字录入
706	091840735	09	18	文字录入
707	111840129	11	18	文字录入
708	111940115	11	19	文字录入
709	112040201	11	20	文字录入
710	112040204	11	20	文字录入
711	121940119	12	19	文字录入
712	121940120	12	19	文字录入
713	121940124	12	19	文字录入
714	121940809	12	19	文字录入
715	161740609	16	17	文字录入
716	161741103	16	17	文字录入
717	161840225	16	18	文字录入
718	161840417	16	18	文字录入
719	161840503	16	18	文字录入
720	161840603	16	18	文字录入
721	161840820	16	18	文字录入
722	171740309	17	17	文字录入
723	171740323	17	17	文字录入
724	171740411	17	17	文字录入
725	212040117	21	20	文字录入
726	212040214	21	20	文字录入
727	212040317	21	20	文字录入

图 10-4-13　创建“数据透视表”

② 设置“数据透视表字段”，将“比赛项目”字段拖曳至“筛选”区域，列为“年级”，行为“学院”，值为“学号”计数，如图 10-4-14 所示。

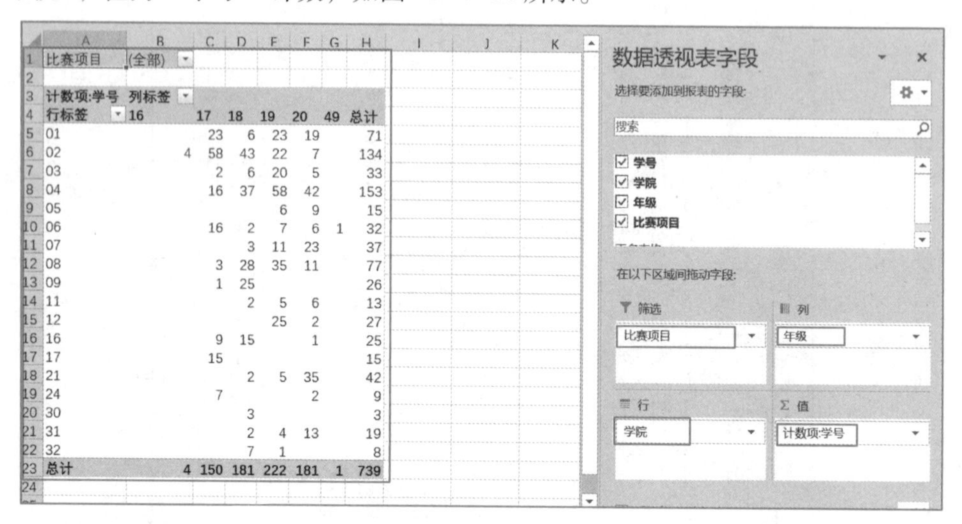

比赛项目	(全部)						
计数项:学号	列标签						
行标签	16	17	18	19	20	49	总计
01		23	6	23	19		71
02	4	58	43	22	7		134
03		2	6	20	5		33
04		16	37	58	42		153
05				6	9		15
06		16	2	7	6	1	32
07			3	11	23		37
08		3	28	35	11		77
09		1	25				26
11			2	5	6		13
12				25	2		27
16		9	15		1		25
17		15					15
21			2	5	35		42
24		7			2		9
30			3				3
31			2	4	13		19
32			7	1			8
总计	4	150	181	222	181	1	739

图 10-4-14 设置“数据透视表字段”

③ 选中 A4:G22 区域，给单元格加边框。通过比赛项目的选择，显示不同竞赛项目、各学院、各年级学生的参赛情况，如图 10-4-15 所示。

第六步：统计参赛项目最多的前 20 位学生。

① 用数据透视表统计每位学生参赛项目数，行为“学号”，值为“比赛项目”计数，如图 10-4-16 所示。

比赛项目	文字录入					
计数项:学号	列标签					
行标签	16	17	18	19	20	总计
01		4	1	7	7	19
02	1	25	7	4	5	42
03		1	1	2	1	5
04		2	12	12	6	32
05				1	1	2
06		2		1	1	4
07			1	5	4	10
08		1	6	4	4	15
09		1	6			7
11			1	1	2	4
12				4		4
16		2	5			7
17		3				3
21					5	5
24		1			1	2
31			2	1	4	7
32			1	1		2
总计	1	42	43	43	41	170

图 10-4-15 数据透视表

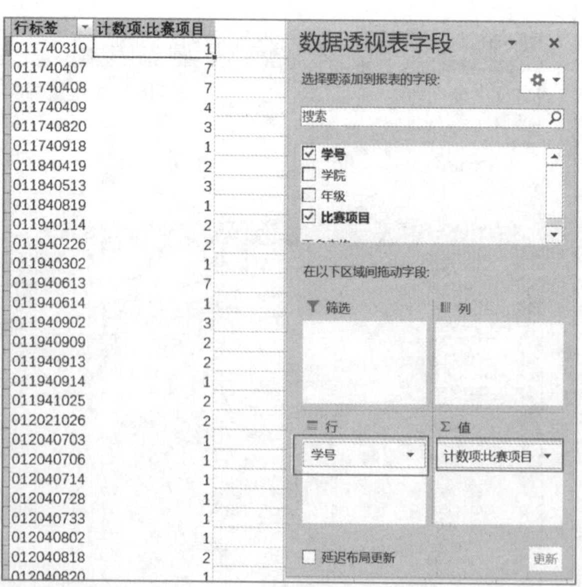

行标签	计数项:比赛项目
011740310	1
011740407	7
011740408	7
011740409	4
011740820	3
011740918	1
011840419	2
011840513	3
011840819	1
011940114	2
011940226	2
011940302	1
011940613	7
011940614	1
011940902	3
011940909	2
011940913	2
011940914	1
011941025	2
012021026	2
012040703	1
012040706	1
012040714	1
012040728	1
012040733	1
012040802	1
012040818	2

图 10-4-16 学生参赛项目数

② 按降序对参加项目数进行排序，即可得到前 20 名学生，如图 10-4-17 所示。

第七步：分析学生报名高峰时间段。

① 在原数据表“竞赛报名数据”中，将“提交时间”字段以“空格”为分隔符号进行分列。一列“报名日期”为日期型，另一列“报名时间段”为文本型，如图 10-4-18 所示。

学号	项目数
081940401	7
041840716	7
021840508	7
011740407	7
241740124	7
011740408	7
212041204	7
011940613	7
041940623	7
041740808	6
061740710	6
072040624	5
091840735	5
081948501	5
031941117	5
171740309	5
041840927	5
021740924	5
041940612	5
082040418	5
021740911	5
041940920	5
161740101	5

图 10-4-17 参赛项目总数前 20 名

	A	B	C	D
1	学号（9位）	比赛项目	报名日期	报名时间段
2	021940734	文字录入,Word应用,Excel应用	2020/11/8	21:52:00
3	021740924	文字录入	2020/11/8	21:52:09
4	041840114	Word应用	2020/11/8	21:53:28
5	041840127	文字录入	2020/11/8	21:55:12
6	041840127	文字录入	2020/11/8	21:55:54
7	021741124	Word应用,Excel应用	2020/11/8	21:57:03
8	021740922	文字录入,Word应用,Excel应用	2020/11/8	21:58:32
9	021740930	文字录入	2020/11/8	21:58:45
10	011740820	Word应用,Excel应用,PPT设计制作	2020/11/8	21:59:15
11	021740510	PPT设计制作,平面设计组	2020/11/8	21:59:45
12	021740923	文字录入	2020/11/8	22:01:15
13	041840224	文字录入	2020/11/8	22:01:49
14	171740324	Word应用,Excel应用,PPT设计制作	2020/11/8	22:05:38
15	021740924	文字录入,Word应用,Excel应用	2020/11/8	22:07:03
16	041940424	文字录入	2020/11/8	22:07:08
17	021740918	文字录入	2020/11/8	22:08:24
18	021740918	文字录入	2020/11/8	22:09:04
19	021740916	文字录入	2020/11/8	22:09:07
20	081840414	文字录入,Word应用	2020/11/8	22:09:26
21	041840113	Word应用	2020/11/8	22:11:00
22	011940302	Word应用	2020/11/8	22:11:24

图 10-4-18 对“提交时间”分列

② 对“报名时间段”以“:”为分隔符号再次进行分列，如图 10-4-19 所示。

③ 用数据透视表进行分析，统计不同日期的报名人数和不同时间段的报名人数，如图 10-4-20 所示。

报名日期	报名时间段	分	秒
2020/11/8	21	52	00
2020/11/8	21	52	09
2020/11/8	21	53	28
2020/11/8	21	55	12
2020/11/8	21	55	54
2020/11/8	21	57	03
2020/11/8	21	58	32
2020/11/8	21	58	45
2020/11/8	21	59	15
2020/11/8	21	59	45
2020/11/8	22	01	15
2020/11/8	22	01	49
2020/11/8	22	05	38
2020/11/8	22	07	03
2020/11/8	22	07	08
2020/11/8	22	08	24
2020/11/8	22	09	04
2020/11/8	22	09	07
2020/11/8	22	09	26
2020/11/8	22	11	00
2020/11/8	22	11	24
2020/11/8	22	11	46
2020/11/8	22	13	22
2020/11/8	22	21	42
2020/11/8	22	22	47
2020/11/8	22	25	06
2020/11/8	22	25	42
2020/11/8	22	30	55
2020/11/8	22	31	56
2020/11/8	22	38	05
2020/11/8	22	43	51
2020/11/8	23	25	35
2020/11/8	23	33	18
2020/11/8	23	39	30

图 10-4-19 对“报名时间段”分列

日期	报名人数
2020/11/8	35
2020/11/9	72
2020/11/10	75
2020/11/11	46
2020/11/12	41
2020/11/13	16
2020/11/14	37
2020/11/15	67
2020/11/16	35
总计	424

时间段	报名人数
00	15
03	1
06	3
07	6
08	27
09	19
10	26
11	26
12	21
13	17
14	13
15	25
16	16
17	35
18	23
19	14
20	18
21	38
22	50
23	31
总计	424

图 10-4-20 各时间段报名人数统计

④ 分别根据各日期报名人数和各时间段报名人数生成图表，学生报名高峰时间段便可清晰呈现，如图 10-4-21 所示。

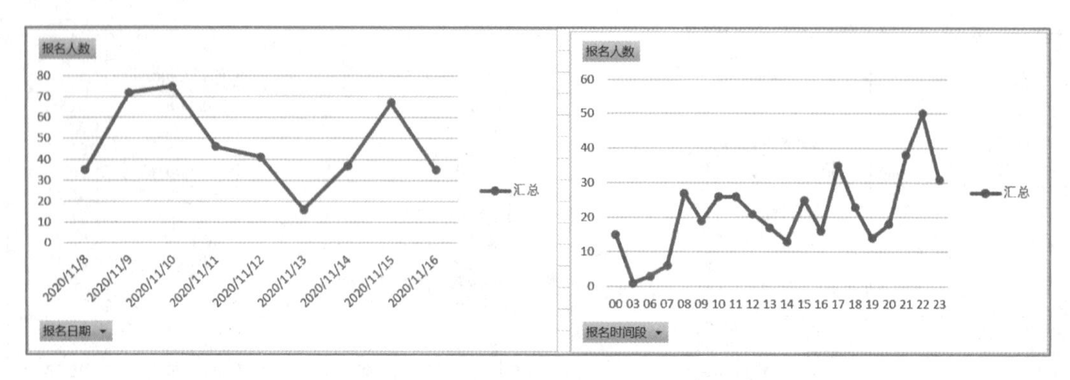

图 10-4-21 “报名高峰时间段”图表

【思考与练习】

1. 从“学号”提取“学院”和“年级”数据可用“快速填充”，还可以用什么方法实现？并分析其各自优缺点。

2. 通过应用，请分别阐述“分类汇总”和“数据透视表”的特点。

10.5 一图抵千言

10.5.1 关于图表

1. 图表的意义

数据图表泛指在屏幕中显示的，可直观展示统计信息属性（时间性、数量性等），对知识挖掘和信息直观生动感受起关键作用的图形结构，是一种很好的将对象属性数据直观、形象地“可视化”的手段。

合理的数据图表，会更直观地反映数据间的关系，比用数据和文字描述更清晰、更易懂。将工作表中的数据转换成图表呈现，可以更好地了解数据间的比例关系及变化趋势，对研究对象做出合理的推断和预测。

2. 图表的制作原则

图表的制作原则主要是规范、简洁、美观和专业。

规范：图表要素（图表的单位、字体、坐标、图例等）的满足是做好图表的一个基础条件，能让读者更加容易理解图表所要表达的意思。

简洁：图表的关键在于简洁明了地表达数据信息。如果图表的信息过于繁杂，会使读者难以理解图表所要表达的主要信息。

美观：良好的审美能力是做好图表的一个重要条件，审美是指图表要简单且具有美感。图表的配色、构图和比例等对于图表的审美尤为重要。

专业：图表类型的选择是做好图表的关键条件。专业就是指图表要能准确而且全面地反映数据的相关信息。要想让图表表达更加清晰和专业，图表类型的选择尤为重要。

3. 为什么是 Excel

在数据可视化领域有许多优秀的图表工具，包括 Excel、MATLAB、Python、Mathematica、R、Tableau、D3. js 等。

MATLAB 提供了一系列的绘图函数，用户不需要过多地考虑绘图的细节，只需要给出一些基本参数就能得到所需图形，这类函数称为高层绘图函数。此外，MATLAB 还提供了直接对图形句柄进行操作的低层绘图操作。这类操作将图形的每个图形元素（如坐标轴、曲线、文字等）看作一个独立的对象，系统给每个对象分配一个句柄，可以通过句柄对该图形元素进行操作，而不影响其他部分。

Python 的绘图模块 Matplotlib 适用于从 2D 到 3D，从标量到矢量的各种绘图，能够保存成 EPS、PD、SVG、PNG、IPG 等多种格式。并且 Matplotlib 的绘图函数基本与 MATLAB 的绘图函数名字差不多，迁移的学习成本比较低，而且开源免费。

Mathematica 默认出图漂亮，自定义性能好，支持常见各种类型的图表，能导出丰富的格式，动态交互和制作动画功能也很强大。Mathematica 的语法和数学上的习惯更接近，函数或方程作图只需输入表达式和范围即可，MATLAB 和 Python 中一般需要先手动离散化。

R 的 ggplot2 包画图风格相当文艺小清新，极为擅长于数据可视化。没有 Python 或者 MATLAB 全面，画不出电路图，不支持三维立体图像。ggplot2 引入了图层的概念，可以将各种基本的图叠加起来显示在一张图上，构造出各种各样新奇的图片。

Tableau 是桌面系统中最简单的商业智能工具软件之一，Tableau 没有强迫用户编写自定义代码，新的控制台也可完全自定义配置。这是一款功能非常好用、效果非常美观的图表绘制软件。但这是一款商业软件，需要付费才能使用，主要应用于商业数据的分析与图表制作。

D3. js 是最流行的可视化库之一。D3. js 通过使用 HTML、SVG 和 CSS，给数据带来活力，Web 标准提供现代浏览器的全部功能。D3. js 是一款专业级的数据可视化操作编程库，基于数据操作文档 JavaScript 库，需要编程才能实现，而且编程比 MATLAB、R 和 Python 更麻烦。

不管这几款软件的绘图效果到底如何，其共有的特点就是它们都需要编程才能实现画图功能。Excel 软件可以完美呈现这些图表的效果，但又不需要编程基础，只要会使用 Excel 就足以解决一维和二维数据的可视化需求。

10.5.2 图表的基本元素

Excel 图表提供了众多的图表元素，也就是图表中可以调整设置的最小部件，为作图提供了相当的灵活性，如图 10-5-1 所示。

①为图表标题：图表标题是说明性的文本，可以自动与坐标轴对齐或在图表顶部居中。

②为图表区：整个图表对象所在的区域，就像一个容器，承载了所有的图表元素及添加到它里边的其他对象。

③为网格线：包括主要和次要的水平、垂直网格线 4 种类型。

④为绘图区：在二维图表中，是指通过轴来界定的区域，包括所有数据系列。在三维图表中，同样是通过轴来界定区域，包括所有数据系列、分类名、刻度线标志和坐标轴标题。

数据系列：在图表中绘制的相关数据点，这些数据源自数据表的行或列。图表中的每个数据系列具有唯一的颜色或图案并且在图表的图例中表示。可以在图表中绘制一个或多个数据系列。

⑤、⑧为轴标题：对于含有横轴、纵轴的统计图，两轴有相应的轴标，同时注明单位。

数据标签：为数据标记⑥提供附加信息的标签，数据标签代表源于数据表单元格的单个数据点或值。

⑦为坐标轴：界定图表绘图区的线条，用作度量的参照框架。Y 轴通常为垂直坐标轴并包含数据。X 轴通常为水平轴并包含分类。数据沿着横坐标轴和纵坐标轴绘制在图表中。

⑨为图例：图例是一个矩形框，用于标识图表中的数据系列或分类指定的图案或颜色。

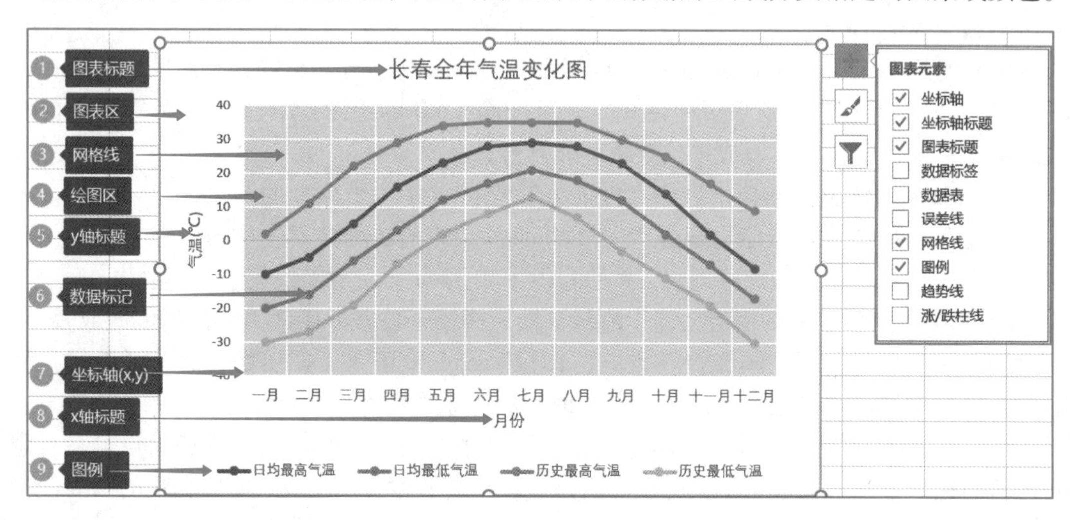

图 10-5-1　图表的基本元素

10. 5. 3　图表的基本类型与选择

Excel 基本可以实现一维和二维图表的绘制，比较常用的图表类型包括柱形图、散点图、饼形图、面积图，Excel 中的股价图、曲面图及大部分的三维图形表都很少使用。

1. 柱形图系列图表

柱形图是使用柱形高度表示第二个变量数值的图表，主要用于数值大小比较和时间序列数据的推移。X 轴为第一个变量的文本格式，Y 轴为第二个变量的数值格式。柱形图系列还包括可以反映累加效果的堆积柱形图，反映比例的百分比堆积柱形图，反映多数据系列的三维柱形图等，如图 10-5-2 所示。

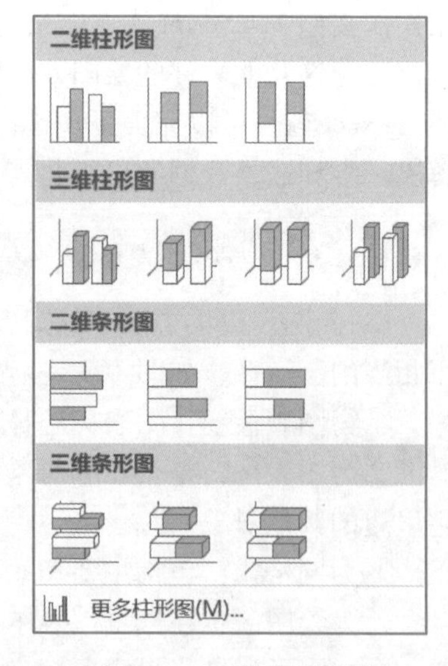

图 10-5-2　柱形图系列

条形图其实是柱形图的旋转图表，主要用于数值大小与比例的比较。对于第一个变量的文本名称较长时，通常会采用条形图。但是时序数据一般不会采用条形图。

Excel 2019 还添加了直方图、排列图、瀑布图、漏斗图等。瀑布图和漏斗图都是使用柱形或条形表示数据，所以也归类于柱形图表系列。

2. 散点图系列图表

散点图也被称为“相关图”，是一种将两个变量分布在纵轴和横轴上，在它们的交叉位置绘制出点的图表，主要用于表示两个变量的相关关系，如图 10-5-3 所示。散点图的 *X* 轴和 *Y* 轴是两个变量数值大小分别对应的数值轴。通过曲线或折线两种类型将散点数据连接起来，可以表示 *X* 轴变量随 *Y* 轴变量数值的变化趋势。

气泡图是散点图的变换类型，是一种通过改变各个数据标记大小，来表现第三个变量数值变化的图表。由于视觉难以分辨数据标记大小的差异，一般会在数据标记上添加第三个变量的数值作为数据标签。

3. 饼形图系列图表

饼形图是一种用于表示各个项目比例的基础性图表，主要用于展示数据系列的组成结构或部分在整体中的比例。平时常用的饼形图包括二维和三维饼形图、圆环图，如图 10-5-4 所示。

饼图只适用于一组数据系列，圆环图可以适用于多组数据系列的比重关系绘制。

4. 面积图系列图表

面积图是将折线图中折线数据系列下方部分填充颜色的图表，主要用于表示时序数据的大小与推移变化，还包括可以反映累加效果的堆积面积图，反映比例的百分比堆积图，反映多数据系列的三维面积图等，如图 10-5-5 所示。

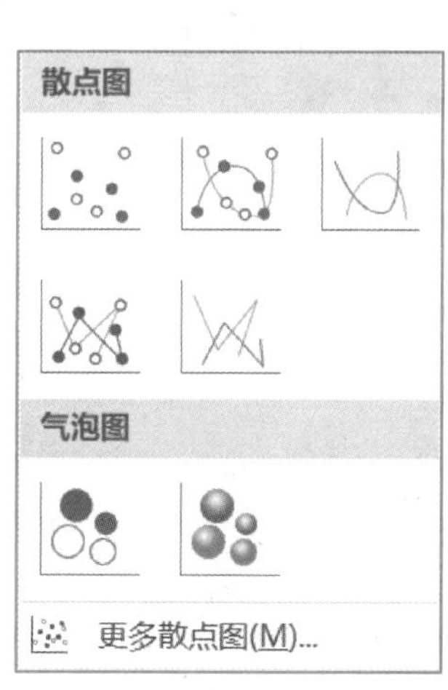

图 10-5-3　散点图系列

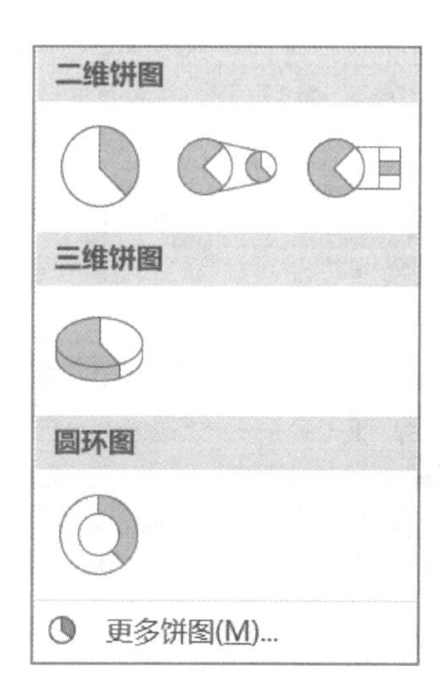

图 10-5-4　饼形图系列

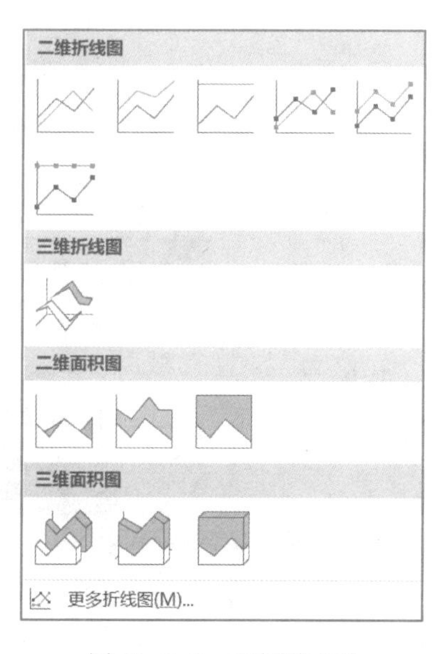

图 10-5-5　面积图系列

折线图可以看成是面积图的面积填充部分设定为“无”的图表，主要表达时序数据的推移变化。两者的 *X* 轴都为第一个变量的文本格式，*Y* 轴为第二个变量的数据格式。对于多数据系列的数据一般采用折线图表示，因为多系列面积图存在遮掩的缺陷。

10.5.4 案例：人口金字塔图表

【实战场景】联合国认为，如果一个国家60岁以上的老年人口达到总人口数的10%或者65岁以上老年人口占人口总数的7%以上，那么这个国家就已经属于人口老龄化国家。人口老龄化是人口年龄结构变化所产生的，而人口年龄结构的变化取决于出生、死亡和迁移三个因素。决定人口老龄化最主要的因素是生育率下降。中国的人口老龄化也不例外，它也是在社会经济发展、科技进步和生育率下降的情况下出现的。

根据各年龄段人口数据分布制作人口金字塔，如图10-5-6所示。

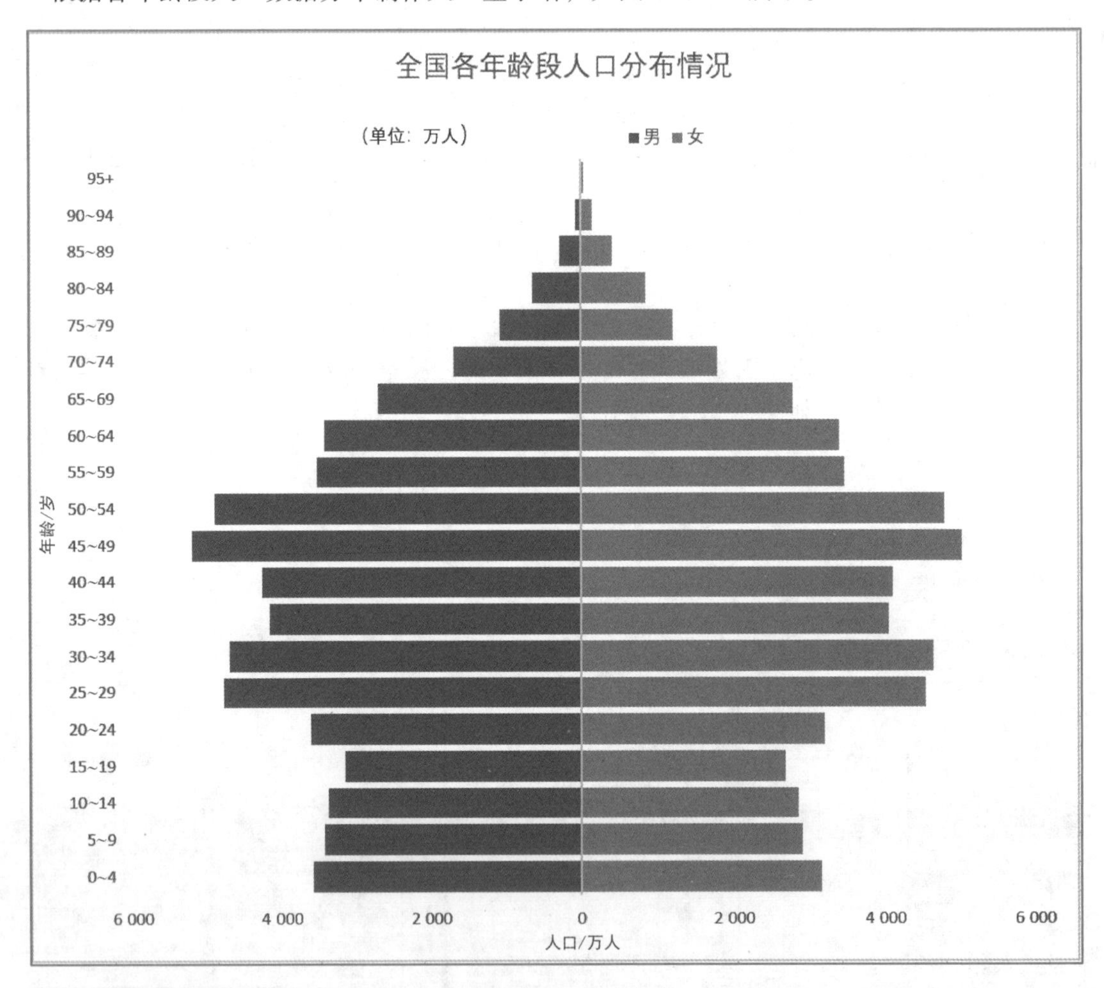

图10-5-6 人口金字塔

人口金字塔是用类似古埃及金字塔的图形来形象描绘人口年龄和性别分布状况的图形。其中，按照横条幅自上而下的各条柱分别代表各个年龄组，每条柱从中间向左代表男性人口，向右则代表女性人口。

第一步：准备数据。

准备人口各年龄段不同性别的人数，并把需要显示在塔形左侧的数据改为负数，如

图 10-5-7 所示。

	A	B	C	D	E	F	G
1	年龄	男	女		年龄	男	女
2	0--4	3589	3151		0--4	-3589	3151
3	5--9	3428	2904		5--9	-3428	2904
4	10--14	3378	2847		10--14	-3378	2847
5	15--19	3155	2671		15--19	-3155	2671
6	20--24	3608	3196		20--24	-3608	3196
7	25--29	4771	4527		25--29	-4771	4527
8	30--34	4684	4636		30--34	-4684	4636
9	35--39	4152	4037		35--39	-4152	4037
10	40--44	4256	4102		40--44	-4256	4102
11	45--49	5211	5028		45--49	-5211	5028
12	50--54	4894	4791		50--54	-4894	4791
13	55--59	3521	3464		55--59	-3521	3464
14	60--64	3409	3392		60--64	-3409	3392
15	65--69	2697	2782		65--69	-2697	2782
16	70--74	1690	1790		70--74	-1690	1790
17	75--79	1074	1205		75--79	-1074	1205
18	80--84	646	839		80--84	-646	839
19	85--89	287	403		85--89	-287	403
20	90--94	66	136		90--94	-66	136
21	95+	13	33		95+	-13	33
22	原始数据				处理后的数据，F列为负数，		
23					以便于显示在塔形的左侧		
24							

图 10-5-7　各年龄段人口数据

第二步：生成默认条形图。

选中处理后的数据 E1:G21，插入二维堆积条形图，如图 10-5-8 所示。

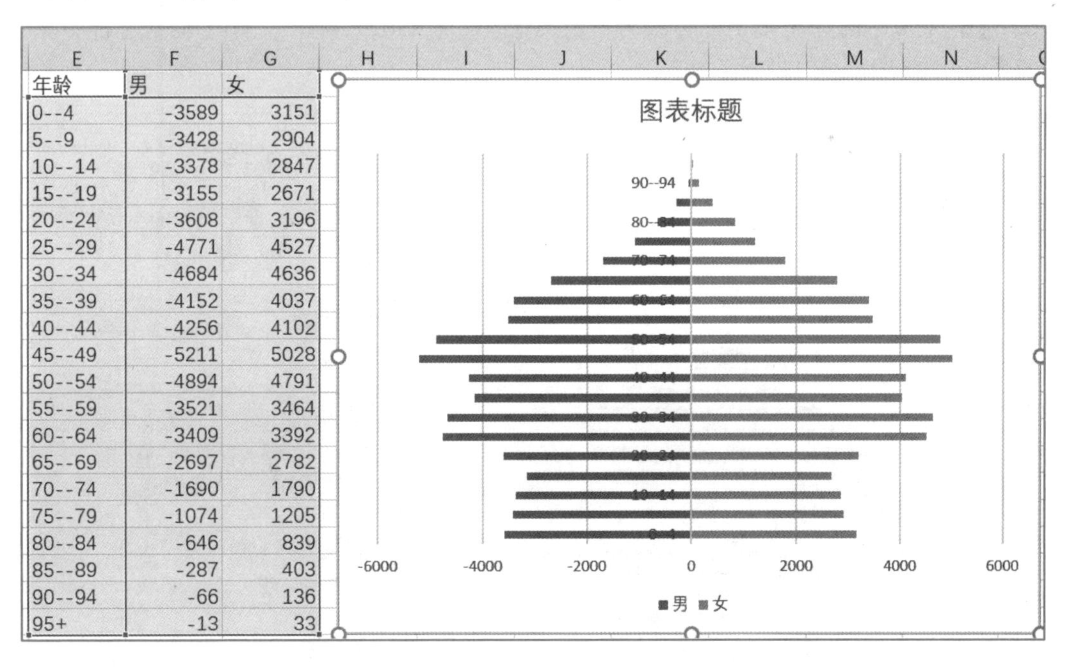

E	F	G
年龄	男	女
0--4	-3589	3151
5--9	-3428	2904
10--14	-3378	2847
15--19	-3155	2671
20--24	-3608	3196
25--29	-4771	4527
30--34	-4684	4636
35--39	-4152	4037
40--44	-4256	4102
45--49	-5211	5028
50--54	-4894	4791
55--59	-3521	3464
60--64	-3409	3392
65--69	-2697	2782
70--74	-1690	1790
75--79	-1074	1205
80--84	-646	839
85--89	-287	403
90--94	-66	136
95+	-13	33

图 10-5-8　默认堆积条形图

第三步：设置坐标轴。

① 选中 Y 轴，右击，选择“设置坐标轴格式”命令。设置标签位置为“低”，调整 Y 轴

坐标标签的位置，如图 10-5-9 所示。

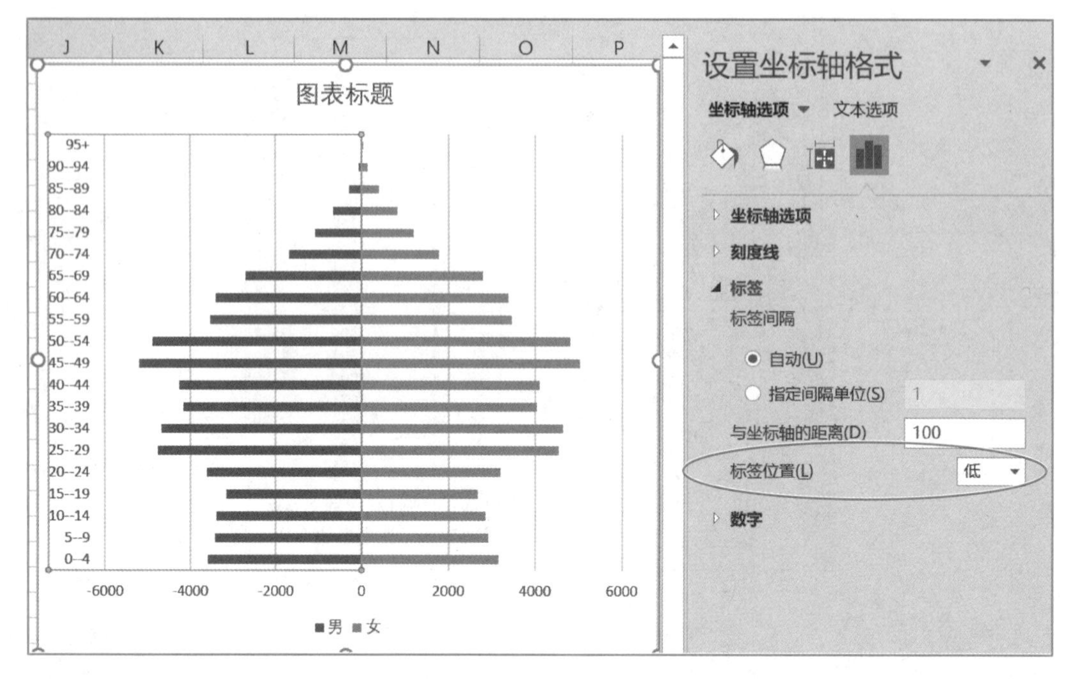

图 10-5-9　调整 Y 坐标轴

② 选中 X 轴，设置 X 轴坐标标签为自定义格式“#,##0;#,##0”，将 X 轴坐标标签全部显示正整数，如图 10-5-10 所示。

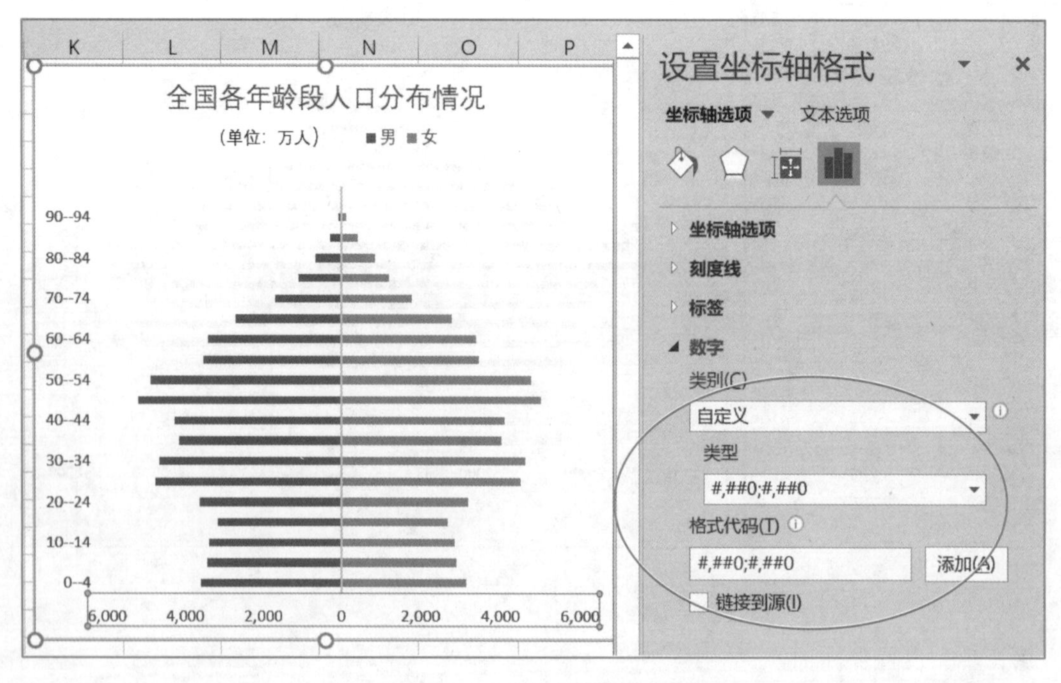

图 10-5-10　调整 X 轴数字

第四步：设置其他元素。

① 选定网格线，按 Delete 键将其删除，如图 10-5-11 所示。

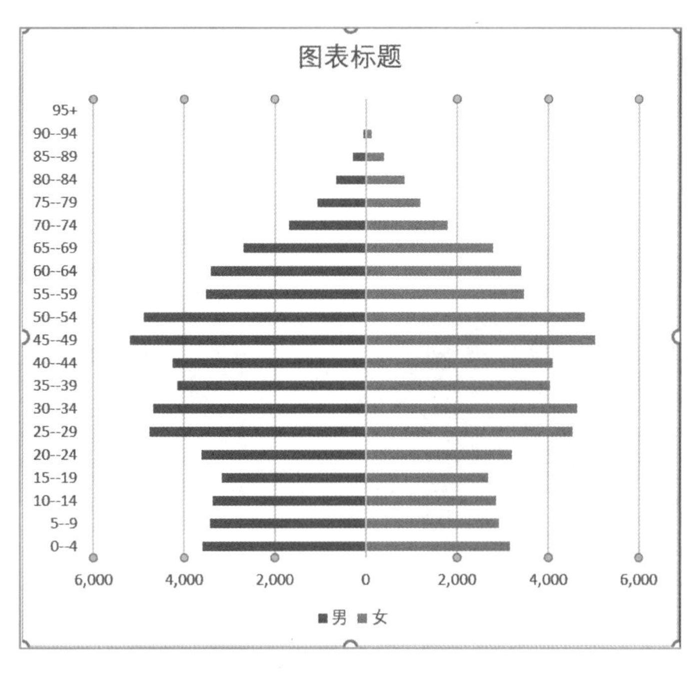

图 10-5-11　删除网格线

② 选中图例，右击，在弹出的快捷菜单中选择“靠上”，调整至适当位置，并设置标题文字，如图 10-5-12 所示。

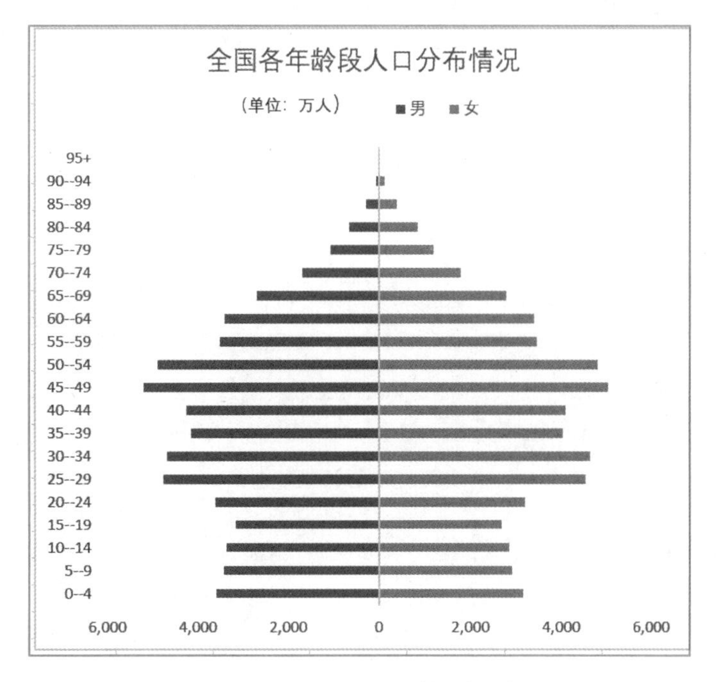

图 10-5-12　设置图例和标题

③ 选中数据系列，右击，通过快捷菜单设置数据系列格式的间隙宽度为20%，如图10-5-13所示。

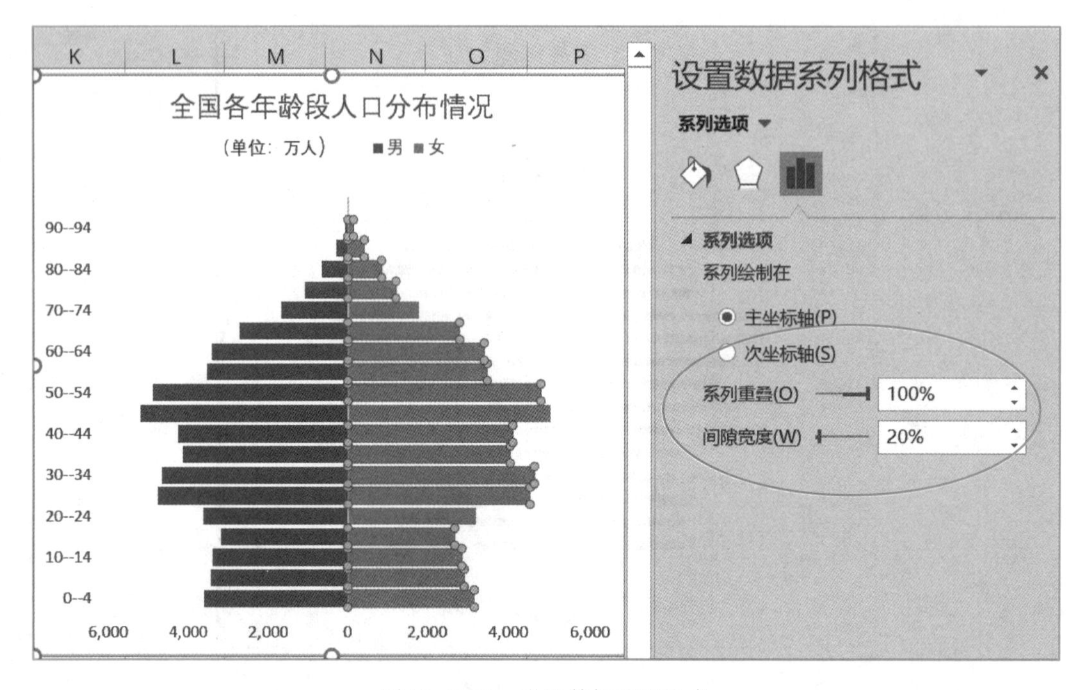

图10-5-13 设置数据系列格式

【思考与练习】

1. 统计各区域2020年高考人数，思考适合用哪种类型图表进行数据可视化，为什么？
2. 统计食堂用餐人数，思考适合用哪种类型图表进行数据可视化，为什么？

第 11 章 办公美学 PowerPoint

PowerPoint 的全称为 Microsoft Office PowerPoint，是微软公司开发的一种办公软件，专门用于进行文稿演示，也叫演示文稿，简称“PPT”。

这种办公软件能把静态的文档或其他类型的文件制作成动态文件（幻灯片）浏览，通过文字、图片、动画、视频和音频播放等方式，把复杂的问题变得通俗易懂，并使之更加简洁、生动，同时给人留下深刻印象。在 PPT 中，每一个页面都叫作一张“幻灯片”。

在计算机上制作完成的 PPT，一般会形成“. ppt”或“. pptx”文件，可以通过投影仪、计算机、手机、互联网电视播放，用于展示自我、展示知识、展示工作内容等。

一套完整的演示文稿文件一般包含片头动画、PPT 封面、前言、目录、过渡页、图表页、图片页、文字页、封底、片尾动画等。

制作演示文稿时，首先需要新建一个 PPT 文件，并不断插入正确版式的幻灯片。然后，在幻灯片中输入相应的文字，插入图片，制作动画，设置文字及图片的格式，设置幻灯片的格式和播放方式，等等。

本章将会循序渐进地学习 PPT 的编辑、设计、排版、美化，最终得到一个思路清晰、设计美观、可读性强的演示文稿。

11.1 数据可视按逻辑

在 PPT 的制作中，“逻辑清晰”有多重要？

如果一个衣着邋遢、面目不清、讲话时又不断停顿、重复、卡壳的人来做自我介绍，听众可能会一点兴趣都没有。同理，一篇好的 PPT，它首先应该具有清晰的逻辑思路，整理好要展示的文字和图片后，找出主题，理出主干，再对细枝末节的具体内容进行修剪、改造。

接下来，介绍怎样按逻辑安排每一页幻灯片的内容，并编辑适合的可视化元素，包括文字、图片、图形、表格等，组成 PPT。

11.1.1 理论基础：清晰完整的 PPT

1. PPT 中的“逻辑”是什么

什么是“逻辑”？这个问题看上去很抽象，但是 PPT 最基本的制作要求，就是“逻辑清晰”。在 PPT 制作中，最初的内容要“按逻辑”组织。就是说，要展示的知识、信息，需要通过逻辑思维进行整理、归纳，拎出“主干”，让读者和听众通过 PPT 把握本质规律。

例如，公司新人要进行自我介绍，胡乱说一堆只会引起听众的反感。先介绍基本情况，再突出个人特点介绍细节内容，这样的逻辑就易于接受。

主干定下来了，再添加一些给人好感的因素，例如，用详细数字进行补充说明，会让你的自我介绍更有说服力，内容更为丰富。

2. 新建幻灯片

有了逻辑，下面就可以新建幻灯片了。鼠标左击“幻灯片”子窗口的“开始”位置，再单击“开始”选项卡中“新建幻灯片”旁边的小三角▼，出现各种幻灯片版式的选项，有“标题幻灯片”“标题和内容”“节标题”“两栏内容”等，根据自己所要制作的幻灯片内容选择对应的版式。

例如，要制作一张标题幻灯片，就需要采用“标题幻灯片”版式，此时，左击“单击此处添加标题”标签，输入“办公自动化软件的使用”，然后，选中这些文字，在上方的“字体”组中设定：黑体，54 号，加粗，蓝色。接下来，再次单击“单击此处添加副标题”标签，添加文本“演讲人：李阳”，并选中这些文字，再设置“字体”组：宋体，24 号，黑色。至此，标题幻灯片制作完成，如图 11-1-1 所示。

3. 插入内容

演示文稿第一页往往会使用“标题幻灯片”版式制作，而第二页及以后则会选取其他版式：“标题和内容”“节标题”“两栏内容”等来新建幻灯片。接下来可以继续添加，单击“开始”选项卡中“新建幻灯片”按钮旁边的小三角，弹出下一级菜单，单击“标题和内容”选项，即可输入标题和文字。目前，在本 PPT 文件中共添加 5 页幻灯片。再练习拖曳：使用鼠标左键在左侧的子窗口内拖曳，将第 5 页幻灯片拖曳至第 4 页之前。图 11-1-2 就是拖曳时的效果。

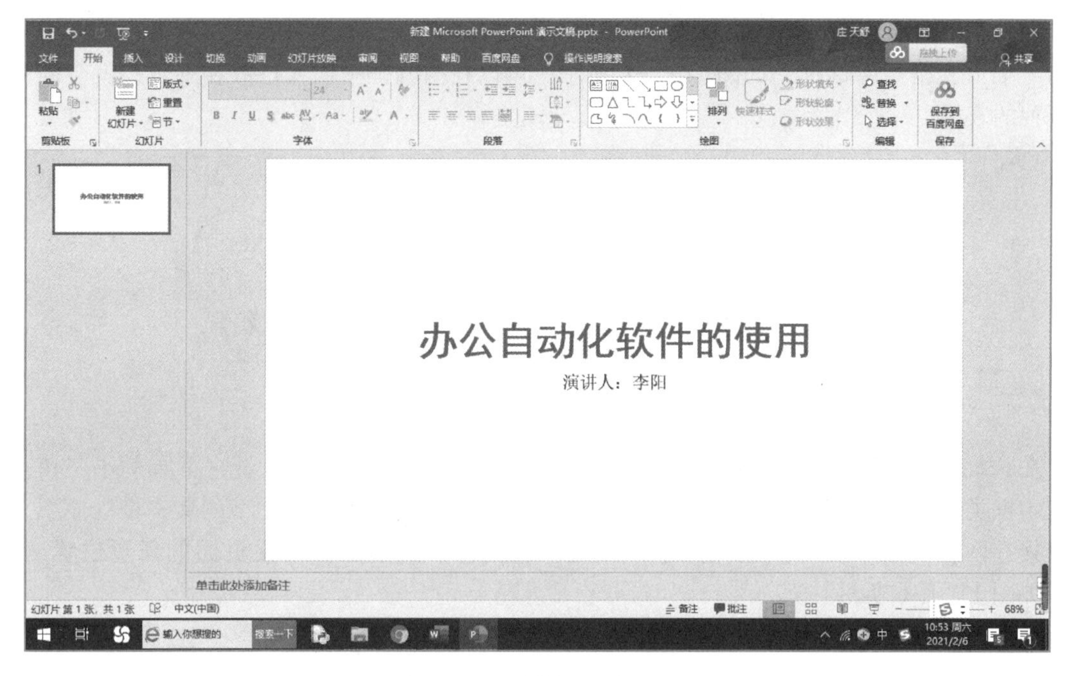

图 11-1-1　制作标题幻灯片

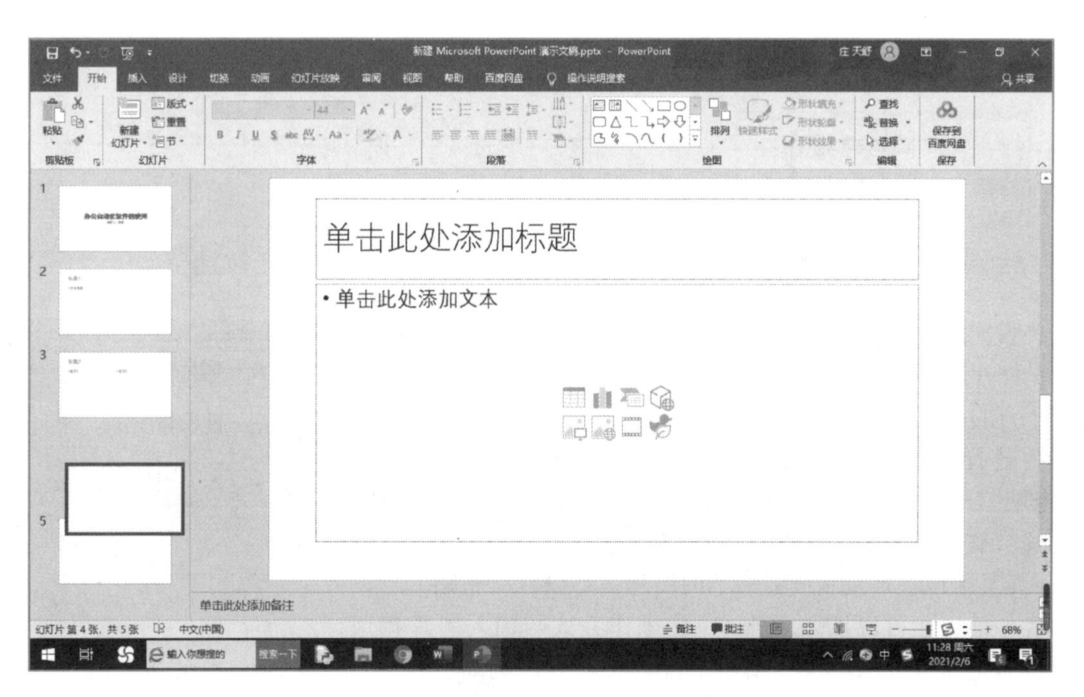

图 11-1-2　新建幻灯片并拖曳

在内容框里有几个按钮，如图 11-1-3 所示，左上第一个就代表表格，单击这个图标，就弹出“插入表格”对话框，如图 11-1-4 所示，可以在内容框中输入行数和列数，就会插入指定行列的表格。

图 11-1-3 内容框按钮

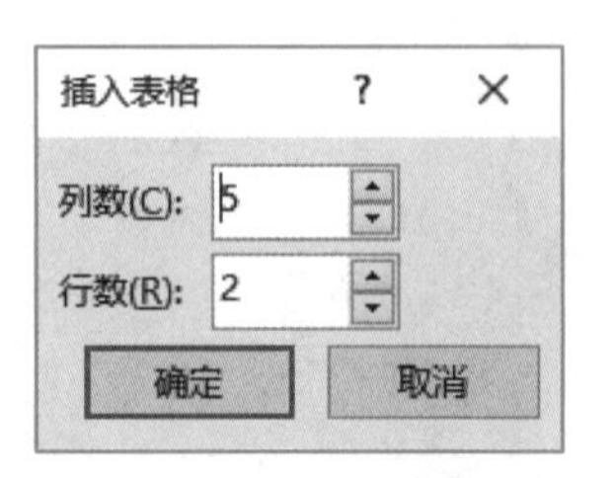

图 11-1-4 “插入表格”对话框

在“插入”选项卡的“文本”组中，有一个“文本框”按钮，单击它下方的小三角，弹出文本框类型菜单，如图 11-1-5 所示，此时可以根据需要插入不同类型的文本框。注意，其实直接在内容框输入就可以编辑文字，但是，这里的“文本框”可在页面的任意位置插入，效果如图 11-1-6 所示。

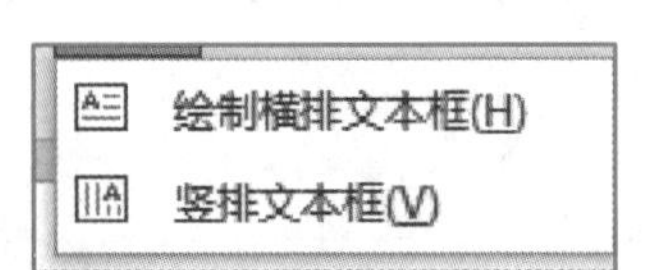

图 11-1-5 文本框类型菜单

图 11-1-6 插入文本框后的效果

一份完整的演示文稿除了用文字和表格进行叙述，也需插入必要的图片进行生动的阐释。在“插入”选项卡中单击“图片”按钮下方的小三角，弹出“插入图片来自”下拉菜单，如图 11-1-7 所示，选择“此设备”选项，展开“插入图片”对话框，在“此电脑”的“图片”文件夹内任意选中一幅图片即可，所插入的图片会被置于内容框中央。右击该图片，可以“复制”“剪切”，在其他位置，复制或剪切下的图片，可以被“粘贴”。

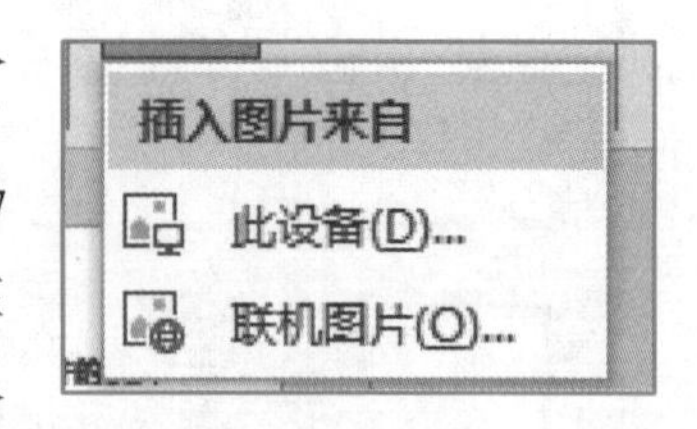

图 11-1-7 “插入图片来自”下拉菜单

类似地，还可以插入“形状”。操作方式与插入图片相似，不同的是，要单击“形状”按钮下方的小三角。例如，要插入一个返回“动作按钮”。单击后，在弹出的子菜单中单击“动作按钮”分类中的◀动作按钮。按住鼠标左键拖动，则在当前幻灯片上出现该按钮，并弹出“操作设置”对话框。

单击“超链接到”下拉箭头，在弹出的下拉菜单中选择“幻灯片”选项，此时弹出“超链接到幻灯片”对话框，单击“幻灯片 2”选项。

单击“确定”按钮后，即可为动作按钮设定超链接。在幻灯片的播放状态下，单击该按钮后，即可跳转至幻灯片 2。

右击按钮，弹出快捷菜单，选择其中的“设置形状格式”命令，在窗口展开“设置形状格式”栏目，按要求设定填充颜色为“浅灰色，背景，深色 50%”、线条颜色为“浅灰色，背景，深色 75%”。

右击按钮，展开“大小和位置”栏目。设置高度为 1.1 厘米，宽度为 1.8 厘米。在“位置”项目中，设置“水平”为 20 厘米，“垂直”为 14.93 厘米，均是从“左上角”。

11.1.2　实例：逻辑关系组素材

1. 文字内容编辑

红色文化诞生于革命战争年代，21 世纪的今天，中华大地上，在中国共产党人、积极分子、人民群众中广为流传、发扬光大。

以古诗词与“旗帜鲜明讲政治”联系在一起，充满诗意、文化导向正确。下面以此为例，制作党课所用 PPT，按照文字的逻辑关系进行编辑、组织素材，形成一份逻辑清晰、有简单格式设置的 PPT。

党课内容如图 11-1-8 所示。

图 11-1-8　党课素材

这样的一大段文字，可读性非常差，如果把这么一大段文字放在幻灯片里，没有人会有耐心读下去。首先，要把文字按照意义分段，还要根据每小段的内容，加一个标题或一段引言，让观众快速了解各段内涵。党课 PPT 初稿如图 11-1-9 所示。

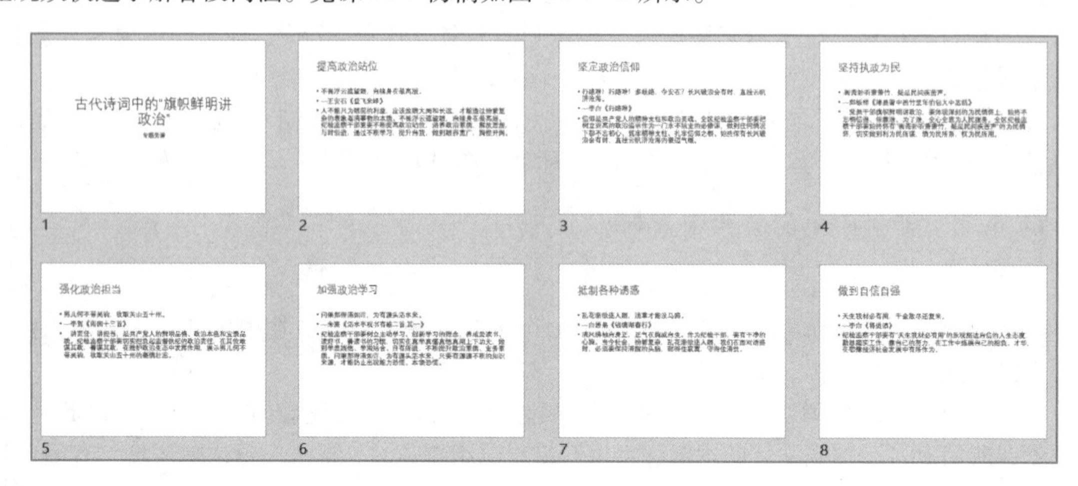

图 11-1-9　党课 PPT 初稿

2. 幻灯片格式简单设置

接下来，要对幻灯片进行简单的格式设置。在“设计”选项卡中选择一个适合当前内容的主题，这里选择“回顾”主题，在“变体”中选择适合党课内容的红色背景。

可以看到，随着“回顾”主题的选定，文字大小、字体、段落布局也发生了细微的变化。在标题幻灯片，标题是宋体 80 号字，副标题是宋体 24 号字，在“标题和内容”幻灯片，标题是宋体 48 号字，正文是宋体 20 号字。

该设计突出了每页幻灯片的标题，观众很容易了解幻灯片的主旨，同时演讲者还可以根据正文内容的文字讲解对应标题的含义。初步设计的党课 PPT 如图 11-1-10 所示。

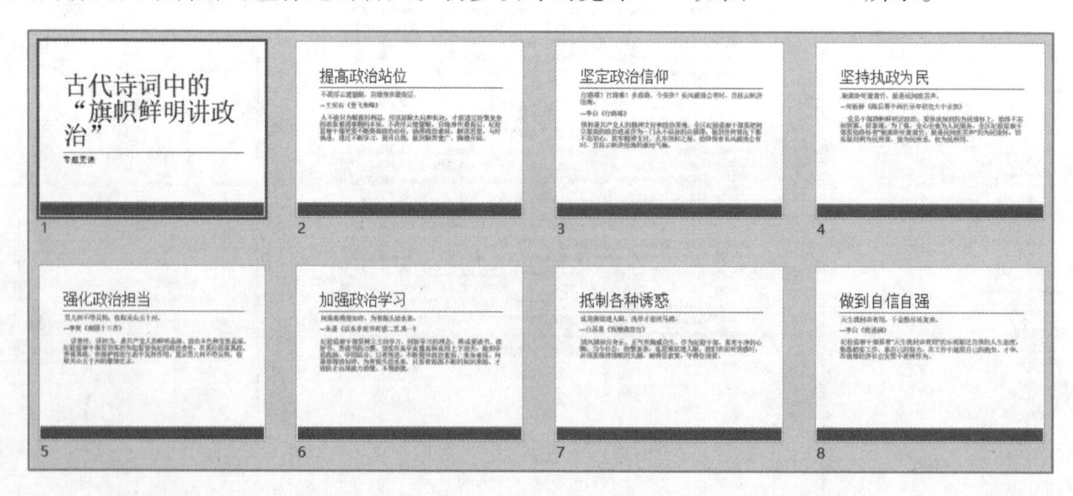

图 11-1-10　初步设计的党课 PPT

11.2　视觉设计需艺术

目的：使用 Microsoft Office Online 提供的模板创建幻灯片，并插入图片等。

11.2.1　理论基础：美观实用的 PPT

1. 文字的设置

上一节提到了“插入文字”，文字可以在内容框中直接输入，也可以用横排文本框、竖排文本框的方式插入。插入后的文字，要为它设置字体、字号等，这样才会有美观、醒目的效果。左击并拖动鼠标选中文字，在“开始”选项卡中单击“字体”组右下角的扩展按钮，展开“字体”子窗口，在这里，可以调整文字的各种视觉效果，包括“西文字体”“中文字体”“字体样式”“大小”“效果”等。

在“中文字体”列表中，有一种字体非常适合作为标题使用，统称为“无衬线字体”，特征是每个笔画头、尾、中间部分都是等宽的，一般作为标题，优点是显眼、醒目，“黑体”等就属于这种类型。另一种字体适合作为正文使用，统称为“衬线字体”，特征是每个笔画头、尾较宽、中间部分较窄，可以作为正文等解释性文字，优点是细腻、清晰，“宋体”等就属于这种类型。

如果对当前字体不满意，可以去网上搜索特定字体安装在自己的计算机上。但如果使用了特殊字体，就必须要避免换计算机丢字体的情况发生。这时，需要在保存时选择“在 ppt 中嵌入当前字符/全部字符”选项。

字体颜色的设置不难，单击“字体颜色”按钮就会弹出“颜色”对话框，在其中可以选择任何颜色。如果不能满意，选择“其他颜色”命令，可以通过 RGB 设置三原色的数值，准确地指定一个特别的色彩，这其实就是色彩的“数字化”。这些设置很容易操作，但是要遵循“宁缺毋滥”的原则，在一页幻灯片上不要使用超过 3 种颜色，否则会有眼花缭乱的感觉。

除此以外，文字的大小也是可以设置的，一般是标题大、内容小。选定主题后，在指定的文本框中输入，就会得到确定大小的文字，无须特别设置。额外指定也是可以的，但注意不要破坏原有主题的美观性。

2. 图片的设置

上一节已经学习了如何插入一张图片，对于这张插入的图片，还可以做更多的设置。右击该图片，在弹出的快捷菜单中选择“设置图片格式”命令，弹出子窗口，其中有与图片格式相关的各种栏目，“阴影”“映像”“发光”“柔化边缘”“三维格式”“三维旋转”“艺术效果”等都可以进行设置，完成后图片会被设置成相应的视觉效果。

右击图片，在弹出的快捷菜单中选择“大小和颜色”命令，可以更改图片的大小和颜色。选择“置于顶层”和“置于底层”命令，可以调整图片的层次，被置于顶层的图片，会覆盖和它处于同一“经纬度”（横纵坐标相同）、比它层次低的其他图片，而被置于底层的图片，会被同“经纬度”的图片覆盖。

3. 主题的设置

单击“设计”按钮，在“选项”组中单击下三角符号▼（其他主题），在弹出的“主题”窗口中选择一个主题，例如，单击“视差”按钮，整个演示文稿的主题就被设定为“视差”，如图 11-2-1 所示。

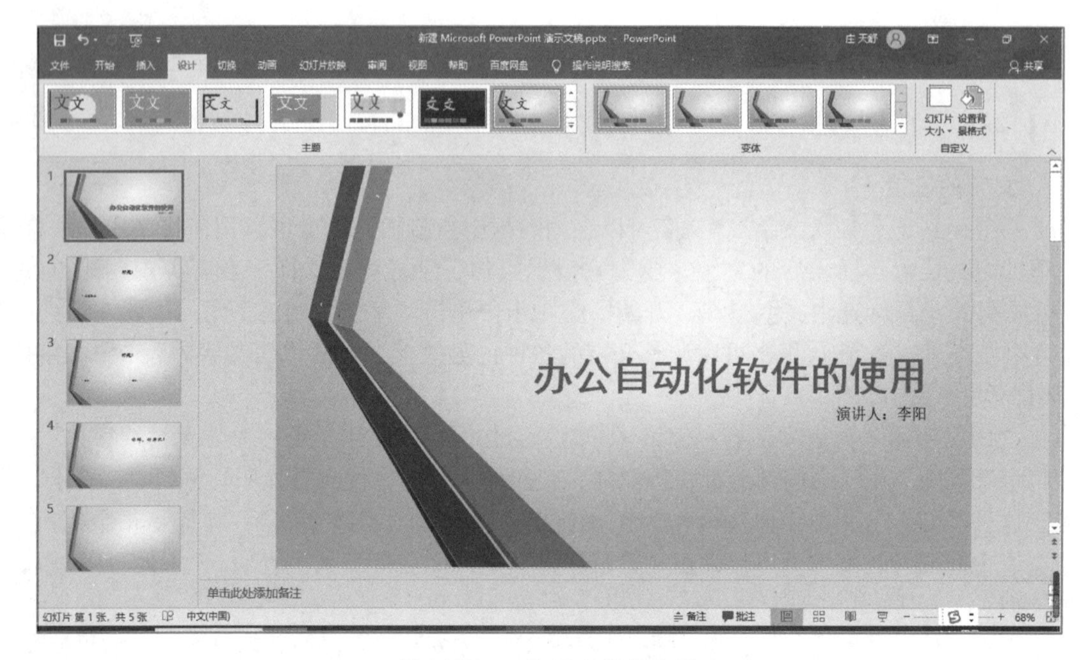

图 11-2-1　为 PPT 设置主题

此时，也可以在“变体”组中选择该主题的其他微调方式，单击▼按钮后，弹出微调参数菜单，如图 11-2-2 所示，在其中可以设置“颜色”“字体”“效果”和“背景样式”。“颜色”命令用来调整配色方案，“字体”命令用来调整各种不同的字体，“效果”命令主要会影响图片的展示效果，“背景样式”命令用来调整幻灯片的背景颜色和效果。

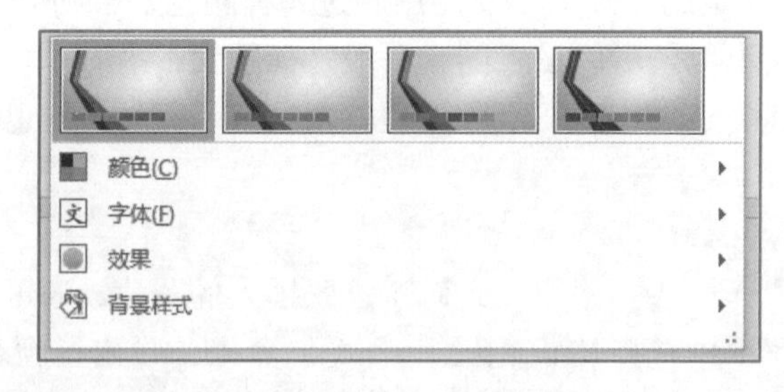

图 11-2-2　微调参数菜单

要想做出富有艺术性的 PPT，一定要学会调整配色方案。但是，人们往往不会为了制作一份好的 PPT 而专门去学习色彩知识，PowerPoint 软件本身就自带配色方案，可以直接运用，放在主题里，有助于提升整体设计主题的艺术性，并以特定的色彩配合内容。如果仍不满意，可以去色彩搭配网站搜索下载，如 color hunt 网站等。

注意，服装搭配的原则是色彩不多才有和谐的视觉效果。与此相似，一套 PPT 的配色也至多 3~4 种，颜色太多，观众就会眼花缭乱，PPT 也会显得逻辑混乱，表述不清。

4. SmartArt 的设置

SmartArt 是 PPT 里自带的图表，种类丰富，是信息和观点的图形表现利器，可以采用多种不同的布局展现各种思路。在某个幻灯片页面中插入一个 SmartArt 时，PPT 软件会根据不同的主题自动调整 SmartArt 的设置，以适应当前的配色和其他风格。

在“插入”选项卡的“插图”组，单击 SmartArt 按钮，弹出“选择 SmartArt 图形”对话框，选择一种图表形式，并在“文本”框中输入要展现的信息或观点，如图 11-2-3 所示。这种方式的优点是十分便捷、美观，缺点是图表式样容易重复，让观众有“千人一面”的感觉。

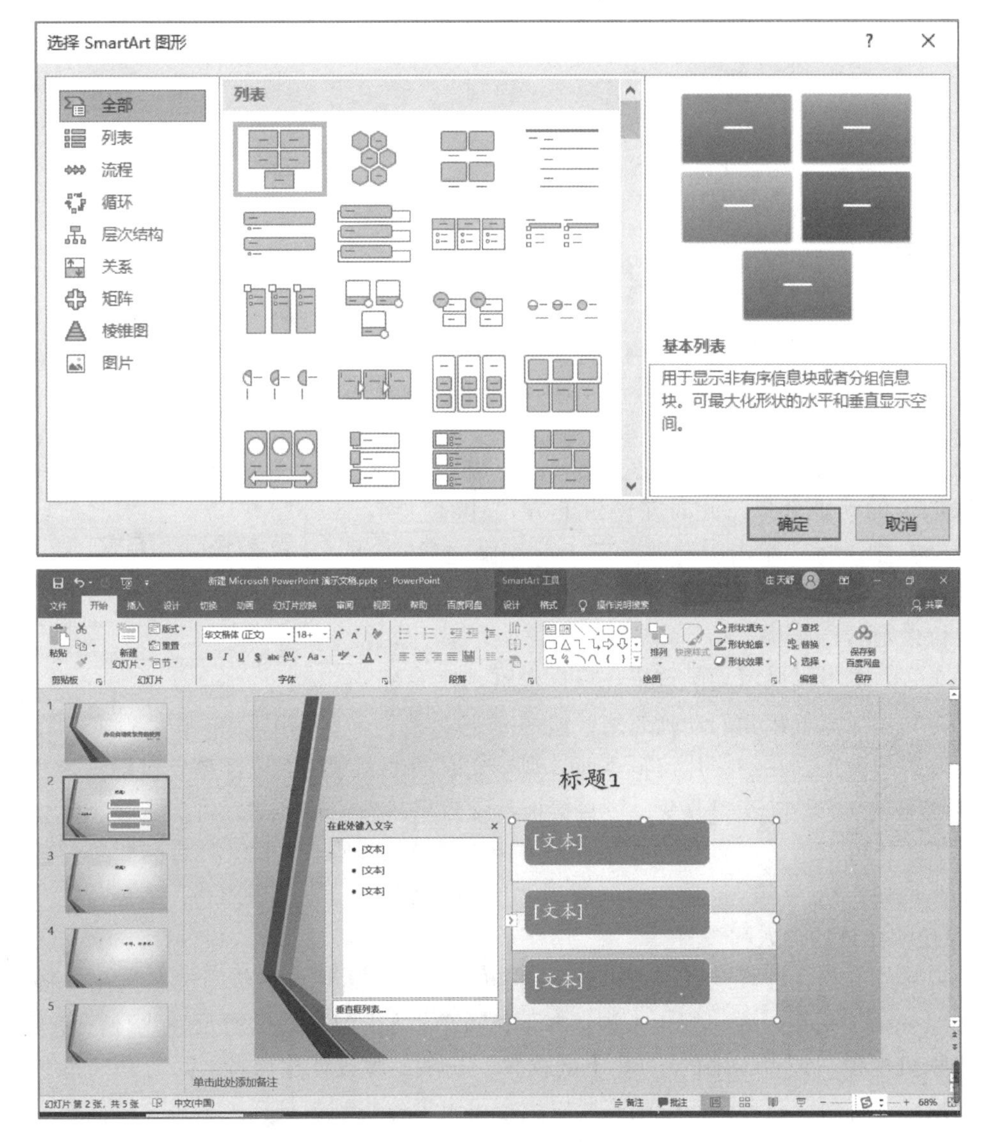

图 11-2-3　为 PPT 插入 SmartArt

5. 动画的设置

图片和文字都可以设置动画效果。以图片为例，选中某个图片后，在“动画”选项卡中，单击“添加动画”按钮，出现动画效果选择菜单，如图 11-2-4 所示。

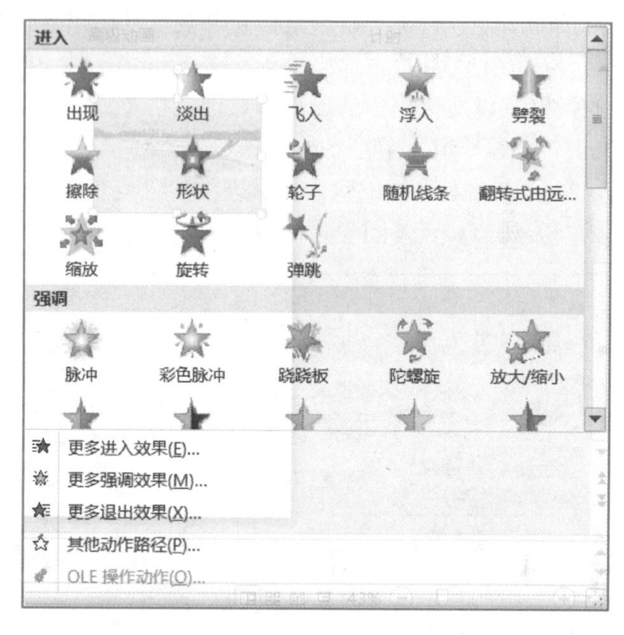

图 11-2-4　动画效果选择菜单

选择“进入”方式中的“出现”类目，可以在屏幕上看到添加了的动画效果，此时在窗口上方“计时”组（图 11-2-5）中，将“单击时”改为“上一动画之后”，即可设置该图片在前一个事件后出现。此时，其各个选项也可以进行设定。

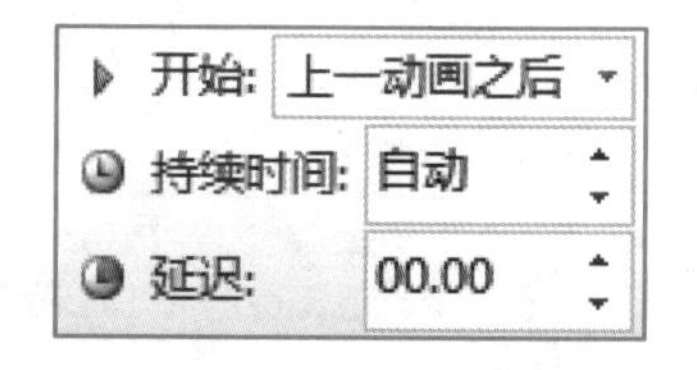

图 11-2-5　“计时”组

对于文字，也可以设定动画效果。鼠标左键选定全部文字后，为其添加与上相同的动画效果，但“延迟”改为“00. 50”，单击“确定”按钮即可完成动画效果的设定。在幻灯片编辑页面，观察此时的动画顺序，已经是先显示图片，再显示文字，显示间隔 0. 5 秒。若想改变，可直接拖动该效果，数字较小的，将优先显示。如果希望文字逐个显示，可以单击“动画”组右下角的扩展按钮，弹出“出现”对话框，设置具体的动画效果，例如，把“一次显示全部”改为“按词顺序”即可，如图 11-2-6 所示。

6. 视频和音频的插入和设置

插入视频或音频并进行设置，可以让 PPT 更有力地表达观点、传递信息。在“插入”选项卡单击“视频”按钮，弹出视频来源选择下拉菜单，如图 11-2-7 所示，此时，可以根据需要选择“联机视频”或者本地的“PC 上的视频”选项。建议使用后者，因为 PPT 软件中提供的联机视频网站有限，而且访问受限，所以大家可以事先找到视频存入本机，然后再上传。插入音频的方式与此类似，只是下拉菜单有所改变，如图 11-2-8 所示，选择“PC 上的音频”选项即可。值得注意的是，选择“录制音频”选项后，会弹出“录制声音”对话框，如

图 11-2-9 所示，此时可单击红色圆点，进行声音的实时录制。

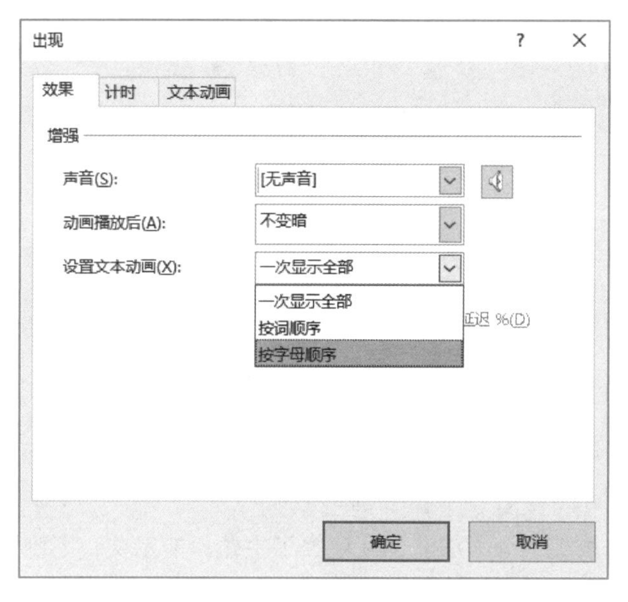

图 11-2-6　“出现”对话框

图 11-2-7　视频来源选择下拉菜单

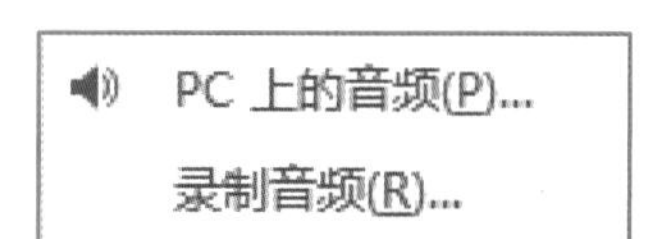

图 11-2-8　音频来源选择下拉菜单

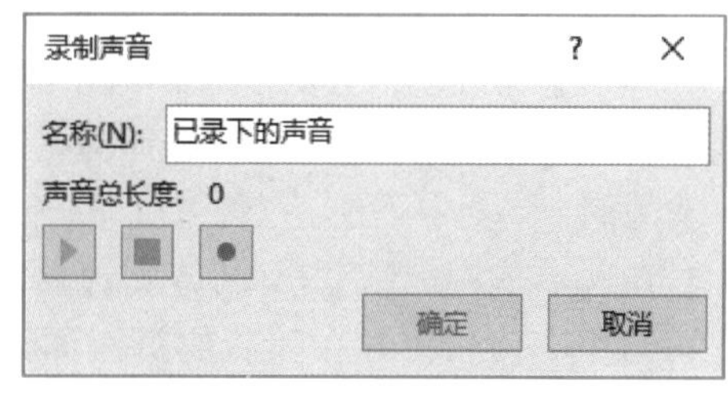

图 11-2-9　“录制声音”对话框

7. 自定义幻灯片放映

近年来，“私人订制”的概念十分流行，原因是，人们都喜欢专门针对自己需求的产品。同样，PPT 也可以私人订制。一个 PPT 制作完成，可以设置多个放映“版本”。

同一个演示文稿，可以给不同公司、不同文化背景的人放映不同的页面。这时，需要利用“自定义幻灯片放映”功能。

在“幻灯片放映”选项卡中单击“自定义幻灯片放映”按钮，弹出“自定义放映”对话框，单击“新建”按钮，弹出“定义自定义放映”对话框，此时，便可以选择想要播放的页面，并设置好“幻灯片放映名称”，组成一个自定义放映，如图 11-2-10 所示。用同样的方式，还可以选择其他幻灯片页面，组成另一个自定义放映。在播放时，在选择刚才建立的不同放映“版本”，再单击“播放”按钮，就可以进行个人化、差异化的播放了。

图 11-2-10 “定义自定义放映”对话框

11.2.2 实例：精心排版设风格

有了理论基础，现在可以对党课 PPT 进一步改造。

虽然在上一节将整段文字分了章节，并设置了主题，演示文稿不那么直白和长篇大论了，但看到这一 PPT，仍让观众有分不清重点、看不到主旨的感觉，并且有些简单枯燥。首先应该在章节内分清主次，并力争做到图文结合。

首先，更改设计主题为“主要事件”，该设计比“回顾”更贴合本讲稿的主旨。

观察这篇讲稿，分为“提高政治站位”“坚定政治信仰”“坚持执政为民”“强化政治担当”“加强政治学习”“抵制各种诱惑”“做到自信自强”共 7 小节。以“提高政治站位”这一节为例。

在这一节中，演讲人以诗句诠释“提高政治站位”的含义，那么，就可以用 SmartArt 展示出相应诗句，并在随后的页面详细解释。用 SmartArt 的原因，在图中可以看到，诗句被突出显示，提醒观众认真阅读，相比而言，作者和诗名就不太显眼，无须过多关注。设置效果如图 11-2-11 所示。

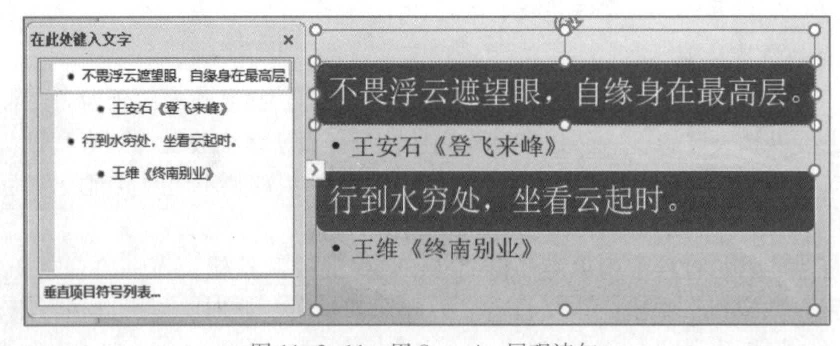

图 11-2-11 用 SmartArt 展现诗句

下面，开始修改字体，上一节最终选择了“回顾”主题，该主题中的字体均是“宋体”，在此，按照本节开头时的分析，要为标题、正文选择各自适合的字体，不能一视同仁，要有针对性地选择。标题页的主要目的是吸引观众的注意力，提高阅读兴趣，此时，可以选择趣味性较强、视觉效果好的等线字体，“华文琥珀”符合这一要求，可以对标题和副标题进行设置。

正文页需要更严肃一些，“华文琥珀”过于活泼，需要选择其他的等线字体作为正文页的标题。加粗的“微软雅黑”比较适合这些需求，正文页的标题都设置为“微软雅黑”，“提高政治站位”这样的节标题加粗，对每条诗句的解释页面，诗句作为标题，设置为“微软雅黑”。

文字解释是不够的，需要增加图片，这样才能增强阅读的兴趣和理解的深度，这里，加上了与诗句意境匹配的水墨画，如图 11-2-12 所示。图片的出现方式最好是画卷的形式展开，这里增加“菱形”出现的动画效果，中国风的感觉愈加强烈。

图 11-2-12　文字搭配图片

最后，PPT 的修改稿如图 11-2-13 所示。

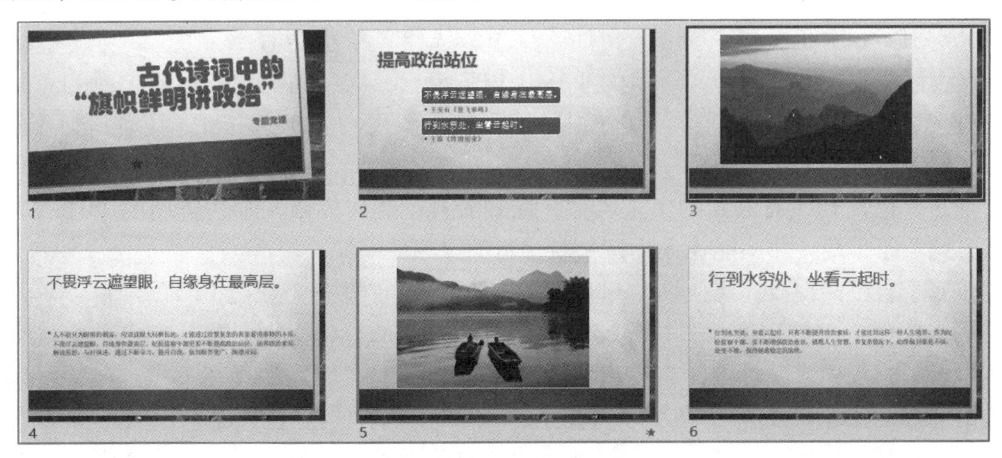

图 11-2-13　党课 PPT 修改稿

11.3　引人入胜进佳境

目的：用技巧提高可读性和舒适性，并完成多媒体幻灯片的制作。

11.3.1 理论基础：表现力强的 PPT

按照逻辑关系组织好演示文稿的文字信息，再从艺术角度美化幻灯片，为其添加各种多媒体元素，这样就制作出了一份美观实用的 PPT。但是，如果希望这个演示文稿在播放时最大可能地绽放魅力，吸引观众的注意，必须要进一步修改，使它成为一份表现力强的 PPT。

表现力都有哪些元素？个性化的模板、有目的地选择图片或者文字、注意 PPT 整体风格的统一都可以提高 PPT 的表现力。

1. PPT 模板

PPT 模板就是前文提到的主题，是指 PowerPoint 所用的模板。一套好的 PPT 模板可以让一篇 PPT 文稿的形象迅速提升，大大提升其可读性。同时 PPT 模板可以让 PPT 思路更清晰、逻辑更严谨，更方便表达图表、文字、图片等内容。

PPT 模板又分为动态模板和静态模板。其中，动态模板是通过设置动作和各种动画展示达到表达思想、与思维同步的一种时尚式模板。

PPT 是 Microsoft Office 软件中的一部分，模板是 PPT 的骨架性组成部分。传统上的 PPT 模板包括封面、内页两张背景，供添加 PPT 内容。近年来国内外的专业 PPT 设计公司对 PPT 模板进行了提升和发展，其中含有封面、目录、内页、封底、片尾动画等页面，使 PPT 文稿更美观、清晰、动人。同时现在很多新的 PPT 版本更是加载了很多设计模块，方便使用者快速地进行 PPT 的制作，极大地提高了效率，节约了时间。

PowerPoint 里自带的模板很少，而且色彩不够丰富、式样单调，看起来很呆板。要想获取好看的模板并不难，直接去 office. com 搜索就会找到大量的好模板。

在 PowerPoint 主面板上，单击“文件”菜单，选择“新建”命令，搜索“业务计划”类项目，搜索后会出现大量的公司所用的业务类 PPT 模板，在中间的栏目单击“项目策划商务模板”选项，在右侧单击“创建”按钮，随后，就会创建一个新的 PPT，且演示文稿的主题为“项目策划商务模板”，如图 11-3-1 所示。

可是，要想让 PPT 有强烈的个人风格，最好能自己制作模板。个性鲜明的 PPT 往往识别度很高，避免了千篇一律，能让人耳目一新，留下深刻的印象。

制作属于自己的模板，要使用“母版”功能。首先新建一个空白 PPT。随后，单击“视图”选项卡中的“幻灯片母版”按钮，出现幻灯片母版的编辑页面。鼠标左击并全选“单击此处编辑母版标题样式”标签，在弹出的快捷菜单中设置“字号”为“44”，在“字体”下拉菜单中选择“隶书”选项，在“字体颜色”菜单中选择“蓝色”选项。接下来，在“插入”选项卡中单击“图片”组中的“插入图片来自此设备”选项，选择一张图片，即将作为幻灯片的背景。最后，选中这张图片，在“格式”选项卡中设为“下移一层”并“置于底层”，现在，幻灯片的背景也设定好了。设置效果如图 11-3-2 所示，关闭母版视图即可。

在实际的工作中，通常会选择公司的代表颜色和标志作为母版题头和页脚，也可以选择代表公司文化的图片作为背景。

2. 使用图片还是文字？

一篇演示文稿中的图片应该占多大的比例？图片很生动，但是容易引起歧义；文字很准确，但是比较枯燥。理想的 PPT 应该是图片和文字交替使用，互相穿插。图片丰富的 PPT 很

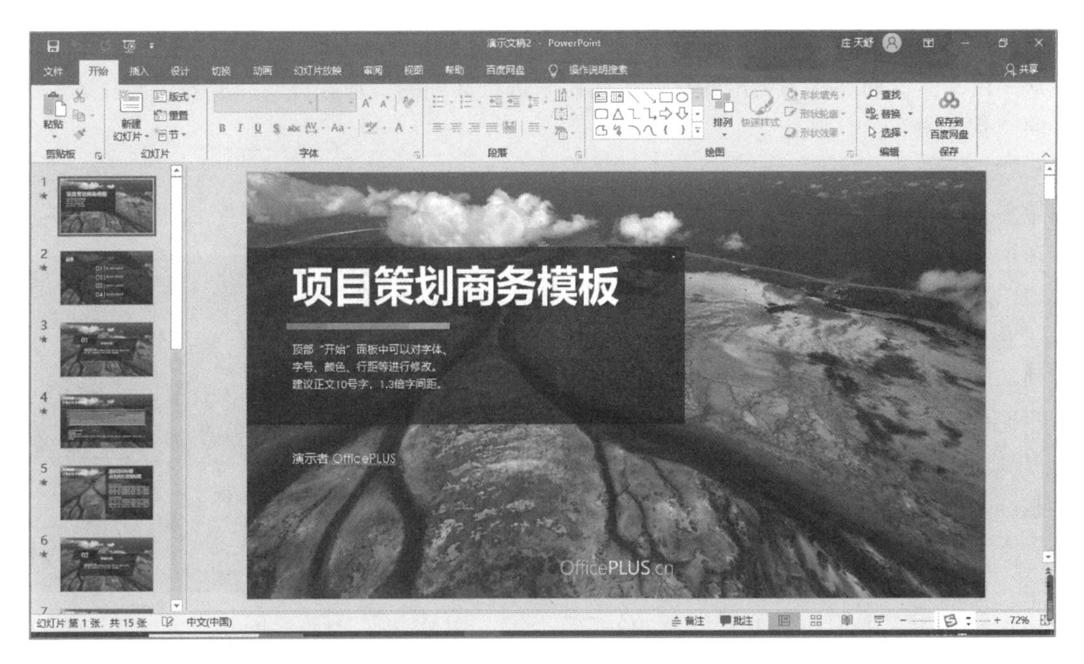

图 11-3-1 选择模板

图 11-3-2 通过母版设置统一的背景

引人入胜，充满趣味，但幻灯片中又要有准确恰当的文字解释听众观看图片时产生的大量疑问。

如果不可避免地要使用大量文字，此时，要把文字按逻辑分段，接下来，从段落中提取出标题性的文字，放在段落前起到提示作用，同时，要把这些文字加粗，改变为对比度强的颜色，修改字体，高亮，加入阴影、下划线等各种效果。突出的这些文字起到提纲挈领的作用，让观众一目了然，而那些不突出的文字可以用来进行详细的解释和说明，或者干脆作为新手演讲者的“提词器”。

3. 文字云

想要提高表现力，“文字云”是一个有力工具。PowerPoint 自带的文字云只能制作英文字符，在网上可以找到生成中文文字云的 App。在“插入”选项卡中“加载项”组中单击“获取加载项”按钮，弹出“Office 加载项”子窗口，在搜索框中输入“word cloud”后单击“搜索”按钮，窗口中随即列出 PPT 支持的文字云加载项，单击“添加”按钮后，对于加载项就会作为附加窗口被置于主窗口右侧。选中 PPT 中某些英文文字，单击 Create Word Cloud 按钮，即可完成。在 pro word cloud 中用随机字母生成的文字云效果如图 11-3-3 所示。

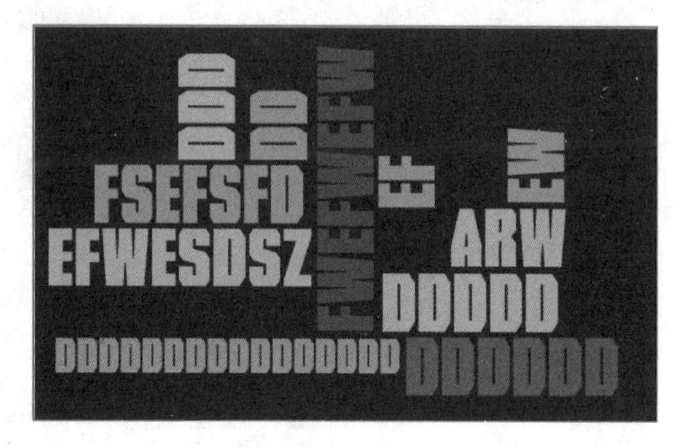

图 11-3-3　随机字母生成的文字云

4. 艺术字也很美

“艺术字”在人们的想象中应该是“艺术”化的字。但其实，以前版本的 PowerPoint 中的艺术字形状怪异、夸张扭曲，使用这样的艺术字只会让自己的 PPT“辣眼睛”。PowerPoint 2019 对“艺术字”的字形做了很大调整，效果柔和，变得“顺眼”了。对于某些需要突出显示、增强效果的文字，可以用艺术字的方式展现。

在“插入”选项卡中单击“艺术字”按钮，找到所需的艺术字样式并单击。此时主编辑窗口中出现“请在此放置您的文字”文本框，通过鼠标的拖拽功能将此文本框拖至窗口下方，单击该文本框后出现闪烁小竖线，此为光标。删除原有“请在此放置您的文字”，然后在光标处输入想要的文字。当然，艺术字本身也可以设定字体、颜色、字号，具体的设定方式与普通字符相同。

5. 要有多少装饰?

近年来，极简风大行其道，文学艺术推崇极简、服饰搭配要简约、装修风格也要简约。在 PPT 的制作中，做“减法”比做“加法”更能提升演示文稿的表现力。上文中提到的主题设计、字体调整等方法，有助于完成 PPT 制作的终极目标：做简约而不简单的演示文稿。

6. 增强可读性

怎样增强 PPT 的可读性? 用 12 个字总结一下：图文结合、文字清晰、装饰适当。对于“图文结合”，前面已经详细讲过，一个 PPT 里的图片应该占多大比例、文字又占多少、图片和文字应该相辅相成。

“文字清晰”并不是指怎样组织文字，那是语文课上应该解决的事情。这里，要学会的是怎样把文字分成视觉上很清晰的层次，并精心构思，把它们布置在 PPT 上。具体地说，就是要把一大段文字分成若干段落，并为每一个小段落提取出一个词作为它的标题，放在段落前面突出显示。如图 11-3-4 所示的两页幻灯片，同样的一段文字，右面的分了段，而且给出了小标题。小标题是给观众读的，这样更容易让观众产生阅读兴趣，可读性也更好。详细的文字是给演讲者的提示，偏具体，但很详细。

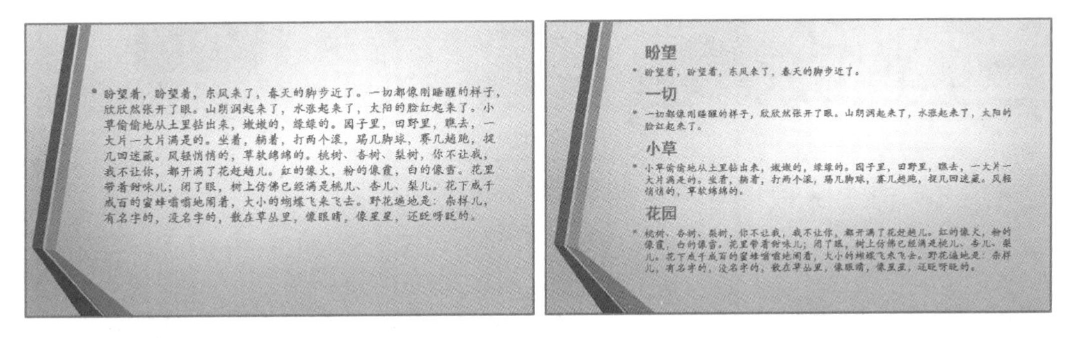

图 11-3-4　可读性较好的幻灯片

“装饰适当”的意思是指 PPT 里的图片、色彩宁缺毋滥。不要不停堆叠，PPT 的显示效果不会随着装饰的增多而增强，要学会做“减法”。

11.3.2　实例：个性美观要平衡

对上一节的演示文稿调整图文比例，并且保证图片旁边一定要有文字解释，以免引起歧义。调整图片页的版式为“标题和内容”，并把标题设置为诗句，内容则为图片及诗句的出处，如图 11-3-5 所示。

图 11-3-5　图文的协调配合

这样看起来，图文相配后，图片变得言之有物，整个 PPT 也因图片与诗句的搭配变得具有了一定的文化底蕴。改动后的效果如图 11-3-6 所示。

图 11-3-6　改动后的效果

但图 11-3-6 所示的两个页面都以“不畏浮云遮望眼，自缘身在最高层”作为标题，这样反倒降低了可读性，容易产生不知所云的感觉，应该把两页整合为一页。下一页的文字作为图片的解释和补充，挪到图片页。内容精简后效果如图 11-3-7 所示。

图 11-3-7　内容精简后的幻灯片

对于文档的设计模板（主题），虽然可以完全重新设计主题，但原有主题比较符合“红色文化”的内容，视觉效果很好，所以不必完全重设，只需要微调即可。在母版上添加一个“党旗”的图案，以表达出本 PPT 鲜明的红色文化印记，每一页（除标题页外）都会显示该“党旗”图案，设计效果如图 11-3-8 所示。

图 11-3-8　加入党旗图案的幻灯片

○ 参考文献

[1] 鲁斌，刘丽，李继荣，等．人工智能及应用［M］. 北京：清华大学出版社，2017.

[2] 李连德．一本书读懂人工智能（图解版）［M］. 北京：人民邮电出版社，2016.

[3] 周志敏，纪爱华．人工智能改变未来的颠覆性技术［M］. 北京：人民邮电出版社，2017.

[4] 谷建阳．AI 人工智能：发展简史+技术案例+商业应用［M］. 北京：清华大学出版社，2018.

[5] 刘海滨．人工智能及其演化［M］. 北京：科学出版社，2016.

[6] 中国人工智能产业发展联盟．人工智能浪潮［M］. 北京：人民邮电出版社，2018.

[7] 党建武．人工智能［M］. 北京：电子工业出版社，2012.

[8] 韩德尔·琼斯，张臣雄．人工智能+AI 与 IA 如何重塑未来［M］. 北京：机械工业出版社，2018.

[9] 杨正洪，郭良越，刘玮．人工智能与大数据技术导论［M］. 北京：清华大学出版社，2019.

[10] 柴玉梅，张坤丽．人工智能［M］. 北京：机械工业出版社，2012.

[11] 靳晓燕．人工智能与中国教育在融合中普及（案例）[OL]. [2019-5-19]. https://news. gmw. cn/2019-05/19/content_32845009. htm.

[12] 薄纯敏．人脸支付——人工智能落地金融领域的典型案例［OL］. [2017-8-23]. https://www. mpaypass. com. cn/news/201708/23152415. html.

[13] 艾瑞咨询．2020 年中国第三方支付行业研究报告［OL］. [2020-4-24]. http://www. 199it. com/archives/1031348. html.

[14] 冯希叶，王辰龙，刘斌，等. 信息技术类专业知识理论［M］. 成都：电子科技大学出版社，2015.

[15] 葛涵涛，陆烨晔．5G 在智慧医疗领域的应用与发展［J］. 信息通信技术与政策，2020 (12)：15-20.

[16] 华为区块链技术开发团队．区块链技术及应用［M］. 北京：清华大学出版社，2019.

[17] 申丹．区块链+智能社会进阶与场景应用［M］. 北京：清华大学出版社，2019.

[18] 胡壮麟．PowerPoint——工具，语篇，语类，文体［J］. 外语教学，2007（4）：1-5.